如何學寫程式：Python篇
—— 學會用「數學思維」寫程式

吳維漢◎著

中大出版中心 National Central University Press | 遠流

目錄

前言 9

■ 第一章：基本型別與輸出/輸入 13

   1.1　整數 13

   1.2　浮點數 15

   1.3　字串 17

   1.4　整數、浮點數、字串型別互轉 18

   1.5　設定多筆資料 18

   1.6　列印資料：print 19

   1.7　讀取資料：input 20

   1.8　基本運算符號 21

   1.9　常用函式 22

   1.10 跨列式子 22

   1.11 範例 23

   1.12 結語 28

   1.13 練習題 29

■ 第二章：基礎程式數學 35

   2.1　等差數列 35

   2.2　等差對稱數列與絕對值 37

   2.3　等差循環數列與餘數運算 43

   2.4　等差對稱循環數列 45

2.5　接合的等差對稱數列 46

2.6　格點座標系統 48

2.7　結語 49

2.8　練習題 50

■ 第三章：單層 for 迴圈　57

3.1　等差整數數列：range 函式 57

3.2　for 迴圈 58

3.3　字串與 for 迴圈 71

3.4　結語 87

3.5　練習題 87

■ 第四章：多層 for 迴圈　99

4.1　雙層迴圈 99

4.2　紙筆作業步驟 102

4.3　雙層迴圈範例 103

4.4　雙層以上迴圈 121

4.5　雙層以上迴圈範例 124

4.6　結語 134

4.7　練習題 135

■ 第五章：邏輯式子與迴圈　147

5.1　真與假 147

5.2　流程控制：條件式子 150

5.3　迴圈與邏輯範例（一） 154

5.4　while 迴圈與流程變更 172

5.5　迴圈與邏輯範例（二） 175

5.6　結語 188

5.7　練習題 188

■ 第六章：串列 207

　6.1　串列 207

　6.2　串列下標 208

　6.3　多維串列 209

　6.4　下標範圍 210

　6.5　串列基本操作 211

　6.6　指定與位址 214

　6.7　可更動型別與不可更動型別 215

　6.8　串列複製 217

　6.9　串列與迴圈 219

　6.10 in、not in、index 222

　6.11 字串與串列互轉型別 226

　6.12 串列初值設定式 227

　6.13 串列與函式 230

　6.14 隨機函數套件 233

　6.15 簡單操作範例 236

　6.16 串列範例 247

　6.17 結語 262

　6.18 練習題 262

■ 第七章：串列應用 271

　7.1　應用範例 271

　7.2　結語 306

　7.3　練習題 306

■ 索引：簡要 Python 指令 323

各章程式範例

3-01 印出 1 到 99 59

3-02 兩位數的數字和 59

3-03 等差數列的前 n 項 60

3-04 數量遞增的 X 圖案 61

3-05 靠右對齊的 X 圖案 62

3-06 n 組靠右對齊數字 63

3-07 數字三角塔 64

3-08 空心數字三角形 66

3-09 菱形圖案 67

3-10 三組數字方形 68

3-11 列印 1! 到 n! 69

3-12 列印 n! 到 1! 69

3-13 費氏數列 70

3-14 字母三角塔 74

3-15 連續字母三角塔 76

3-16 三角塔詩句 78

3-17 高低排列對聯 79

3-18 空心三角尖塔 80

3-19 宮燈排列對聯 81

3-20 直式排列五言詩 83

3-21	螺旋字母圖案	84
4-01	三角方塊數字	103
4-02	空心數字方塊	105
4-03	多層數字三角塔	107
4-04	對稱數字三角塔	109
4-05	對稱數字鑽石	112
4-06	直式九九乘法表	115
4-07	直式五言律詩：雙層迴圈	117
4-08	斜向排列數字	119
4-09	方塊詩句：三層迴圈	124
4-10	三角形數字：三層迴圈	127
4-11	七言律詩排列：三層迴圈	129
4-12	遞增的數字方塊：四層迴圈	132
5-01	方塊迴旋數字	154
5-02	X 圖形	156
5-03	三眼柵欄	158
5-04	雙重 X 圖案	160
5-05	由高到矮的山	162
5-06	斜式直列五言詩	165
5-07	高低起伏的數字柵欄	168
5-08	棋盤排列七言詩	170
5-08	「中」字點陣圖	175
5-09	學習再學習	178
5-10	傾斜排列的杯子	180
5-11	大 X 與兩個小 x	183

| 5-12 | 質因數乘積 | 186 |

6-01	數字不重複且數字和為 10 的四位數	224
6-02	中英數字對照查詢	225
6-03	星號橫條圖	236
6-04	計算內積	237
6-05	最大相鄰數距離	237
6-06	乘積運算式	238
6-07	相同數字的數量	239
6-08	串列交集	240
6-09	前後平均數的差值	241
6-10	驗證連續數字	243
6-11	楊輝三角形	244
6-12	數字比對：幾 Ａ 幾 Ｂ	245
6-13	找出數學運算式：窮舉法	247
6-14	最大的相鄰球號碼差距	250
6-15	矩陣乘以向量	253
6-16	由下三角二維串列產生對稱矩陣	255
6-17	方塊亂數矩陣	258
6-18	金字塔數字方陣	260

7-01	數字直條圖	272
7-02	分解數字為垂直數字和	274
7-03	螺旋遞增數字	277
7-04	新詩直式排列	280
7-05	羅馬數字	283
7-06	機率模擬：羊與車子	287

7-07	彈珠臺機率模擬	. . . .	289
7-08	撲克牌牌組機率模擬	. . . .	294
7-09	數字點陣圖	. . . .	299
7-10	「中大」雙重點陣圖	. . . .	303

前言

目前全世界各國都已認知到程式設計對發展本國科技的重要性，紛紛在其國民教育中納入基礎程式設計課程，從小扎根培養學童的程式邏輯思維。學習程式設計已經不再是選項，而是國民基本能力。雖然學習程式的人越來越多，但真正學好的人仍僅是少數。許多人花了不少時間學習程式設計，但也僅僅是在學習程式語法，跟著老師或書本做些簡單的題目，若隨便給個沒有見過的基礎程式題目，往往不知從何寫起。究其原因仍在於許多初學者將學程式當成學程式語法，而不是學習如何設計程式。學程式語法簡單，翻些書或參考一些教學網頁即可；但學程式設計困難，處處充滿挑戰，隨時需應用邏輯思考，沒有方法的學習，最終多以中途陣亡收場。

　　撰寫本書的目的是要教你如何學會寫程式，遇到程式問題時能不慌不忙，懂得如何思考、如何找出解法，然後轉為程式碼完成程式設計。為避免學習過多的程式語法以致無法靈活運用，本書僅教授整數、浮點數、字串等三種基本型別，加上初階串列語法，配合迴圈與邏輯式子，以少許的程式語法教你學會基礎程式設計。其實學會基礎程式設計並不需太多的學問，不需要複雜的資料結構，也不需特殊的演算法，只要利用一些基礎數學即可寫出很漂亮的程式，而所使用的數學層級也僅是國中的基本代數而已。本書特別在第二章介紹一些在基礎程式設計中常用到的數學，相比一般的國中數學內容，你將會發現用於基礎程式設計中的數學是很簡單的。

　　許多人總認為要學好程式設計通常靠天份，少了天份，一般人怎麼學都學不會。其實這個認知是有問題的，學會程式設計是有方法可循，只要依照本書的方法多加練習，對台灣學生來說學好程式設計一點都不難。本書特別介紹如何透過「數學思維」的協助來學習程式設計，這是筆者長期在數學系的程式教學現場中所發現到的一種學好程式的有效方法，可讓學生於短時間中學會基礎程式設計。

這裡所謂的「數學思維」是指在解題過程中，以間接或直接方式使用數學技巧、概念或知識來解決問題。在程式設計中，許多程式問題表面上看不到數學，但並不表示用不到數學。數學善於偽裝，經常隱身於問題之中，初學者若想要完成程式設計，就得將隱藏在問題中的數學抓出來。若在遇到程式問題時，能嘗試運用「數學思維」來分析題目，學會如何分解題目與簡化條件，往往能**突然間**找到解決程式問題的切入點，之後逐步加入略去的條件，即可完成原先的程式問題。如此學習成效得以大增，程式的學習過程充滿著成就感，此時程式設計就變得是一種享受，令人著迷且欲罷而不能。

台灣的學生從小學開始，唸書的過程充斥著數學，平時就要演算各式各樣的數學習作，上學時間有著大大小小的數學測驗，每日用了許多時間練習數學題目，目的只是為了於考試中取得高分。事實上，台灣的學生每日都在利用「數學思維」來解決考試卷上的數學題目，「數學思維」早已深深嵌入每個學生的腦袋中，否則無法應付一次又一次的測驗。對台灣學生來說在程式設計中運用「數學思維」應是最自然不過的，只要學會如何將「數學思維」由考試卷轉向程式問題，每個學生都能很快的適應程式設計。本書教你如何將從小積累的數學概念、技巧與知識應用到程式設計中，只憑藉著「數學思維」就可輕鬆解決許多基礎程式問題。

在筆者過去的教學經驗中發現一旦學生學會運用「數學思維」於程式設計中，其程式設計的學習成效會立即大幅提昇。筆者經常看見許多程式設計能力為零的學生，在短短的幾個月就能學得相當出色，進步的速度連學生本人都無法相信。其實只要受過正規的台灣數學教育，願意將數學用於程式設計中，相信數學可用於程式之中，沒有學不好的。台灣的學生由於從小所受到的數學訓練，每個人身上彷彿都配有一把「屠龍刀」，但這把刀卻僅被用在數學考卷上，離開了考試卷就束之高閣。對大多數學生而言，學數學的唯一目的彷彿就是為了考試，離開了考試卷，數學就不存在。筆者寫本書的目的是要教你如何將身上這把「屠龍刀」取出來用於程式設計上，只要你學會了，基礎的程式設計真的很簡單，學不會都不容易。

學好程式設計並不需要擁有高深的數學知識，但卻要有活用基礎數學的能力。本書教你如何善用國中小基礎數學來撰寫程式，學會了，你會發現將數學用在程式設計上會比用在寫數學考試卷更加有趣。對筆者來說，台灣學生學程式設計不用數學，卻只將數學用在考試卷上真是暴殄天物，著實可惜，有如將這把削鐵如泥的「屠龍刀」只用來切菜，平白蹧蹋了這把寶刀。若將數學用在程式設計上，你將會發現數學還真有用，找到數學的實用價值，同時未來學數學時會更加專心些。

　　本書所用的數學招數也僅是國中程度，如絕對值、餘數運算、等差數列與一些基本的代數運算，如此即足以寫出複雜的程式。台灣學生只要願意取出身上這把寶刀，再加上一些簡單招數就可很快的完成許多程式問題。想想看，當你能將李白的《夜宿山寺》詩句利用程式語法順手寫出程式印出以下詩句排列組合[201]，還有人會懷疑你不會程式設計嗎？

　　本書每章都有許多習題，全書共有兩百四十多道習題，這些習題多與各章範例有關。讀者在利用本書學習程式設計時，務必熟悉各章範例的解法，並能在之後獨立撰寫出來。學程式最好的方法就是練習程式題目，本書各章習題都需要一些思考才能寫出來。初學者在學寫程式時，務必由紙筆推導入手，利用數學思維找出程式解法，再由之轉為程式碼，完成程式設計。若跳過此步驟，看到問題立即「打」程式，初始可能寫得很快，但一段時間後往往不曉得如何寫下去，將耗費更多的時間來回修改程式，且很多時候根本不知道如何寫出程式，徒然浪費時間。親自撰寫本書的程式作業是初學者學會程式設計的重要步驟，千萬不可忽略。筆者並沒有公佈習題解答，原因在於習題解答的存在很容易引起學習者無意間養成倚賴的習慣，也就是每當學習者於程式開發過程中遭遇到一些困難，可能需要進一步思考或是加以除錯，程式解答的存在很容易讓學習者提早放棄尋求程式問題的解法或是靜下心來仔細除錯。在學習程式設計過程中每遇到困難隨即訴諸解答是無法培養出獨立思考能力，以致於最終難以獨當一面。讀者在學習過程中若有所疑惑，歡迎來函(weihan@math.ncu.edu.tw)討論交流意見。

　　撰寫本書的目的主要是為了補充前年底出版的《簡明 python 學習講義》一書於基礎程式設計介紹的不足，為了讓學習者能快速掌握重點，該書以條列方式介紹 Python 語法，直接切入重點，減少冗長說明，但這種方式對初學者而言一開始就要面對較高的學習門檻，不利初始的學習。為提供初學者一套較為循序漸進的學習教材，特別將前四章內容以較詳細的方式改寫，切割成更細的學習單元，提供更多的程式範例用以展示如何運用「數學思維」來設計程式。

　　本書某些關鍵字的右上角有斜體數字上標，例如：數字點陣圖[299]，此數字為關鍵字的參考頁碼，讀者若對此關鍵字有所疑惑，可先到參考頁碼參閱該字說明後再繼續。本書範例可由 http://python.math.ncu.edu.tw/download 網址下載，雖然程式範例可很快由網站取得，但筆者強烈建議這些範例最好仍由讀者自行鍵入，藉以熟悉程式語法與程式的撰寫方式，少了這些步驟，雖然省了一些輸入時間，但在學習程式語言上並不是好事。

　　最後期勉程式語言的初學者，即使 Python 的程式語法如何簡單，學好程式的關鍵仍在練習，任何程式語言都無法以純閱讀方式即能熟練，親自敲打程式，並加以大量演練才是學好程式設計的不二法門。

學好程式設計需要大量的操作練習，沒有其他竅門。

　　連同本書，筆者至今已出版三本程式設計相關書籍，書本編排一直採用本系陳弘毅教授為 Linux 作業系統所開發的 chitex(χTEX)，這是一種非常好用的中文 LATEX 排版程式，在撰寫過程中，常常受到陳老師的熱心協助，謹此致上感謝之意。

國立中央大學數學系
吳維漢
109/11/02

第一章：基本型別與輸出/輸入

前言

整數、浮點數、字串是 Python 程式語言的三大基本型別，其中整數可以儲存任意大/小的數字，沒有位數限制，這點與許多程式語言的整數相當不同。浮點數是指帶有小數點的數字，由於計算機是以二進位方式儲存數據，造成浮點數與數學上的小數並不完全相同，例如：浮點數的 0.1 並不等於數學上的 0.1，只是其近似數，有著小小的差異，但這些小差異經常會造成計算機的運算結果與數學所預期的結果不同，若在設計程式時忘了其間的差異，往往很難找到程式錯誤的原因。Python 所提供的字串型別在功能操作上相當直觀，例如利用加號將兩個字串連在一起，利用乘號將字串複製成若干倍。這三種型別可利用型別轉換函式自由變換型別，使得程式操作變得相當便利，往往幾個式子就能完成許多看似複雜的程式步驟。

　　本章也會介紹一些簡單的輸入/輸出語法與常用的運算符號，整體來說，本章的程式語法不多，但善加利用也能寫出簡單又有趣的程式，本章末尾將透過許多範例展示如何組合這些語法來解決程式問題。

1.1 整數

Python 程式語言的整數可儲存任意大/小的數字，沒有位數限制，撰寫程式時完全不需顧慮數字在計算過程中是否會因過大/過小引發溢位[a]，進而造成錯誤的運算結果，程式設計過程中就少了些限制，這與許多程式語言大不相同。以下為簡單的整數設定方式：

```
>>> a = -782                    # a 儲存 -782
```

---

[a]溢位是指運算過程中的數值超出計算機的暫存器或記憶空間所能儲存或代表的數。當運算發生溢位後，運算結果即不正確。

```
>>> b = 123456789000        # b 儲存 123456789000
```

在以上的式子中，井號(#)後的文字皆視為註解，這些文字在執行時會被忽略。
整數可使用不同的進位方式表示，例如：數字 69 若以十進位、二進位、八進
位、十六進位表示可寫成以下方式：

$$69 = 6 \times 10 + 9 \qquad\qquad 十進位數字: \quad 69$$
$$= 1 \times 2^6 + 1 \times 2^2 + 1 \qquad 二進位數字: \quad 1000101$$
$$= 1 \times 8^2 + 5 \qquad\qquad 八進位數字: \quad 105$$
$$= 4 \times 16 + 5 \qquad\qquad 十六進位數字: \quad 45$$

十進位的 69 若以二進位表示寫成 1000101，八進位則寫成 105，十六進位寫
成 45。但若僅寫 105 並無法知道它是八進位數字，為了區分數字是幾進位的數
字，Python 在數字之前加個字母表頭。以下分別以二進位、八進位、十六進位
方式來表示數字：

進位	單個數字範圍	數字表頭	六十九	一百
十進位	[0,9]	–	69	100
二進位	[0,1]	0b	0b1000101	0b1100100
八進位	[0,7]	0o	0o105	0o144
十六進位	[0,15]	0x	0x45	0x64

上表十六進位的各個數字介於 [0,15]，由於阿拉伯數字最大為 9，無法表示 10
以上的數字，於是就以英文字母 a 到 f 依次代表數字 10 到 15，如下表：

十六進位	0	1	2	...	9	a	b	c	d	e	f
十進位	0	1	2	...	9	10	11	12	13	14	15

下表為 [0,15] 之間的數字在三種不同進位的表示方式：

數字	0	1	2	3	4	5	6	7
二進位	0b0	0b1	0b10	0b11	0b100	0b101	0b110	0b111
八進位	0o0	0o1	0o2	0o3	0o4	0o5	0o6	0o7
十六進位	0x0	0x1	0x2	0x3	0x4	0x5	0x6	0x7

數字	8	9	10	11	12	13	14	15
二進位	0b1000	0b1001	0b1010	0b1011	0b1100	0b1101	0b1110	0b1111
八進位	0o10	0o11	0o12	0o13	0o14	0o15	0o16	0o17
十六進位	0x8	0x9	0xa	0xb	0xc	0xd	0xe	0xf

計算機是以二進位方式儲存數字，稍大一點的數，若以二進位來表示就很容
易產生一大串數字，例如：255 = 0b11111111，65535 = 0b1111111111111111，

人眼難以一下數清楚這麼多數字。但若改用十六進位表示則以上兩數可寫成：255 = 0xff，65535 = 0xffff，數字簡潔許多，一目瞭然，這也是為何要使用十六進位來表示數字的原因。

在數學上，一個十六進位數字可展開成 4 個二進位數字，一個八進位數字可展開成 3 個二進位數字，所以 0x97 = 0b10010111，因 0x9 可展成 0b1001，0x7 可展成 0b0111。同樣的 0o53 = 0b101011，因 0o5 可展成 0b101，0o3 可展成 0b011。以下三數都等同十進位的 155：

```
>>> x = 0x9b          # x = 9*16 + 11 = (0b1001)*16 + 0b1011 = 0b10011011
>>> y = 0b10011011
>>> z = 0o233         # z = 2*8² + 3*8 + 3
                      #   = (0b10)*8² + (0b011)*8 + 0b011 = 0b10011011
```

由以上註解可知在二進位、八進位、十六進位數字間執行進位轉換是相對容易。

1.2 浮點數

浮點數代表有小數點的數字，浮點數受限於固定大小的儲存空間，並無法如整數一般可儲存無限的位數，僅能儲存 15 位有效數字，例如：

```
>>> a = -2.3          # -2.3
>>> b = 4.5e3         # 4500.    e 或 E 代表 10 次方符號
>>> c = -3E2          # -300.    使用 e 與 E 皆為浮點數
>>> d = 1.            # d 為浮點數 1.0
>>> e = 1             # e 為整數 1
```

d 與 e 的差異在於 d 的數字後有小數點，造成 d 是浮點數，e 為整數。由於計算機以二進位方式儲存數據資料，由鍵盤輸入的十進位小數在存入計算機後就轉變成二進位的浮點數。在絕大多數的情況下，這兩個數字不是一樣大，而是有個小差距，這個差距稱為截去誤差(round-off error)，如下圖：

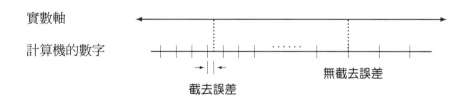

截去誤差為實際數值與計算機所儲存數值的差距，幾乎所有的小數存到計算機後都會有截去誤差，例如 0.1 以二進位表示為循環數 $0.0\overline{0011}_2$，計算機在截取有限位數後存入記憶體隨即造成一些小誤差，此誤差即為截去誤差，這代表計

算機所儲存的 0.1 不是真正的小數 0.1。這個小差距雖然微不足道，但卻會造成計算機的運算結果與由數學運算所得的數值不同，也就是計算機內的浮點數只是實際小數的近似數，近似數間的運算經常不會與真正的數字運算結果相同，例如：

```
0.1 + 0.2 - 0.3              ---->   5.551115123125783e-17
0.1 + 0.1 + 0.1 - 0.3        ---->   5.551115123125783e-17
0.1 * 0.1 - 0.01             ---->   1.734723475976807e-18   (* 為乘法符號)
```

也有些小數沒有截去誤差，例如 0.25 為 1×2^{-2}，以二進位表示為 0.01_2。0.625 等於 0.5 + 0.125，以二進位表示為 0.101_2，也沒有截去誤差。因此以下的運算式不會造成任何運算誤差：

```
0.25 + 0.25 + 0.25 + 0.25 - 1   ---->   0
0.75 - 0.5 - 0.25               ---->   0
```

絕大多數的小數在存入計算機後就帶有誤差，這個誤差在經過重重運算後就難以預測，這種現象時常造成一些數學上的計算法則都出現問題，例如：以下計算過程違反了數學的加減法交換律：

```
n = 123
( n + n/10 + n/100 ) - ( n/100 + n/10 + n )   ---->   0.0

n = 231
( n + n/10 + n/100 ) - ( n/100 + n/10 + n )   ---->   -5.684341886080802e-14
```

觀察以上運算式中兩個小括號內的數字，兩者唯一的差別僅在順序不同，不同的數字 n 卻造成前者為零，後者不為零，違反了數學的交換律。基本上，**在程式中千萬不要去比對兩個經過計算後的浮點數是否相等，因為答案經常是否定的。**由於浮點數僅用有限的記憶空間儲存資料，這使得計算機所能產生的浮點數總數是有限個，也代表計算機有最大與最小的浮點數，且兩個相鄰浮點數間沒有其他的浮點數，這個現象造成兩個大小相差很大的非零數相加後，和還是會等於較大的數，例如：1 + 1.e-20 仍等於 1，如下圖，以上這些都與數學上的小數性質有著很大的差別。

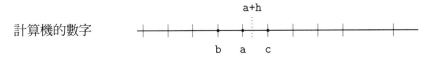

當 a 與 c 之間沒有其他數，如果 h 太小，a+h 計算後仍可能等於 a

由此可知，計算機的浮點數間運算結果僅能說是一個近似值，並不是數學上的準確值，這點在撰寫程式時需牢記在心。

1.3 字串

字串是被成對的雙引號或單引號框住的字元，字元可為中、英、符號等萬國碼字元，以下為一些使用方式：

```
>>> a = 'abc'               # abc
>>> b = "I'll be back"      # I'll be back    雙引號可夾住單引號
>>> c = 'John : "see you"'  # John : "see you"   單引號可夾住雙引號

>>> d = 'a"b'  "c'd"        # a"bc'd   字串可自動合併

>>> e = "12 月 7 日"        # 字串包含中、英字元與空格，共 8 個字元
>>> f = ""                  # f 為空字串
```

以上 f 為空字串，代表字串內沒有任何字元。若字串有跨列，則需使用三個單引號或雙引號夾住字元。

```
g = """一二                # 等同 "一二\n三四\n五六七"，  \n 為換列字元
三四
五六七"""
```

以上 g 字串每列的末尾都有一個看不見的 \n 換列字元，\n 字元是一個特殊字元，無法看見此字元，僅能觀察到其作用，即讓游標跳到下一列的起始位置。**若跨列字串沒有設定給某個變數名稱，則此字串並沒有實質的程式作用，但卻可用來當成程式的跨列文字註解**，進一步的用法可參考第 257 頁的文字說明。

字串若過長可用小括號將若干個成對引號字串合併在一起，便於檢視整個字串，以下的 poem 字串連同標點符號共有 60 個字元：

```
poem = (  "桃之夭夭，灼灼其華，之子于歸，宜其室家。"
          "桃之夭夭，有蕡其實，之子于歸，宜其家室。"
          "桃之夭夭，其葉蓁蓁，之子于歸，宜其家人。" )
```

請留意以上 poem 字串的設定雖用了三列，但字串並不包含換列字元。

字串可使用乘號（「＊」）將字串複製若干次，使用加號（「＋」）合併兩字串成新字串，使用「＋＝」將符號右側的字串接在左側字串之後，使用方式如下：

```
>>> a = '*' * 20           # a 有 20 個星號
>>> b = "abc" * 0          # b 為空字串
>>> c = 'abc' * 3          # c = "abcabcabc"    使用乘法複製
>>> d = "abc" + "def"      # d = "abcdef"    使用加法合併
>>> e = 3 * "心" + 2 * "意"  # e = "心心心意意"    混合運算

>>> f = "一二三"
>>> f += "四五"            # f = "一二三四五"
```

以上乘號之後的數字若小於等於 0，代表沒有複製，回傳空字串。字串內的字元數即為字串長度，可用 len 函式取得，使用方式如下：

```
>>> a = "Python 程式"          # a 字串包含 6 個英文字母，1 個空格，2 個中文字
>>> b = len(a)                 # b 為 9
>>> c = len("Python")          # c 為 6
>>> d = "一二\n三四"           # d 字串包含 4 個中文字，1 個換列字元
>>> e = len(d)                 # e 為 5
```

其他較複雜的字串使用方式將會在以下各章逐一介紹。

1.4 整數、浮點數、字串型別互轉

整數、浮點數、字串三者之間可使用 int、float、str 互相轉型：

```
>>> a = int(57.99)                  # 浮點數 57.99 --> 整數 57
>>> b = int("34")                   # 字串 "34"   --> 整數 34

>>> c = float(23)                   # 整數 23      --> 浮點數 23.
>>> d = float('3.23')               # 字串 '3.23' --> 浮點數 3.23

>>> e = str(35)                     # 整數 35      --> 字串 "35"
>>> f = str(3.14)                   # 浮點數 3.14 --> 字串 "3.14"
```

浮點數轉型為整數時，小點後的數字會全部捨去。善用轉型功能有時可很快產生一些數據，以下是利用字串的乘法與加法來產生一些數字：

```
>>> a = 123
>>> b = int( str(a)*4 )             # b = 123123123123

>>> c = 12
>>> d = 345
>>> e = int( (str(c)+str(d))*2 )    # e = 1234512345
```

1.5 設定多筆資料

若要一次設定許多筆資料，可使用逗號分離資料，例如：

```
>>> a , b = 5 , 2                   # a = 5 , b = 2
>>> a , b = ( 5 , 2 )              # 同上，可使用小括號包住資料
>>> ( a , b ) = ( 5 , 2 )          # 同上
>>> a , b = a + b , a - b          # a = 7 , b = 3
>>> c , d , e = 2 , 7.5 , "cat"   # c = 2 , d = 7.5 , e = "cat"
```

以下可用來對調兩資料數值：

```
>>> x , y = "one" , 1              # x = "one" , y = 1
>>> x , y = y , x                  # x = 1 , y = "one"
```

對調後的 x 與 y 兩型別也隨之變化，並不會造成任何問題。

1.6 列印資料：print

print 用來列印資料，每當資料印完後會自動換列，但可設定 end 來控制列印後自動輸出的字串，預設為換列字元 "\n"。

```
print()                      # 跳一列
print( 3 )                   # 列印 3，印完後自動換列
print( 3 , end="\n" )        # 同上
print( 3 , end="" )          # 列印 3 ，但不換列
print( 3 , end="cats" )      # 列印 3cats，印完後不換列
print( 3 , end="\n\n" )      # 列印 3，印完後多跳一列
print( 3 , end="\n"*2 )      # 同上
print( '/\\'*3 )             # 列印 /\/\/\ 後換列
```

以上反斜線(\)為特殊字元，使用時需多加一個反斜線字元。若要列印數筆資料，可用逗號分開資料，同時可設定 sep 當成資料間的間隔字串，預設為一個空格，例如：

```
print( 3, 5, 7 )             # 列印 3 5 7 後換列，資料間有一個空格分開
print( 3, 5, 7, sep='' )     # 列印 357 後換列，資料擠在一起
print( 3, 5, sep='*', end="" )  # 列印 3*5，資料間有一個星號，印完後不換列
print( 1756, 1, 27, sep='--' )  # 列印 1756--1--27
```

簡單格式輸出：format

列印資料時可利用 format 來設定資料的輸出寬度與對齊方式使得資料可以排列整齊，以下為一些簡單的使用例子：

```
# 用 4 格輸出整數 23，靠右對齊，> 為靠右對齊
print( "{:>4}".format( 23 ) )                # 輸出：  23

# 用 4 格輸出字串 "ox"，靠左對齊，< 為靠左對齊
print( "{:<4}".format( "ox" ) )              # 輸出：ox

# 用 5 格輸出字串 "cat"，置中對齊，^ 為置中對齊
print( "{:^5}".format( "cat" ) )             # 輸出： cat
```

以上 format 之前的字串為格式設定字串，專門用來定義資料的輸出格式。格式設定字串內的大括號可用來設定資料輸出所要使用的格子數， < > 兩符號代表資料要靠左或靠右對齊，^ 為置中對齊。若格子數較輸出資料大，多出的格子自動填補空格，若要以其他字元填補，只要在冒號之後設定填補字元即可。如果要一次輸出多筆資料，只要將其當成 format 的參數即可，每個資料依序對應一組大括號。此外有些字元是在格式設定字串的大括號之外，這些字元就直接輸出。

```
# 列印兩筆資料，大括號之間的字元直接印出，且不設定輸出格子數量
print( "{:} 頭{:}".format( 3 , "牛" ) )                        # 輸出：3 頭牛

# 四格印 2019，兩格靠右列印 8 與 5
print( "{:4}-{:0>2}-{:0>2}".format( 2019 , 8 , 5 ) )          # 輸出：2019-08-05

# 各用三格列印 3 與 "x"，分別設定 # @ 為填補字元
print( "[{:#<3}] [{:@>3}]".format( 3 , "x" ) )                # 輸出：[3##] [@@x]
```

使用 `format` 輸出浮點數時，除了設定浮點數輸出總格數外，也可設定小數部分的顯示格數。在輸出小數時，末尾位置的小數數字都會經過四捨五入處理，而不是直接使用截去方式去除多餘的小數。浮點數的輸出型式共有兩種：小數型式與科學記號表示型式，前者標示為 `f`，後者標示為 `e` 或 `E`，用來代表指數的字母，以下為一些操作例子：

```
# 小數輸出：用 7 格輸出浮點數，小數位數佔 2 格
print( "{:#>7.2f}".format( 3.14159 ) )                # 輸出：###3.14

# 小數輸出：用 7 格輸出浮點數，小數位數佔 3 格
print( "{:#<7.3f}".format( 3.14159 ) )                # 輸出：3.142##

# 科學記號輸出：用 10 格輸出浮點數，小數位數佔 2 格
print( "{:#^10.2e}".format( 3.14159 ) )               # 輸出：#3.14e+00#

# 科學記號輸出：用 10 格輸出浮點數，小數位數佔 3 格
print( "{:#>10.3E}".format( 3.14159 ) )               # 輸出：#3.142E+00
```

在以上的格式化輸出中，小數的末尾位置數字都已經過四捨五入處理，數值與原小數同位置數字有所不同。

1.7 讀取資料：`input`

Python 利用 `input` 讀取資料成為字串，例如：

```
>>> a = input()              # 將要輸入資料存成 a 字串
34                           # 由鍵盤輸入：34
>>> a                        # 輸入 34 但被當成字串 '34' 存入 a
'34'

>>> b = input( "> " )        # 螢幕先輸出 '>' 提示字串，之後將輸入存入 b
> 老虎 獅子                   # 由鍵盤輸入：老虎 獅子
>>> b
'老虎 獅子'
```

以上輸入的資料雖有空格分開，但此空格被看成字串內的空格字元，整個是一個字串，並不是兩筆不同資料。且需留意若要輸入字串，不需再鍵入成對的單/雙引

號來包裹字串。

若要將輸入資料改用整數或浮點數儲存，可用 int 或 float 包裹 input：

```
>>> c = int( input("> ") )       # 將輸入的資料轉型為整數後存入 c
> 3456789
>>> c                            # c 是整數 3456789
3456789

>>> d = float( input("> ") )     # 將輸入的資料轉型為浮點數後存入 d
> 3.14
>>> d                            # d 為浮點數 3.14
3.14
```

輸入多筆資料

使用 input 所取得的資料皆為一筆字串，即使資料間有空格分開，這些空格都被當成字串內的空格字元。如果要一次讀取許多筆資料，可用 eval 包裹 input 式子，但需留意輸入的各筆資料間要有逗號分離，且字串要有單(雙)引號：

```
>>> a , b , c = eval( input("> ") )
> 3 , "cat" , 5.5                # 輸入三筆資料，資料間以逗號隔開
                                 # 字串要有單(雙)引號

>>> a                            # a 為整數  3
3
>>> b                            # b 為字串 'cat'
'cat'
>>> c                            # c 為浮點數 5.5
5.5
```

1.8 基本運算符號

Python 內有許多運算符號，下表為常用的運算符號：

運算符號	運算子	範例
+ - * /	加、減、乘、除	3+4 = 7 , 3*4 = 12
%	餘數運算	7%3 = 1 , 9%3 = 0
//	商為整數的除法	7//3 = 2 , 7.5//3 = 2
**	指數運算	3**2 = 9 , 3**0.5 = 1.7320508...
+= -= *= /= //= %=	各種指定運算	a += 4 $\implies$ a = a + 4 a *= b + c $\implies$ a = a * (b + c)

以下為一些注意事項：

- // 為特殊的除法運算，回傳去除小數部份的整數商

- a b 為整數，則 a/b 為浮點數，a//b 為整數，即 3/4 = 0.75，3//4 = 0

- 乘法運算不能如數學一樣省略乘法符號，例如：3ab 需寫成 3*a*b

- 3*2**4 是 3×2^4，指數運算優先於乘除運算

- a += b 是 a = a + b 的省寫法，+= 為加法指定運算符號

- a *= b + c 等同 a = a * (b + c)，*= 為乘法指定運算符號

- a //= b + c 等同 a = a // (b + c)

- 若不確定運算符號的處理順序，可使用小括號框住需先行運算的資料即可

1.9 常用函式

在程式設計中經常會用到以下幾個函式，整理成下表：

函式	作用
abs(x)	回傳 x 的絕對值
pow(x,y)	回傳指數運算 x^y 的數值，也可使用 x**y
min(x,y,...)	回傳輸入參數中的最小值，參數數量不限
max(x,y,...)	回傳輸入參數中的最大值，參數數量不限
round(x,n)	回傳最靠近浮點數 x 的數字，n 設定取位的小數位數，預設為 0。若接近 x 的數有兩個，則回傳偶數

例如：

```
>>> a = abs(-3)          # a = 3
>>> b = pow(2,0.5)       # b = 1.4142135623730951
>>> c = min(3,4,2)       # c = 2
>>> d = max(3,4)         # d = 4
>>> e = round(3.52)      # e = 4
>>> f = round(4.5)       # f = 4    選擇偶數
>>> g = round(7.5)       # g = 8    選擇偶數
>>> h = round(3.38,1)    # h = 3.4
```

1.10 跨列式子

Python 的運算式以一列為原則，但若超過一列，可使用以下兩者方式處理跨列式子：

■ 使用小括號

```
a = ( 1 + 1 + 2 + 3 + 5 + 8 + 13 + 21 +
      34 + 55 )

b = ( "獨憐幽草澗邊生，上有黃鸝深樹鳴。"
      "春潮帶雨晚來急，野渡無人舟自橫。" )
```

■ 使用反斜線於列尾，但反斜線之後不得有任何空格

```
a =  1  + 1 +  2 +  3 + \
     5  + 8 + 13 + 21 + \
     34 + 55
```

以上兩種跨列處理方式以第一種在式子前後加小括號方式較為簡便，第二種形式會因無法判斷反斜線字元之後是否有多出的空格而造成錯誤，並不建議使用。

1.11 範例

本章所學的語法不多，但也可由中加以組合以解決一些程式問題。比較重要的語法包含以字串的合成或複製來形成新字串、數字與字串間的轉型、簡單的運算操作。以下程式範例都很簡短，請在看懂後，自行撰寫藉以熟練語法。

1. 輸入一整數，印出前後相鄰的三個整數。

```
> 65
64 65 66

> 120
119 120 121
```

程式

```
n = int( input("> ") )
print( n-1 , n , n+1 )
```

2. 輸入一整數，印出前後相鄰三個整數相加過程與和。

```
> 34
33 + 34 + 35 = 102

> 9
8 + 9 + 10 = 27
```

程式

```
n = int( input("> ") )
print( n-1 , '+' , n , '+' , n+1 , '=' , 3*n )
```

3. 輸入兩整數 n1 與 n2，且 n2 > n1 + 3，計算由 n1 加到 n2 的數字和，並印出過程。

```
> 1 , 10
1 + 2 + ... + 10 = 55

> 10 , 99
10 + 11 + ... + 99 = 4905
```

程式

```
n1 , n2 = eval( input("> ") )
sum = (n1+n2)*(n2-n1+1)//2
print( n1 , '+' , n1+1 , '+ ... +' , n2 , '=' , sum )
```

4. 輸入方格寬 n，印出 n×n 的星號方形。

```
> 4              > 5
****             *****
****             *****
****             *****
****             *****
                 *****
```

程式

```
n = int( input("> ") )
line = '*'*n + '\n'          # '\n' 讓輸出時換列
print( line*n )
```

5. 輸入方格寬 n，印出 n 個 n×n 的星號方格。

```
> 5
***** ***** ***** ***** *****
***** ***** ***** ***** *****
***** ***** ***** ***** *****
***** ***** ***** ***** *****
***** ***** ***** ***** *****
```

程式

```
n = int( input("> ") )
foo = '*'*n
line = ( foo + ' ' )*n + '\n'
print( line*n )
```

6. 用 10 格來印出十位數以下數字，數字靠右對齊，數字左側的空格以星號表示。

```
> 987034
****987034
```

程式

```
n = input("> ")

m = 10
print( "*"*(m-len(n)) + n )        # len(n) 為輸入數字位數，n 為字串

# 以上兩列可直接使用以下式子替代
print( "{:*>10}".format(n) )
```

7. 輸入一正整數，個位數不為 0，印出旋轉數字後的新數字。

```
> 389
938

> 9731
1973
```

程式

```
n = int( input("> ") )
a = n%10
b = n//10
c = int( str(a) + str(b) )
print( c )
```

8. 輸入整數，印出此數、乘 10、乘 100 等三個數字。

```
> 76
76 760 7600

> 123
123 1230 12300
```

程式

```
a = input("> ")          # a 為「數字」字串
b = int( a + "0" )       # 或 b = int(a)*10
c = int( a + "00" )      # 或 c = int(a)*100
print( a , b , c )
```

9. 輸入位數，計算此位數最大數與最小數的差值，並印出運算過程。

```
> 3
999 - 100 = 899

> 5
99999 - 10000 = 89999
```

程式

```
m = int( input("> ") )
a = 10**(m-1)          # 最小數
b = 10**m - 1          # 最大數
print( b , '-' , a , '=' , b-a )
```

10. 輸入位數，計算此位數的所有數字和，並印出運算過程。

```
> 2
10 + 11 + ... + 99 = 4905

> 3
100 + 101 + ... + 999 = 494550
```

程式

```
m = int( input("> ") )
a = 10**(m-1)                  # 最小數
b = 10**m - 1                  # 最大數
sum = (a+b)*(b-a+1)//2         # 梯形公式求和，需使用 // 求得整數商
print( a , '+' , a+1 , '+' , '...' , '+' , b , '=' , sum )
```

11. 輸入一個兩位數，分解數字成十位數與個位數相加。

```
> 45
45 = 40 + 5

> 98
98 = 90 + 8
```

程式

```
n = int( input("> ") )
a = n//10              # a 十位數
b = n%10               # b 個位數
print( n , '=' , a*10 , '+' , b )
```

12. 輸入一個兩位數，重複各個數字成為四位數。

```
> 35
3355

> 90
9900
```

程式

```
n = int( input("> ") )
a = str(n//10)*2
b = str(n%10)*2
c = int( a + b )
print( c )
```

13. 輸入正整數，連兩次遞增最高位數數字，計算此三數的數字和，並印出過
   程。

```
> 782
782 + 882 + 982 = 2646

> 82
82 + 92 + 102 = 276
```

程式

```
ns = input("> ")
n = int(ns)
m = 10**( len(ns)-1 )
print( n , '+' , n+m , '+' , n+2*m , '=' , 3*(n+m) )
```

14. 輸入兩個四位數，印出兩數直式相加的運算過程。

```
> 2343 , 9482        > 7765 , 1234

    2343                 7765
+ 9482                 + 1234
------                 ------
 11825                  8999
```

程式

```
a , b = eval( input("> ") )

# 利用格式輸出對齊運算式，並在大括號之間加入換列字元用以換列
print( "\n{:>6}\n+{:>5}\n{:>6}\n{:>6}".format( a , b , '-'*6 , a+b ) )
```

15. 輸入兩位小數的浮點數，數字不包含 0，分解此數為整數與小數相加。

```
> 27.36
= 27 + 0.36

> 8.91
= 8 + 0.91
```

程式

```
a = float( input("> ") )

b = '0.' + str( int(a*100)%100 )
print( '=' , int(a) , '+' , b )
```

若改用以下的列印式子，最後的浮點數運算經常會因截去誤差[15]的影響造成
輸出的小數部份並不是二位小數。

```
a = float( input("> ") )

print( '=' , int(a) , '+' , a - int(a) )
```

輸出：

```
> 27.36
= 27 + 0.35999999999999943
```

16. 輸入四位數，隱藏中間兩位數成星號後印出。

```
> 2098
2**8

> 9308
9**8
```

程式

```
n = int( input("> ") )
a = n//1000
b = n%10
m = str(a) + "**" + str(b)        # 數字轉為字串後才能合成相加
print( m )
```

17. 輸入橫向字元複製倍數，印出數字 2 原始 5×3 點陣圖的橫向放大圖。

```
> 1                    > 2
222                    222222
  2                         22
222                    222222
2                      22
222                    222222
```

程式

```
m = int( input("> ") )
a = "2"*(3*m) + "\n"              # a：第一、三、五列，包含末尾換列字元
b = " "*(2*m) + "2"*m + "\n"      # b：第二列，包含換列字元
c = "2"*m + "\n"                  # c：第四列，包含換列字元
print( a + b + a + c + a )
```

1.12 結語

本章特別強調計算機的浮點數與數學中的小數是有差距的，主要原因來自計算機是使用二進位儲存數字，由於許多十進位小數在轉換成二進位時會變成循環小數，經過位數取捨存入記憶空間後自然會造成些微誤差，此誤差來自進位轉換，

無法規避。在運算上計算機的浮點數僅是對應小數的近似數，很少有機會兩者剛好相等。使用計算機做大量運算時，即使兩個運算式在數學上經過運算後的數值相同，也不要指望其經過計算機運算後的浮點數結果也是一樣。在撰寫數值程式時，一定要謹記於心，否則容易落入陷阱而不自知。此種錯誤與程式所用的演算法無關，即使找遍程式碼也無法發現出錯原因，很難加以除錯。

在本章僅介紹字串的最簡單操作方法，在爾後的各章仍會陸續介紹一些新用法。Python 的字串合成與複製都很方便，非常好用。整數內部的數字處理常可先轉型為字串，經過一些字串處理後再轉型回數字，這種透過型別轉換的處理方式通常比單一型別的數字處理方便許多，可多加操作練習。

1.13 練習題

以下習題與範例問題近似，每個題目都很簡短，請當成頭腦體操多加練習，藉以熟悉本章語法。

1. 輸入兩個數字，分別印出兩數的加減乘除過程，假設兩數能整除。

   ```
   > 12 , 3
   12 + 3 = 15
   12 - 3 = 9
   12 x 3 = 36
   12 / 3 = 4
   ```

2. 輸入一元二次方程式的係數，係數都是大於 1 的整數，印出以下完整方程式的呈現方式：

   ```
   > 3 , 4 , 2
   3 X**2 + 4 X + 2 = 0

   > 2 , 9 , 7
   2 X**2 + 9 X + 7 = 0
   ```

3. 輸入方格寬 n，印出 n×n 的空心星號方格。

   ```
   > 4          > 5
   ****         *****
   *  *         *   *
   *  *         *   *
   ****         *   *
                *****
   ```

4. 輸入方格寬 n，印出 n 個 n×n 空心數字方格。

```
> 5
55555 55555 55555 55555 55555
5   5 5   5 5   5 5   5 5   5
5   5 5   5 5   5 5   5 5   5
5   5 5   5 5   5 5   5 5   5
55555 55555 55555 55555 55555
```

5. 輸入一正整數，印出與此整數同位數的數值區間。

```
> 78
[10,99]

> 823
[100,999]
```

6. 輸入一個三位數，數字都不為 0，分解此數成百位數、十位數與個位數相加。

```
> 893
893 = 800 + 90 + 3

> 128
128 = 100 + 20 + 8
```

7. 輸入一個四位數，數字都不為 0，分解數字印出以下型式輸出：

```
> 9537
9537 = 9x1000 + 5x100 + 3x10 + 7

> 7269
7269 = 7x1000 + 2x100 + 6x10 + 9
```

8. 輸入一個兩位數，個位數不為 0，以各個數字為倍數重複此數字成為新數字，印出此數。

```
> 35
33355555

> 72
777777722
```

9. 輸入一個三位數，以各個數字的位數為倍數重複此數字成為新數字，印出此數。

```
> 387
333887

> 403
444003
```

10. 輸入一個正整數，自動將其進位到最小且位數多一位的整數，印出進位後的數字：

    ```
    > 87
    100

    > 800231
    1000000
    ```

11. 輸入兩位數以上的整數，隱藏中間數字成星號後印出。

    ```
    > 123456
    1****6

    > 984
    9*4
    ```

12. 輸入一正整數，將其無條件進位後轉成減法運算式，例如：

    ```
    > 8345
    = 10000 - 1655

    > 3981004
    = 10000000 - 6018996
    ```

13. 輸入一個尾數不是 0 的三位數，逆轉此數字，例如：

    ```
    > 873
    378

    > 912
    219
    ```

14. 輸入一個尾數不是 0 的三位數，印出此數與逆轉數的數字和與過程。

    ```
    > 953
    953 + 359 = 1312

    > 351
    351 + 153 = 504
    ```

15. 輸入一個四位數，將此數除以 10 後取整數，重複此步驟直到僅剩一位數，如此共有四個數字，計算此四數的和，並印出加法過程。

    ```
    > 3098
    3098 + 309 + 30 + 3 = 3440

    > 1234
    1234 + 123 + 12 + 1 = 1370
    ```

16. 輸入一個兩位數 n，計算十位數與 n 相同的所有數字和，印出計算過程。

```
> 18
10 + 11 + ... + 19 = 145

> 72
70 + 71 + ... + 79 = 745
```

17. 輸入數字位數 n，計算所有由 n 個相同數字組成的數字的數字和，並印出計算過程。

```
> 2
11 + 22 + ... + 99 = 495

> 3
111 + 222 + ... + 999 = 4995
```

18. 同上題，但改為乘法。

```
> 2
11 x 22 x ... x 99 = 855652058110080

> 3
111 x 222 x ... x 999 = 928260439121373334462080
```

19. 輸入四位數，數字皆不為 0，連續三次旋轉數字，將數字相加並印出計算過程。

```
> 2369
2369 + 9236 + 6923 + 3692 = 22220

> 3981
3981 + 1398 + 8139 + 9813 = 23331
```

20. 同上題，但以直式印出運算過程。

```
> 3981              > 1232

  3981                1232
  1398                2123
  8139                3212
+ 9813              + 2321
------              ------
 23331                8888
```

提示：最後一列數字和之前的空格數量與其位數有關。

21. 輸入二位小數浮點數，數字不含 0，印出整數與其所有位數小數的相加過程。

```
> 27.96
= 27 + 0.9 + 0.06

> 12.34
= 12 + 0.3 + 0.04
```

22. 輸入三個四位數以下的數字，印出直式運算式。

```
> 32 , 998 , 7823              > 8032 , 98 , 7823

      32                          8032
     998                            98
+   7823                    +     7823
   ------                        ------
    8853                         15953
```

提示：每個數字之前的空格數量與數字位數有關。

23. 同上題，但不足四位數的數字之前要補上星號。

```
> 9832 , 798 , 23             > 343 , 2301 , 98

    9832                         *343
   *798                          2301
+  **23                    +     **98
  ------                        ------
   10653                         2742
```

24. 輸入一個三位數，計算個別位數中最大數與最小數的差距，並印出計算過程。

```
> 719
9 - 1 = 8

> 270
7 - 0 = 7
```

提示：分解數字後使用 max[22] 與 min[22] 兩函數取得數字中的最大數與最小數。

25. 輸入正整數，連兩次遞增次高位數數字，計算此三數的數字和，並印出運算過程。

```
> 123
123 + 133 + 143 = 399

> 82
82 + 83 + 84 = 249
```

26. 輸入兩個不等值的一位數，讓大數減小數，使用同等數量的星號代替數字印出相減過程。

```
> 7 , 3
******* - *** = ****

> 4 , 9
********* - **** = *****
```

27. 輸入三位數，不含 0，對各個位數數字印出同等數量的星號，輸出如下：

```
> 284              > 694

2 **               6 ******
8 ********          9 *********
4 ****             4 ****
```

28. 輸入三位數，不含 0，分解數字並複製各位數，複製次數與數字同，將複製後的數字相加並印出直式運算過程。

```
> 245                  > 375

      22                     333
    4444                 7777777
  + 55555              +   55555
  -------              ---------
    60021                7833665
```

29. 輸入橫向字元複製倍數，印出以下數字 9 點陣的橫向放大圖：

```
> 1                 > 2

9999                99999999
9  9                99      99
9999                99999999
   9                      99
9999                99999999
```

30. 輸入縱向/橫向字元複製倍數，印出以下數字 9 點陣的放大圖：

```
> 1                 > 2

9999                99999999
9  9                99999999
9999                99      99
   9                99      99
9999                99999999
                    99999999
                          99
                          99
                    99999999
                    99999999
```

第二章：基礎程式數學

前言

程式設計除了需要嚴謹的邏輯外，經常會用到一些數學，越專業的程式應用需要用到的數學成份越多，很多時候數學是程式設計是否能順利完成的關鍵。初學者在學習基礎程式設計時，需學會如何在程式問題的推導過程中使用數學，透過數學可加快完成程式設計，使得程式碼簡潔，不致於零亂鬆散，毫無章法。事實上，只要能靈活運用一些簡單的國中數學，如等差數列、絕對值、座標幾何等等，就足以寫出令人刮目相看的程式。

本章將先介紹如何運用等差數列公式於程式問題中，之後結合絕對值運算推導等差對稱數列公式，此公式可用於同時具有等差與對稱性質的程式問題上。接下來再加上餘數運算用以產生重複且對稱的循環數列。本章末尾將介紹格點座標系統，此座標系統是以螢幕的左上角為座標軸原點，用以描述螢幕各個格點的座標位置，經常被用於程式的輸出架構中。

2.1 等差數列

等差數列是指數列中的相鄰數有著一樣的差值，若 $\{b_i\}$ 為等差數列，則等差數列的各個數字為 $b_i = b_1 + d \times (i-1)$，$b_1$ 為起始值，d 為公差，$i \geq 1$。由於程式語言的下標通常由 0 起遞增，若讓 a 為等差數列的起始值，則**等差數列公式**可簡化為：

$$b_i = a + d \times i \qquad \forall\, i \geq 0 \qquad\qquad (*)$$

b_i 為等差數列的第 $i+1$ 個數。以上公式共包含四個數值，在計算上需得知其中三個數才能算出最後一個數。例如：如果等差數列的第十個數 $b_9 = 42$，初值 a 為 15，則公差 d 為 3 $(=\frac{(42-15)}{9})$。

在程式設計中，經常需應用到等差數列公式，但程式問題的情境都相對隱晦，需程式設計者自行「發掘」才能得知需使用到等差數列公式，以下為一些典型的程式問題例子：

■ 撰寫程式印出以下圖案：

```
x
xxx
xxxxx
xxxxxxx
```

想法

由圖案可知，由上往下每一列新增兩個 x 字元，各列字元數量為等差數列，公差 d 為 2。若讓 i 代表列數，由 0 起始，首列字元數量為 1，即 a = 1，則各列 x 字元數量為 1+2×i，也就是當 i ∈ [0,3] 時重複執行以下列印式子即可印出以上的圖案：

```
print( 'x' * (1+2*i) )
```

以上雖只是一個簡單式子，但式子中的最關鍵步驟就是應用等差數列公式，少了此公式，程式就無法順利完成。

■ 輸入 n(<10)，撰寫程式印出以下 n 列的數字三角形圖案：

```
_____1
____222
___33333
__4444444
_....
nnnnnnnnnnn
```

想法

觀察各列輸出，每一列需依次印出若干個空格與若干個數字。在圖案中，空格雖然看不見，但少了空格，數字就會全擠到左邊。空格的數量是遞減數列，起始空格數為 n-1，公差為 -1，使用等差數列公式，空格輸出可寫成 "␣"*(n-1-i)。至於數字的數量與前例同，各列數字又剛好是各列的下標值加上 1，由於數字無法使用乘號重複若干次，需轉型為字串才能複製。將兩個步驟連在一起，在 i ∈ [0,n-1] 的每一列只要重複執行以下的式子即可印出數字三角形圖案：

```
print( ' '*(n-1-i) + str(i+1)*(1+2*i) )
```

以上 print 內的式子能說沒有用到數學嗎？雖然說是數學，但基本上也只是使用基礎的等差數列公式而已。

■ 撰寫程式印出以下 n 列的 V 字型數字圖案：

```
> n = 5              > n = 6
1⌴⌴⌴⌴⌴9            1⌴⌴⌴⌴⌴⌴1
⌴2⌴⌴⌴8             ⌴2⌴⌴⌴⌴0
⌴⌴3⌴⌴7             ⌴⌴3⌴⌴⌴9
⌴⌴⌴4⌴6             ⌴⌴⌴4⌴⌴8
⌴⌴⌴⌴5              ⌴⌴⌴⌴5⌴7
                     ⌴⌴⌴⌴⌴6
```

想法

觀察圖案，可知除了最後一列外，每列都有若干個空格(可為 0 個)、一個數字、若干個空格、一個數字。左側數字列由 1 開始遞增，首數為 1，公差為 1，即各列數字為 (1+i)%10 (取個位數)。右側數字列由 m 遞減，m 待決定，首數為 m，公差為 -1，即各列數字為 (m-i)%10。由於左右兩側數字各有 n-1 個數，加上末列一個數字後，可知 m 為 2×n-1，因此右側各列數字為 (2n-1-i)%10。

若讓 s1 為每列前端的空格數，則其數字分佈為遞增的等差數列，起始數為 0，公差為 1，即 s1 = i。此外讓 s2 為兩數之間的中間空格數，s2 也呈現等差數列分佈，起始數為 2×n-3(即 m-2)，公差為 -2，應用等差數列公式得 s2 = 2×n-3 - 2×i。將以上的資料整合後，在末尾列之前，即當 i ∈ [0,n-2] 需執行以下式子：

```
print( ’ ’*i + str((i+1)%10) + ’ ’*(2*n-3-2*i) + str((2*n-1-i)%10) )
```

以上的列印式子總共用了四個等差數列公式。至於最後一列，則單獨執行以下式子即可：

```
print( ’ ’*(n-1) + str(n%10) )
```

由以上三個簡單例子可知，完成程式設計需活用數學。但通常在程式問題中並沒有任何數學文字陳述，需程式設計者仔細觀察輸出內容，試著利用符號代替數字，由中尋找規律，有了規則才能將數學公式應用於程式步驟中。

2.2 等差對稱數列與絕對值

在幾何上，絕對值 |x| 代表 x 與原點的距離，是一個大於等於零的數。絕對值內若是兩座標點相減如 |x-a| 則代表 x 與 a 兩點間的距離。如果 a 點固定

不動，在直線上就存在著兩個 x 分別在 a 點的左右兩邊且與 a 點等距，這兩點對 a 點來說是呈現著對稱現象，而 a 點則稱為對稱中心。

　　同樣的，若要在程式語言中產生對稱數字，也可用到絕對值。例如：以下為對稱星號分佈圖案 n = 4，n 為中間列星號的數量：

```
*
**
***
****
***
**
*
```

各列星號數量依次為 1 2 3 4 3 2 1，剛好為對稱數列，對稱中心為 4(=n)，其他上下列則依其與中間列的「列距」依次遞減。若由上而下，列數 i 由 0 起始，則中間列的列數為 n-1，各列與中間列的「列距」就等於兩列相減的絕對值，即 |n-1-i|，因此各列星號的數量就等於 n - |n-1-i|，換成程式語法即當 i ∈ [0,2n-2] 時，每一列都要執行以下的式子：

```
print( '*' * ( n - abs(n-1-i) ) )
```

以上 abs 為 Python 的絕對值函式[22]。

等差對稱數列公式

以上的「對稱數列」若由等差數列的角度來看很容易由之推導出等差對稱數列公式，在對稱數列中，對稱中心的左右兩邊數字構成相同公差的等差數列，故可讓對稱中心 a 為等差數列的初值，公差為 d，則對稱數列可整理成下表：

下標 i	0	⋯	k-2	k-1	k	k+1	k+2	⋯	2k
數值 b_i	a+kd	⋯	a+2d	a+d	a	a+d	a+2d	⋯	a+kd

若要應用等差數列公式需讓下標 i 改由對稱中心由 0 起始向左右兩邊遞增，此數等同各點與對稱中心的距離：

下標 i	0	⋯	k-2	k-1	k	k+1	k+2	⋯	2k
離對稱中心距離	k	⋯	2	1	0	1	2	⋯	k
數值 b_i	a+kd	⋯	a+2d	a+d	a	a+d	a+2d	⋯	a+kd

上表第二列的距離，換成數學表示即 |i-k|，k 為對稱中心的下標，代入等差數列公式[35] (*) 即可得**等差對稱數列公式**：

$$b_i = a + d \times |i-k| \qquad i \in [0,2k]$$

公式中的 a 為對稱中心，d 為公差，k 為對稱中心的下標。以下為幾個簡單範例應用等差對稱數列公式：

- 求 1 3 5 7 9 7 5 3 1 等數的數列公式？

  解：對稱中心 a = 9，公差 d = -2，a 的下標 k = 4，則對稱數列公式：
  $$b_i = 9 - 2 \times |i-4| \quad i \in [0,8]$$

- 求 9 6 3 0 3 6 9 12 15 等數的數列公式？

  解：對稱中心 a = 0，公差 d = 3，a 的下標 k = 3，則對稱數列公式：
  $$b_i = 3 \times |i-3| \quad i \in [0,8]$$

- 求 8 5 2 2 5 8 等數的數列公式？

  解：此數列看起來並非一般的等差對稱數列，缺少了對稱中心，為**無對稱中心的等差對稱數列**。此數列可想像成對稱中心 a 被隱藏起來，同時對稱中心的下標 k 並非整數，可將此數列寫成以下型式：

下標 i	0	1	2	**2.5**	3	4	5
數值 b_i	8	5	2	**0.5**	2	5	8

  在上表中，對稱中心 **0.5** 的下標在鄰近兩下標 2 與 3 的中間，即 **2.5**，此等差數列的公差 d = 3，對稱中心離兩鄰近數值 2 為公差的一半，也就是 a = 2 - $\frac{3}{2}$ = **0.5**，因此等差對稱數列公式可寫成：
  $$b_i = 0.5 + 3 \times |i-2.5| \quad i \in [0,5]$$

  需留意以上公式中包含了浮點數，在計算過程難免會有截去誤差[15]存在，使得運算後的 b_i 只是整數的近似數，若需產生整數的 b_i，需使用 int(b_i) 加以轉型。

一般的程式問題並不會有如以上清楚描述的數學題目文字，這需撰寫程式的人根據程式問題，由中自行發掘數學問題，然後才能利用數學公式，以下為一些應用等差對稱數列公式的程式問題：

等差對稱數列公式的應用

等差對稱數列經常出現於一般的程式問題中，以下幾個範例可以看出其重要性：

- 觀察以下 n = 4 的中空六邊形圖案，找出能印出每一列內容的一般式：

```
␣␣␣********
␣␣****␣␣****
␣****␣␣␣****
****␣␣␣␣␣****
␣****␣␣␣****
␣␣****␣␣****
␣␣␣********
```

想法

　　以上圖案每一列的輸出都是由若干個空格加上 n 個星號，再加上若干個空格與最後 n 個星號所組成。圖案裡特別使用 ␣ 符號將空格標示出來，如果少了這些空格，整個圖案的排列就成為星號方塊。由圖案排列可知，每一列前後兩種空格的數量有別，但基本的輸出式子可寫成以下型式：

```
sno1 = ...      # 前空格數量，待推導
sno2 = ...      # 後空格數量，待推導
print( ' '*sno1 + '*'*n + ' '*sno2 + '*'*n )
```

前後兩種不同空格數量都與中間列形成對稱現象，可列表如下：

```
         n = 4
0 ␣␣␣********
1 ␣␣****␣␣****
2 ␣****␣␣␣****
i 3 ****␣␣␣␣␣****
4 ␣****␣␣␣****
5 ␣␣****␣␣****
6 ␣␣␣********
```

中空六邊形圖案對稱數列分佈(n=4)								對稱中心 a	公差 d	對稱中心下標 k
列數 i	0	1	2	**3**	4	5	6			
前空格數量	3	2	1	**0**	1	2	3	0	1	3
後空格數量	0	2	4	**6**	4	2	0	6	-2	3

上表的 a 與 k 兩個數值很明顯的與 n 有關，n 改變了，a 與 k 的數值也會跟著變化，稍加觀察可得以下關係：

	對稱中心 a	公差 d	對稱中心下標 k	等差對稱數列公式
前空格數量 sno1	0	1	n-1	$\|i-(n-1)\|$
後空格數量 sno2	2(n-1)	-2	n-1	$2(n-1) - 2\|i-(n-1)\|$

將上表的等差對稱數列公式代入 sno1 與 sno2，每一列需執行的式子為：

```
sno1 = abs(i-(n-1))
sno2 = 2*(n-1) - 2*abs(i-(n-1))
print( ' '*sno1 + '*'*n + ' '*sno2 + '*'*n )
```

以上輸出式子的推導過程與數學是息息相關，但也僅是應用一些基礎數學而已。列表方式似乎有些笨拙，但在列表過程中可藉機觀察到數字變化，連帶引發思維觸動，進而推導出相關數學式子，對應的程式碼即能隨之而生。由

此例可知，程式設計絕不是看到程式問題立即使用鍵盤輸入程式，程式設計的重點永遠是在撰寫程式前的邏輯/數學思維推導，程式碼只是在推導後轉化得來的成品而已。

■ 觀察以下 n = 4 的鑽石圖案，找出能印出每一列內容的一般式：

```
␣␣␣1
␣␣222
␣33333
4444444
␣33333
␣␣222
␣␣␣1
```

想法

以上圖案的每一列都包含若干個空格與若干個數字，空格數量與數字數量都呈現著對稱現象，同時各列所顯示的數字也呈現著對稱現象，一個鑽石圖案即需用到三個等差對稱數列，列表如下：

```
          n = 4
      0   ␣␣␣1
      1   ␣␣222
      2   ␣33333
   i  3   4444444
      4   ␣33333
      5   ␣␣222
      6   ␣␣␣1
```

鑽石圖案對稱數列分佈(n=4)								對稱中心 a	公差 d	對稱中心下標 k
列數 i	0	1	2	**3**	4	5	6	a	d	k
空格數量	3	2	1	**0**	1	2	3	0	1	3
顯示數字	1	2	3	**4**	3	2	1	4	-1	3
數字個數	1	3	5	**7**	5	3	1	7	-2	3

需留意上表的對稱中心 a 與其下標 k 為 n=4 所得到的數值，變更了 n，對稱中心與其下標也會隨之更動，因此可使用 n 來替代此兩值，整理後的對稱數列公式如下表：

項目	對稱中心 a	公差 d	對稱中心下標 k	等差對稱數列公式	Python 語法
空格數量	0	1	n-1	$|i-(n-1)|$	abs(i-(n-1))
顯示數字	n	-1	n-1	$n - |i-(n-1)|$	n - abs(i-(n-1))
數字個數	2n-1	-2	n-1	$2n-1 - 2\times|i-(n-1)|$	2*n-1 - 2*abs(i-(n-1))

將以上三個對稱公式代入 Python 的列印式子，當鑽石圖案在 i ∈ [0,2n-2] 時，每一列僅要執行以下式子即可：

```
n1 = abs(i-(n-1))                        # 空格數量
num = n - abs(i-(n-1))                    # 顯示數字
n2 = 2*n-1 - 2*abs(i-(n-1))               # 數字個數

print( ' ' * n1 + str(num) * n2 )         # 列印每一列的字串組合
```

基本上，只要圖案或數字呈現著對稱現象，大概就會使用到絕對值。列印本題鑽石圖案總共用了三個數學公式，不知情者或覺得有些神奇，但這些程式碼也只是數學公式的直接延伸，並沒有什麼特殊之處，此例剛好可突顯出有時在程式設計中應用一些基本數學，往往可達到簡化程式的效果。

■ 觀察以下的上下對稱星號圖案，找出能印出每一列內容的一般式：

```
*******
 *****
  ***
  ***
 *****
*******
```

想法

以上圖案每一列包含若干個空格與若干個星號，依列數由上而下空格數量分別為 0 1 2 2 1 0，星號數量為 7 5 3 3 5 7，這是缺少對稱中心的等差對稱數列，空格數量的公差為 -1，星號數量公差為 2，兩者的對稱中心與其相鄰數的距離為公差的一半，因此空格數列的對稱中心為 2.5，星號數列的對稱中心則為 2，列表如下：

列數 i	0	1	2	**2.5**	3	4	5
空格數量	0	1	2	**2.5**	2	1	0
星號數量	7	5	3	**2**	3	5	7

等差對稱數列公式的相關參數：

	對稱中心 a	公差 d	對稱中心 下標 k	公式：$a + d|i-k|$
空格數量	2.5	-1	2.5	$2.5 - |i-2.5|$
星號數量	2	2	2.5	$2 + 2\times|i-2.5|$

因此只要在讓列數 i 在 [0,5] 之間執行以下式子即可：

```
spaces = ' ' * int( 2.5 - abs(i-2.5) )    # 字串需用整數倍數才能複製
stars  = '*' * int( 2 + 2*abs(i-2.5) )    # 字串需用整數倍數才能複製

print( spaces + stars )
```

以上字串僅能以整數倍數複製，需使用 int 函式將浮點數轉型為整數。

■ 以下數字方陣為二維對稱數字分佈圖，最大的數字 n 在外層，方陣大小為 (2n-1)×(2n-1)，請利用絕對值找出數字與其行列位置間的關係。

```
4 4 4 4 4 4 4
4 3 3 3 3 3 4
4 3 2 2 2 3 4
4 3 2 1 2 3 4
4 3 2 2 2 3 4
4 3 3 3 3 3 4
4 4 4 4 4 4 4
```

想法

上圖是二維中間對稱圖案，可先定義兩個下標方向：i 為由上向下，j 為由左向右，皆介於 [0,2n-2]。對稱中心位置在 (i,j)=(n-1,n-1)，對稱中心數值為 1。由數字分佈可知，數字與對稱中心呈現對稱，仔細觀察方陣數字變化可知，數字與對稱中心的數字差距為各點與對稱中心位置在縱向或橫向距離的最大值，以數學表示為：

$1 + max(|n-1-i| , |n-1-j|)$

換成程式語法，代表當 i 與 j 都在 [0,2n-2] 之間的每個點都要執行以下式子：

```
print( 1 + max( abs(n-1-i), abs(n-1-j) ), end=" " )
```

這裡的 max(...) 為 Python 函式用來取得所有參數中的最大值[22]。

```
                   j
         0 1 2 3 4 5 6
         --------------
     0 | 4 4 4 4 4 4 4
     1 | 4 3 3 3 3 3 4
     2 | 4 3 2 2 2 3 4
   i 3 | 4 3 2 1 2 3 4
     4 | 4 3 2 2 2 3 4
     5 | 4 3 3 3 3 3 4
     6 | 4 4 4 4 4 4 4

         n = 4
```

2.3 等差循環數列與餘數運算

在程式語言中除了有定義加減乘除四則運算子外，也有運算子用來計算餘數。餘數運算子在許多程式語言中通常都是以百分號代表，例如：7%3 用來計算 7 除以 3 的餘數。在程式設計中，餘數運算子經常被用來產生循環數字，例如：若要產生三組 0 1 2 3 等四個循環數，也就是 0 1 2 3 0 1 2 3 0 1 2 3 共 12 個數字，可讓數字 x 由 0 遞增到 11，計算 x 除以 y(=4) 的餘數 r 即可，這裡的 y 為一組循環數的個數，整個計算過程如下表：

x	0	1	2	3	4	5	6	7	8	9	10	11
y	4	4	4	4	4	4	4	4	4	4	4	4
r	0	1	2	3	0	1	2	3	0	1	2	3

如果要產生五組 6 7 8 重複數共 15 個數，則讓 x 由 0 遞增到 14，合計 15 個數，然後設定 y 為 3 用以代表每組循環數的個數，在計算 x%y 的餘數後將餘數加上 6 即可，如下表：

x	0	1	2	3	4	5	6	7	8	9	10	11	12	13	14
y	3	3	3	3	3	3	3	3	3	3	3	3	3	3	3
r	0	1	2	0	1	2	0	1	2	0	1	2	0	1	2
r+6	6	7	8	6	7	8	6	7	8	6	7	8	6	7	8

由以上的推導過程可知，若要產生 n 組等差循環數列，每組循環數列的首數為 a，公差為 d，一組等差數列共有 m 個數，則**等差循環數列公式**如下：

$$b_i = a + d \times (i\%m) \qquad i \in [0, mn-1]$$

以下為幾個簡單範例應用等差循環數列公式：

- 求 8 5 2 8 5 2 8 5 2 8 5 2 共四組等差循環數的數學公式？

  解：等差數列首數 a = 8，公差 d = -3，等差數列數字個數 m = 3，數列組數量 n = 4，利用等差循環數列公式：
  $$b_i = 8 - 3 \times (i\%3) \qquad i \in [0, 11]$$

- 求 3 7 11 15 19 3 7 11 15 19 共兩組等差循環數的數學公式？

  解：等差數列首數 a = 3，公差 d = 4，等差數列數字個數 m = 5，數列組數量 n = 2，使用等差循環數列公式：
  $$b_i = 3 + 4 \times (i\%5) \qquad i \in [0, 9]$$

- 寫出 Python 式子可印出以下數字：

  11111 222 3 44444 555 6 77777 888 9 00000 111 2

  解：以上數字由 1 逐一遞增，但僅輸出其個位數，輸出數字的數量為等差循環數，等差數列為 5 3 1，數列首數 a = 5，公差 d = -2，每一組數列有三個數字，合計有四組，共 12 個數，即 m = 3、n = 4。讓 i 由 0 遞增到 11，重複執行以下式子即可得到輸出結果：
  ```python
  print( str((i+1)%10) * ( 5 - 2*(i%3) ) , end=" " )
  ```

2.4 等差對稱循環數列

由於絕對值可用來產生對稱數，餘數運算可用來產生循環數，將兩者結合起來一起用，就可產生對稱的循環數。例如若要產生：６５４６５ ④ ５６４５６ 共四組對稱 ４５６ 循環數，可先使用餘數運算列表如下：

x	5	4	3	2	1	**0**	1	2	3	4	5
y	3	3	3	3	3	3	3	3	3	3	3
r = x%y	2	1	0	2	1	0	1	2	0	1	2
w = r+4	6	5	4	6	5	4	5	6	4	5	6

首列的 x 為等差對稱數列，共有 11 個數，數字先由 5 遞減到 0 再遞增到 5。若要產生這樣的 11 個對稱數，可參考本章的絕對值[37]小節，讓 i 由 0 遞增到 10，由於對稱數列的對稱中心為 0，其對應下標值 i = 5，等差對稱數列 x 與 i 的關係可用等差對稱數列公式[38]表示為 x = |i-5|，因此可將上表的首列上方再加上一列 i 得表如下：

i	0	1	2	3	4	**5**	6	7	8	9	10
x = |i-5|	5	4	3	2	1	**0**	1	2	3	4	5
y	3	3	3	3	3	3	3	3	3	3	3
r = x%y	2	1	0	2	1	0	1	2	0	1	2
w = r+4	6	5	4	6	5	4	5	6	4	5	6

在計算時可由 i 直接計算得 w，使用 Python 語法可寫成以下式子：

```
w = abs(i-5)%3 + 4     i 由 0 遞增到 10
```

以上的步驟可推導成數學公式，讓 a 為對稱數的對稱中心， d 為由對稱中心向兩側展開的等差數列公差，k 為對稱中心的下標，m 為一組等差數列的數字個數， n 為全部等差數列的組數，則**等差對稱循環數列公式**為：

$$b_i = a + d \times (|i-k|\%m) \qquad i \in [0,mn-2]$$

以下為幾個簡單範例應用等差對稱循環數列公式：

- 求產生 ２５８２５ ⑧ ５２８５２ 等數的數學公式？

  解：以上等差對稱循環數的對稱中心 a = 8，下標 k = 5。等差數列的公差 d = -3，一組等差數列有三個數字，總共有四組，即 m = 3、n = 4，應用公式得：

  $$b_i = 8 - 3 \times (|i-5|\%3) \qquad i \in [0,10]$$

- 求產生 7 4 1 7 4 ① 4 7 等數的數學公式？

解：以上等差對稱循環數的對稱中心 a = 1，為第六數，即下標 k = 5，公差 d = 3，每組等差數列有三個數字，共有三組，即 m = 3、n = 3，代入公式得：

$$b_i = 1 + 3 \times (|i-5|\%3) \quad i \in [0,7]$$

- 寫出 Python 式子可印出以下數字：

1 22 333 4444 333 22 1 4444 333 22 1

解：以上排列的數字與其個數都為等差對稱循環數列，對稱中心 a = 4，a 的下標為 k = 3，等差數列的公差為 d = -1，一組等差數列有四個數，共三組，即 m = 4、n = 3，應用公式得：

$$b_i = 4 - (|i-3|\%4) \quad i \in [0,10]$$

最後讓 i 由 0 到 10 每次執行以下式子即能得到輸出結果：

```
print( str(4-abs(i-3)%4) * (4-abs(i-3)%4), end=" " )
```

2.5 接合的等差對稱數列

若干組等差對稱數列可接合在一起成上下起伏的數列，例如：四組 1 3 5 3 1 等差對稱數列相接在一起，去除相同接點可得 1 3 5 3 1 3 5 3 1 3 5 3 1 3 5 3 1，若用星號高度代表數字則為：

```
    *       *       *       *
    *       *       *       *
* * *   * * *   * * *   * * *
* * *   * * *   * * *   * * *
* * * * * * * * * * * * * * * * *
1 3 5 3 1 3 5 3 1 3 5 3 1 3 5 3 1
```

假設一組等差對稱數列的對稱中心為 a，其下標為 k，由對稱中心向兩側展開的公差為 d，若一組等差數列共有 m 個數，則 n 組接合在一起的等差對稱數列可使用以下公式求得：

$$b_i = a + d \times |i\%(2(m-1)) - k| \quad i \in [0,2n(m-1)]$$

以下為一些使用例子：

- 求四組接合的 1 3 5 3 1 等差對稱數列公式：

解：等差對稱數列的對稱中心 a 為 5，其下標為 2，公差為 -2，等差數列
1 3 5 共有三個數，四組接合在一起，即 m = 3，n = 4，應用公式後
得：

$$b_i = 5 - 2 \times |i\%4 - 2| \quad i \in [0,16]$$

● 等差對稱數列為 9 6 3 0 3 6 9，求兩組接合數列的一般式：

解：對稱中心為 0，其下標為 3，公差為 3，一組等差數有四個數，共兩
組，即 m = 4，n = 2，應用公式後得：

$$b_i = 3 \times |i\%6 - 3| \quad i \in [0,12]$$

● 寫出 Python 的一般式可印出以下的數字分佈圖案：

```
    1
  2 2 2
3 3 3 3 3
  2 2 2
    1
  2 2 2
3 3 3 3 3
  2 2 2
    1
```

解：讓 i 為列數，編號由 0 起始，此圖案共有三個不同接合的等差對稱數
列，分別為空格數量、顯示數字、數字個數，將各個接合數列公式列表
如下：

項目	名稱	a	d	k	m	n	接合的數列公式
空格數量	n1	0	2	2	3	2	$2 \times |i\%4 - 2|$
顯示數字	n2	3	-1	2	3	2	$3 - |i\%4 - 2|$
數字個數	n3	5	-2	2	3	2	$5 - 2 \times |i\%4 - 2|$

只要讓 i 在 [0,8] 之間執行以下式子即可產生以上的圖案：

```
# n1：空格數量， n2：顯示數字， n3：數字個數
n1 = 2 * abs(i%4-2)
n2 = 3 - abs(i%4-2)
n3 = 5 - 2 * abs(i%4-2)

print( ' '*n1 + ( str(n2) + ' ' ) * n3 )
```

列印時數字後要加上一個空格，用以表示數字間有額外空格分開。接合
的等差對稱數列也可用於橫向輸出，使其產生上下振盪的效果[168]。

2.6 格點座標系統

由於程式的列印順序是先由左向右，再由上向下，這種輸出方式適用於阿拉伯數字的呈現與由左向右的文字書寫系統，如中文、英文，例如：

```
# 阿拉伯數字：中文數字：英文數字對照
130   ：一百三十              ：One hundred thirty
2345  ：兩千三百四十五        ：Two thousand three hundred forty five

# 3×6 的二維陣列
1 2 9 8 6 1
7 4 3 5 4 3
5 1 0 2 6 3
```

此種輸出方式是以左上角為原點的座標系統，通常以 i 為縱軸，j 為橫軸，左上角座標為 (0,0)，各個格點的座標位置可參考右圖。格點座標系統是為了配合程式的輸出順序而建構，也剛好與二維陣列元素的兩個下標順序一致。在此格點座標系統下，一些幾何方程式也需隨之修正，如下圖：

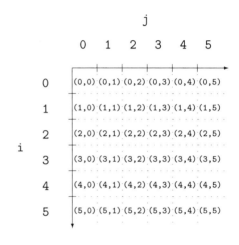

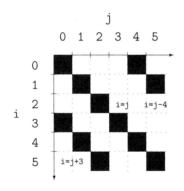

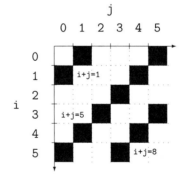

在上圖左，三條直線是由左上向右下傾斜，其直線方程式基本型式為 i=j+k，k 為整數。上圖右，三條直線是由右上向左下傾斜，其直線方程式的基本型式則為 i+j=k。

若要印出以下圖左的 X 字型圖案，則格點座標要滿足 i=j 或 i+j=4 兩個條件，i 與 j 都在 [0,4] 之間。中間圖案的三條縱線，則要滿足 j=0 或 j=2 或 j=4，可簡化成 j%2=0，i 與 j 都在 [0,4] 之間。最右圖的數字 9，其格點座標要滿足 i%2=0 或 j=3 或 (i,j)=(1,0) 等條件，且 (i,j)∈[0,4]×[0,3]。

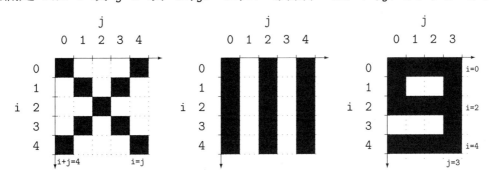

同樣的，也可以利用數學不等方程式來設定一塊區域，例如下圖左的黑色區域為 i≥j，下圖右的黑色區域則為 i+j≤5。

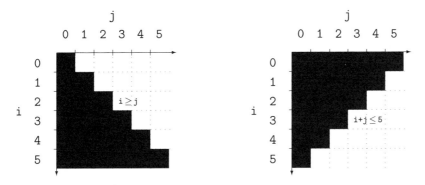

較複雜的區域塊可能是幾個不等方程式的交集區域，例如下圖的黑色菱形區域為四個不等方程式的交集，分別為：i+j≥2、i+j≤6、i≥ j-2、i≤j+2。

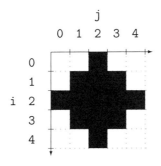

有了以上的數學不等式，換成程式語法就很直接了當。

2.7 結語

應用基礎數學對程式設計有很大的幫助，只不過因為程式問題並沒有用明確的文字將需要用到的數學描述成數學題目，以致程式設計者就忘了數學的存在。但只要試著在程式開發過程中先以紙筆推導，將一些簡單的數學技巧應用到程式設計中，這會讓你的程式開發速度大增，程式設計技巧變得靈活，同時你寫出來的程式碼也會相對簡潔。

程式設計所用到數學與考卷上的數學題目有很大的差異，在考試卷上的數學題目，已知與問題都會寫得清清楚楚，學生一看題目就知道考什麼，可能會用到什麼數學公式，求解題目需從哪裡下手。但程式問題的數學，沒有標明已知，也沒有清楚的未知，事實上，連程式問題本身是否會用到數學都是隱晦不清，無從著手，許多初學程式者根本不曉得完成程式設計的關鍵就是要將數學應用於程式設計之中。

傳統上，解決數學問題往往由紙上推導開始，這也代表著程式設計的第一步也應先由紙上著手，撰寫程式時，如能先在草稿紙上利用數學推導或描繪相關執行步驟，完成後再轉為程式語法，這樣的程式撰寫方式是最有效率且往往事半功倍，可減少大量時間的浪費，同時避免初學者常有的中途放棄現象發生。

2.8 練習題

1. 若等差數列公式的 i 由 0 起每次遞增 1，推導數學公式產生以下數列：

   (a) 1、3、5、7、9 ...

   (b) 7、4、1、-2、-5 ...

   (c) 25、30、35、40、45 ...

   (d) -20、-14、-8、-2、4 ...

2. 若等差數列公式的 i 由 5 起每次遞增 1，推導數學公式產生以下數列：

   (a) 6、10、14、18、22 ...

   (b) 19、12、5、-2、-9 ...

   (c) 25、30、35、40、45 ...

   (d) -30、-22、-14、-6、2 ...

3. 如果等差數列公式的 i 由 4 起每次遞增 2，也就是 i = 4、6、8、10、...，推導數學公式產生以下數列：

(a) 6、10、14、18、22 …

(b) 19、12、5、-2、-9 …

(c) 5、10、15、20、25 …

(d) 5、4、3、2、1 …

4. 同上題，但 i 由 5 起每次遞減 3，也就是 i = 5、2、-1、-4、… 。

(a) 1、2、3、4、5 …

(b) 29、22、15、8、1 …

(c) 25、20、15、10、5 …

(d) -30、-22、-14、-6、2 …

5. 若 i 由 0 起每次遞增 1，請以 i 為自變數推導數學公式 f(i) 依次產生以下各數列，並設定 i 的範圍：

(a) -5、-3、-1、-3、-5、-7

(b) 7、4、1、-2、1、4、7

(c) 15、18、21、24、21、18

6. 若 i 由 0 起每次遞減 1，請以 i 為自變數推導數學公式 f(i) 依次產生以下各數列，並設定 i 的範圍：

(a) -5、-3、-1、-3、-5、-7

(b) 7、4、1、-2、1、4、7

(c) 15、18、21、24、21、18

7. 若 i 由 6 起每次遞減 2，請以 i 為自變數推導數學公式 f(i) 依次產生以下各數列，並設定 i 的範圍：

(a) -5、-3、-1、-3、-5、-7

(b) 7、4、1、-2、-5、-8、-5、-2

(c) 15、18、21、24、21、18

8. 觀察以下排列圖案，寫出產生每一列輸出的一般式：

```
(a) n = 4          (b) n = 4          (c) n = 4

    ****            *******               *
    ****            *****               ***
    ****            ***                *****
    ****            *                 *******
```

9. 以下兩題的排列圖案是將上題圖案在橫向複製 n 次，請寫出產生每一列輸出的一般式：

(a) n = 4   (b) n = 4

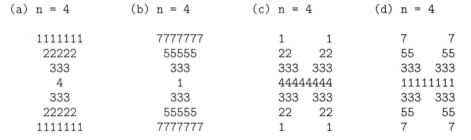

```
    ****  ****  ****  ****            *       *       *       *
    ****  ****  ****  ****           ***     ***     ***     ***
    ****  ****  ****  ****          *****   *****   *****   *****
    ****  ****  ****  ****         ******* ******* ******* *******
```

提示：可將單一個星號圖樣包裹在矩形內，撰寫輸出矩形圖案的一般式，再複製矩形的各列 n 次即可。

10. 觀察以下數字排列圖案，若總列數為 2n-1，讓 i 代表列數，由 0 向下遞增到 2n-2，仿照鑽石數字圖案執行式子[42]樣式，寫出產生每一列輸出的一般式：

(a) n = 4   (b) n = 4   (c) n = 4   (d) n = 4

```
  1111111          7777777          1       1       7       7
   22222            55555          22      22      55      55
    333              333          333     333     333     333
     4                1          44444444        11111111
    333              333          333     333     333     333
   22222            55555          22      22      55      55
  1111111          7777777          1       1       7       7
```

11. 觀察以下數字排列圖案，若總列數為 2n，讓 i 代表列數，由 0 向下遞增到 2n-1，以上題輸出樣式寫出每一列應輸出的式子：

(a) n = 3   (b) n = 3   (c) n = 3

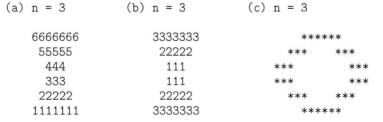

```
 6666666          3333333              ******
  55555            22222             ***   ***
   444              111             ***     ***
   333              111             ***     ***
  22222            22222             ***   ***
 1111111          3333333              ******
```

12. 觀察以下數字排列圖案，若總列數為 2n-1，讓 i 代表列數，由 0 向下遞增到 2n-2，以上題輸出樣式寫出每一列應輸出的式子：

(a) n = 4

```
     1        1        1        1
    222      222      222      222
   33333    33333    33333    33333
  4444444  4444444  4444444  4444444
   33333    33333    33333    33333
    222      222      222      222
     1        1        1        1
```

(b) n = 4

```
3333333 3333333 3333333 3333333
 99999   99999   99999   99999
  555     555     555     555
   1       1       1       1
  555     555     555     555
 99999   99999   99999   99999
3333333 3333333 3333333 3333333
```

(c) n = 4

```
1111111 1111111 1111111 1111111
 44444   44444   44444   44444
  777     777     777     777
   0       0       0       0
  333     333     333     333
 66666   66666   66666   66666
9999999 9999999 9999999 9999999
```

(d) n = 4

```
  1       1 1      1 1      1 1       1
 33      33 33    33 33    33 33      33
555     555 555  555 555  555 555    555
77777777 77777777 77777777 77777777
999     999 999  999 999  999 999    999
 11      11 11    11 11    11 11      11
  3       3 3      3 3      3 3       3
```

提示：可將單一個數字圖案包裹在矩形內，撰寫輸出矩形圖案的一般式，再將矩形的各列複製成 n 倍即可。

13. 以下四個二維對稱數字方陣，寬度皆為 2n-1，且 n = 4。請使用左上角為原點的格點座標系統，讓 i 由上向下，j 由左向右。觀察各個方陣的數字分佈找出數字分佈函數 f(i,j,n)，使其可用來產生對應 (i,j) 位置的數字。

(a)
```
1 1 1 1 1 1 1
1 2 2 2 2 2 1
1 2 3 3 3 2 1
1 2 3 4 3 2 1
1 2 3 3 3 2 1
1 2 2 2 2 2 1
1 1 1 1 1 1 1
```

(b)
```
1 1 1 1 1 1 1
1 3 3 3 3 3 1
1 3 5 5 5 3 1
1 3 5 7 5 3 1
1 3 5 5 5 3 1
1 3 3 3 3 3 1
1 1 1 1 1 1 1
```

(c)
```
7 6 5 4 5 6 7
6 5 4 3 4 5 6
5 4 3 2 3 4 5
4 3 2 1 2 3 4
5 4 3 2 3 4 5
6 5 4 3 4 5 6
7 6 5 4 5 6 7
```

(d)
```
1 2 3 4 3 2 1
2 3 4 5 4 3 2
3 4 5 6 5 4 3
4 5 6 7 6 5 4
3 4 5 6 5 4 3
2 3 4 5 4 3 2
1 2 3 4 3 2 1
```

14. 若 i 由 0 起每次增加 1，請為以下每一小題定義函數 f(i) 可用來產生所需要的循環數字：

(a) 3、2、1、… 共五組循環數字

(b) 5、7、9、11、13、… 共六組循環數字

(c) 30、20、10、0、… 共五組循環數字

15. 若 i 由 1 起每次遞增 2 ，請為以下每一小題定義函數 f(i) 可用來產生所需要的循環數字：

(a) 3、2、1、… 共五組循環數字

(b) 5、7、9、11、13、… 共六組循環數字

(c) 30、20、10、0、… 共五組循環數字

16. 若 i 由 0 起每次增加 1，請為以下每一小題定義函數 f(i) 可用來產生所需要的對稱循環數字：

(a) 3、2、1、3、2、1、2、3、1、2、3

(b) 5、15、10、5、10、15、5

(c) 5、7、9、5、7、9、7、5

17. 若 i 由 8 起每次遞減 2，請為以下每一小題定義函數 f(i) 可用來產生所需要的對稱循環數字：

(a) 3、2、1、3、2、1、2、3、1、2、3

(b) 5、15、10、5、10、15、5

(c) 5、7、9、5、7、9、7、5

18. 寫出 Python 的一般式可印出以下圖案：

(a) n = 2   (b) n = 2

```
* * * * *   * * * * *            5 5 5 5 5   5 5 5 5 5
  * * *       * * *                3 3 3       3 3 3
    *           *                    1           1
  * * *       * * *                3 3 3       3 3 3
* * * * *   * * * * *            5 5 5 5 5   5 5 5 5 5
  * * *       * * *                3 3 3       3 3 3
    *           *                    1           1
  * * *       * * *                3 3 3       3 3 3
* * * * *   * * * * *            5 5 5 5 5   5 5 5 5 5
```

19. 若要產生以下三個數字點陣圖案，請使用格點座標系統寫出各個數字圖案需要的座標條件。

(a)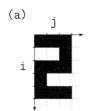

(b)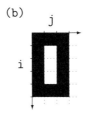

(c)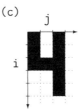

20. 若要產生以下四個英文字點陣圖案，請使用格點座標系統寫出各個字母圖案需要的座標條件。

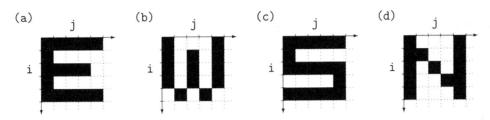

21. 若要產生以下三個中文字點陣圖案，請使用格點座標系統寫出各個圖案所需要的座標條件。

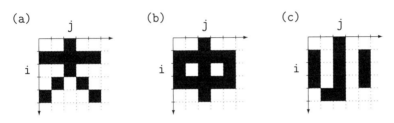

22. 若要產生以下類似西洋棋盤式的圖案，請使用格點座標系統寫出各個圖案所需要的座標條件。

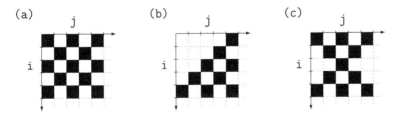

23. 假設格點座標系統的 j 方向是由右向左遞增，則以下兩小題圖形中的三條直線方程式分別為何？

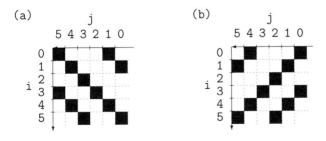

24. 假設格點座標系統的 j 方向是由右向左遞增，則以下兩小題塗黑區域的方程式分別為何？

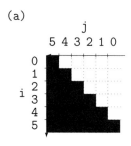

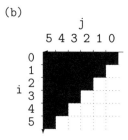

25. 定義**左上角數字位置**為座標原點，以下每個小題請分別找出 f(i,j) 函數使其可以產生對應座標位置的數字。

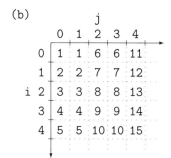

(a)

	j				
	0	1	2	3	4
0	1	6	11	16	21
1	2	7	12	17	22
i 2	3	8	13	18	23
3	4	9	14	19	24
4	5	10	15	20	25

(b)

	j				
	0	1	2	3	4
0	1	1	6	6	11
1	2	2	7	7	12
i 2	3	3	8	8	13
3	4	4	9	9	14
4	5	5	10	10	15

(c)

	j				
	0	1	2	3	4
0	1	2	3	4	5
1	2	3	4	5	6
i 2	3	4	5	6	7
3	4	5	6	7	8
4	5	6	7	8	9

26. 定義**右上角數字位置**為座標原點，以下每個小題請分別找出 f(i,j) 函數使其可以產生對應座標位置的數字。

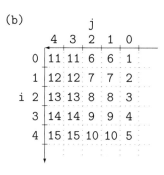

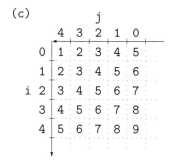

(a)

	j				
	4	3	2	1	0
0	1	6	11	16	21
1	2	7	12	17	22
i 2	3	8	13	18	23
3	4	9	14	19	24
4	5	10	15	20	25

(b)

	j				
	4	3	2	1	0
0	11	11	6	6	1
1	12	12	7	7	2
i 2	13	13	8	8	3
3	14	14	9	9	4
4	15	15	10	10	5

(c)

	j				
	4	3	2	1	0
0	1	2	3	4	5
1	2	3	4	5	6
i 2	3	4	5	6	7
3	4	5	6	7	8
4	5	6	7	8	9

第三章：單層 for 迴圈

前言

迴圈是一種程式執行機制，可用來反覆執行某些程式片段，透過迴圈，功能近似的程式碼可改以共通的型式替代，大幅簡化程式碼。當程式使用迴圈來執行某些程式片段時，即代表著程式問題本身存在著某種規律性。由於程式問題或多或少都有著一些規律性，當設計出來的程式沒有使用到任何迴圈，往往代表著程式設計可能出了些問題。初學者在學習程式設計的首要任務就是要知道如何在程式問題中找出規律性，有了規律就可利用迴圈來處理。此外這些規律通常可改用數學公式來描述，本章將教你如何透過基礎數學的協助，將程式問題的規律性改以數學公式表示，有了公式再轉為迴圈就非常直接了當了。

　　Python 的迴圈語法有兩種，本章僅介紹最常用的 for 迴圈。為了降低學習難度，本章所有的程式問題完全使用單層迴圈。由於迴圈內經常會使用到字串，且字串的應用頗多，本章也將進一步介紹如何取得字串內的部份字元，如何使用迴圈取得字串字元。為讓初學者較容易分辨所寫程式碼中各列式子的作用，本章範例與習題多為列印圖案與文字排列等程式問題。

3.1 等差整數數列：range 函式

range 為 Python 內建函式專用來產生**等差整數數列**，數列可為遞增數列或遞減數列，但數字一定為整數。range 函式共有三種參數設定方式，使用方式如下表，在表格中的 a、b、c 三數皆為整數：

語法	等差數列型式
range(a)	在 [0,a) 間依序產生 a 個遞增整數，不含右端點 a，公差為 1。
range(a,b)	在 [a,b) 間依序產生 b-a 個遞增整數，不含右端點 b，公差為 1。
range(a,b,c)	產生首數為 a、公差為 c 的等差數列數字。若 c>0，數列為遞增數列，最大數比 b 小。若 c<0，數列為遞減數列，最小數比 b 大。

上表的 range(a,b) 若將兩參數相減，即 b-a，其值為數列的數字總數。需留意 range 函式所產生的數字一定為整數型別，以下為一些使用範例：

遞增數列：
```
range(100)      ⟹   0 1 2 3 到 99  共一百個數
range(5,79)     ⟹   5 6 7 到 78  共 74 個數，即 79-5 個數
range(1,5,2)    ⟹   1 3 不含 5
range(1,6,2)    ⟹   1 3 5
```

遞減數列：
```
range(5,-1,-1)  ⟹   5 4 3 2 1 0 共 6 個數，即 5-(-1) 個數
range(5,0,-1)   ⟹   5 4 3 2 1 共 5 個數，即 5-0 個數
range(67,4,-1)  ⟹   67 66 65 ... 5 共 63 個數，即 67-4 個數
range(10,0,-2)  ⟹   10 8 6 4 2
```

錯誤語法：
```
range(1,4,0.5)   ⟹   錯誤，僅能產生整數
range(0.1,1,0.1) ⟹   錯誤，range 的三個參數都要整數
```

由於 range 只能產生整數數列，若要產生浮點數，如：0.1、0.2、0.3 等數，可在產生整數後，使用除法運算求得。一般來說，range 函式較少獨立使用，通常都與 for 迴圈一起使用。

3.2 for 迴圈

迴圈用來重複執行式子，Python 共有兩種迴圈，本章介紹的 for 迴圈是最常用的一種，經常與 range 函式合併使用，其基本語法為：

```
# (1) 重複執行單一個式子 C₁
for x in range(...) : C₁

# (2) 重複執行一個或多個式子，如 C₁、C₂、...
for x in range(...) :
    C₁
    C₂
    ...
```

以上兩種迴圈型式的差別在於前者用來執行單一個式子，後者則可執行一個或多個式子，但每一式子都要使用定位鍵(tab 鍵)加以縮排，不能以空格替代。

當程式進入 for 迴圈內執行時，每次先由 range 函式取得一個數字，將其設定為 x，然後依次執行所有的 C_i 式子，如此完成一次迭代。接下來再由 range 取得下一個整數重新設定為 x，再度執行所有的 C_i 式子，如此反覆迭代直到取完 range 函式所回傳的資料後才離開迴圈。for 迴圈的總迭代次數等同

range 函式所能回傳的數字個數，這裡的 x 為 for 迴圈的迭代變數，名稱可隨意設定，迴圈每次迭代時都會重新加以設定。

在 for 迴圈語法 in 關鍵字[b]之後不一定都需使用 range 函式，事實上也可接上一些資料型別，例如字串，這在本章會加以介紹。另一種用法將在第六章介紹，除此之外也有一些用法不在本書範圍中介紹。

簡單操作範例

以下為一些簡單程式範例，請注意，在 for 迴圈之下的縮排式子都需使用定位鍵，即 tab 鍵，若以空格代替，雖在視覺上無從分辨，但在程式執行時會產生錯誤，需特別留意。

■ 印出 1 到 99

題目　印出 1 到 99：

　　　1 2 3 4 5 6 ... 99

程式 ·· `99.py`

```
1   for i in range(1,100) :        # 重複執行 99 次，i 由 1 遞增到 99
2       print( i , end=" " )       # print 以定位鍵縮排，每次列印後不換列，
3                                   # 末尾改接一個空格
4   print()                        # 換列
```

說明

　　由於 range(1,100) 會依次回傳 1 到 99 之間的整數，迴圈的迭代變數 i 會由 1 遞增到 99。迴圈執行次數為 range 函式所能產生數字的個數，即 99 次，數值等同 100-1。此外本題的迴圈總共執行 99 次，可讓迴圈直接迭代 range(99) 內數字，然後列印 i+1 即可。

■ 兩位數的數字和

題目　計算所有兩位數的數字和：

　　　10 + 11 + 12 + ... + 99 = 4905

程式 ·· `nsum.py`

---

[b]關鍵字為程式語言預先保留下來的單字，程式設計者不可使用這些單字於其他用途。

```
01    # 設定兩位數上下限
02    a , b = 10 , 99
03
04    # 設定加總初值
05    nsum = 0
06
07    # 加總所有的兩位數
08    for i in range(a,b+1) : nsum += i
09
10    # 列印總和
11    print( a , '+' , a+1 , '+' , a+2 , '+ ... +' , b , '=' , nsum )
```

說明

以上若不用 for 迴圈，程式要寫成 90 列：

```
nsum += 10
nsum += 11
nsum += 12
...
nsum += 99
```

很明顯的，沒有人會將程式寫成這個樣子，使用迴圈可將 90 列程式簡化成一列。需留意在使用 += 運算時，一定要記得左邊的變數，即 nsum，要設定初值(如第 5 列)，否則執行時會出錯。程式設計常會有許多細節需要留意，初學者常會因經驗不足不小心踩到地雷，這方面只能透過大量練習，累積經驗才有辦法迴避。

最後此題若以數學角度來看，可直接使用小學的梯形公式計算 10 到 99 的數值和，即 $\frac{(10+99)(99-10+1)}{2}$，完全沒有使用迴圈的必要，**撰寫程式時千萬不要忘記有時候直接利用數學公式會更快。**

■ 等差數列的前 n 項：2 5 8 11 14 ... 29

題目   輸入項數 n，列印初值為 2，公差為 3 的 n 個等差數列數字。

```
> 10
2 5 8 11 14 17 20 23 26 29
```

程式 ·· seq.py

```
1    n = int( input("> ") )          # n 項數
2
3    a , d = 2 , 3                    # a 初值，d 公差
4
5    for i in range(n) :
```

```
6        print( a + i * d , end=" " )        # 等差數列公式
7
8    print()                                 # 換列
```

說明

在基礎程式設計中經常要計算數字大小，有時看到幾個等差數就要由之撰寫程式印出之後的數字，例如：9 13 17 21 ...，此時就要先利用等差數列公式[35] $b_i = a + id$ 推導，此公式中 a 為初值，d 為公差，i 由 0 起始，b_i 為數列的第 i+1 個數。

如同數學一樣，設計程式的方法也不是唯一的，有時不同型式的寫法可能會更有效率，以下版本二的程式在每次迴圈迭代時先列印數字，之後才遞增數值。

程式：版本二 seq2.py
```
1    n = int( input("> ") )              # n 項數
2
3    a , d = 2 , 3                        # a 初值, d 公差
4
5    for i in range(n) :
6        print( a , end=" " )
7        a += d                          # 更新 a
8
9    print()                             # 換列
```

■ 數量遞增的 X 圖案

題目　輸入列數 n，印出 n 列靠左對齊且數量遞增的 X 字元：

```
> 4
X
XX
XXX
XXXX
```

程式 .... xtri.py
```
1    # n 列數
2    n = int( input("> ") )
3
4    # 列印 n 排數量遞增的 X 字元
5    for i in range(n) :
6        print( 'X' * (i+1) )
```

說明

　　本題利用迴圈的迭代變數 i 來控制 "X" 字元數量，i 由 0 起遞增到 n-1，剛好與每列的 "X" 字元數量關係為 i+1。一般來說，若迴圈所執行的式子僅為一列且很短，可直接置於 for 迴圈末尾，但若式子過長，仍建議以縮排方式另成一列。

■ 靠右對齊的 X 圖案

題目　　輸入列數 n，印出 n 列靠右對齊且個數遞增的 X 字元：

```
> 4
   X
  XX
 XXX
XXXX
```

程式 ·· xtri2.py

```
1    # n 列數
2    n = int( input("> ") )
3
4    for i in range(n) :
5        print( ' '*(n-1-i) + 'X'*(i+1) )    # 先印空格，再印字元
```

說明

　　同上題，迴圈的 i 控制列數，數值由 0 起遞增到 n-1。每一列的輸出先有若干個空格，再加上若干個 "X" 字元。只要知道兩者的數量與列數 i 的關係，程式大致上就完成了，在此可先做數量推估表如下：

n = 4

i	空格數量	"X" 字元數量
0	3	1
1	2	2
2	1	3
3	0	4

由上表可知，空格數量為等差遞減數列，由 n-1 遞減，公差為 -1；"X" 字元數量為等差遞增數列，由 1 遞增，公差為 1。使用第二章的等差數列公式[35]可推得空格數量為 n-1-i，"X" 字元數量為 i+1，合在一起每一列要輸出的內容為 " "*(n-1-i) + "X"*(i+1)。

■ n 組靠右對齊數字

題目　輸入列數 n，印出 n 列 n 組靠右對齊數字：

```
> 5
    1     1     1     1     1
   22    22    22    22    22
  333   333   333   333   333
 4444  4444  4444  4444  4444
55555 55555 55555 55555 55555
```

程式 ‥‥‥‥‥‥‥‥‥‥‥‥‥‥‥‥‥‥‥‥‥‥‥‥‥‥‥‥‥‥ trinum.py

```
1    # n 列數
2    n = int( input("> ") )
3
4    for i in range(1,n+1) :
5        nums = ' '*(n-i) + str(i)*i + ' '      # 靠右對齊數字
6        print( nums * n )                      # 複製 n 倍
```

說明

　　此題作法與上題類似，不同處僅在將原要印出的內容改存成字串，然後再利用字串複製方式產生每一列內容。程式刻意地讓迭代變數 i 由 1 起始，使得 range 函式的第二個參數要改為 n+1 才能執行 n 次。

　　由於迴圈的迭代變數經常被用來控制迴圈內式子的執行結果，若以數學角度來看迴圈執行機制，讓函數 f 代表迴圈在第 i 次迭代所執行的結果，則迴圈的迭代變數 i 為函數 f 的自變數，此時迴圈的執行機制可看成許多次數學函式 f(i) 的執行：

i	f(i)	輸出				
1	f(1)	1	1	1	1	1
2	f(2)	22	22	22	22	22
3	f(3)	333	333	333	333	333
4	f(4)	4444	4444	4444	4444	4444
5	f(5)	55555	55555	55555	55555	55555

那麼若將 i 逆轉，則 f(i) 輸出結果也會跟著逆轉：

i	f(i)	輸出				
5	f(5)	55555	55555	55555	55555	55555
4	f(4)	4444	4444	4444	4444	4444
3	f(3)	333	333	333	333	333
2	f(2)	22	22	22	22	22
1	f(1)	1	1	1	1	1

對應的程式碼如下：

程式：版本二 ··· trinum2.py

```
1    # n 列數
2    n = int( input("> ") )
3
4    for i in range(n,0,-1) :
5        nums = ' '*(n-i) + str(i)*i + ' '        # 靠右對齊數字
6        print( nums * n )                        # 複製 n 倍
```

以上程式碼唯一更改的地方是將 range 函式的設定由 range(1,n+1) 逆向
改為 range(n,0,-1)。由此範例程式可知，若能清楚的了解數學在程式中的
作用，即可透過數學隨心所欲地控制程式的執行運作，產生所要的執行結
果，且完全不會迷糊不清。

■ 數字三角塔

題目　輸入數字 n，列印高度為 n 的數字三角塔：

```
> 4
   1
  222
 33333
4444444
```

程式 ·· ntri1.py

```
1    # n 塔高
2    n = int( input("> ") )
3
4    for i in range(n) :
5        line = ' '*(n-1-i) + str(i+1)*(2*i+1)
6        print( line )
```

說明

如果將每一列看成函數 f，則當高 n = 4 時，可得下表數量關係：

i	f(i)	空格數量	數字數量
0	␣␣␣1	3	1
1	␣␣222	2	3
2	␣33333	1	5
3	4444444	0	7

觀察上表，利用等差數列公式，每一列的空格數量等於 n-1-i，數字數量
為 2i+1。有了數量關係，換成程式碼就很簡單。由前一題範例說明，若讓
range 逆向產生數字，即 range(n-1,-1,-1)，印出的圖形就變成：

```
 4444444
  33333
   222
    1
```

兩個迴圈接在一起，且讓逆向數字初值改為 n-2，則就可印出上下對稱的鑽石塔。

程式：版本二 ntri2.py

```
01   # n 塔高
02   n = int( input("> ") )
03
04   # 上半三角形
05   for i in range(n) :
06       line = ' '*(n-1-i) + str(i+1)*(2*i+1)
07       print( line )
08
09   # 下半三角形
10   for i in range(n-2,-1,-1) :
11       line = ' '*(n-1-i) + str(i+1)*(2*i+1)
12       print( line )
```

輸出：

```
> 4
    1
   222
  33333
 4444444
  33333
   222
    1
```

由於本題的輸出呈現上下列對稱現象，題目剛好是第二章鑽石圖案[41]例題，可直接在第 42 頁的程式碼外頭加上 for 迴圈就可完成程式設計。

程式：版本三 ntri3.py

```
1   # n 塔高
2   n = int( input("> ") )
3
4   for i in range(2*n-1) :
5       n1 = abs(i-(n-1))                    # 空格數量
6       num = n - abs(i-(n-1))               # 顯示數字
7       n2 = 2*n-1 - 2*abs(i-(n-1))          # 數字個數
8       print( ' ' * n1 + str(num) * n2 )    # 列印每一列的字串組合
```

簡單的應用國中數學，程式就可輕鬆寫出來。最後只要稍加修改以上程式就能印出以下一排鑽石圖案(n=4)，此題當成練習題[88]。

```
   1        1        1        1
  222      222      222      222
 33333    33333    33333    33333
4444444  4444444  4444444  4444444
 33333    33333    33333    33333
  222      222      222      222
   1        1        1        1
```

■ 空心數字三角形

題目　輸入列數 n，印出以下的空心數字三角形：

```
> 5
    1
   2 2
  3   3
 4     4
555555555
```

程式 .... vtri.py

```
01   n = int( input("> ") )
02
03   # 首列
04   print( ' '*(n-1) + str(1) )
05
06   # 非首尾各列 [1,n-2]
07   for i in range(1,n-1) :
08       line = ' '*(n-1-i) + str(i+1) + ' '*(2*i-1) + str(i+1)
09       print( line )
10
11   # 尾列
12   print( str(n)*(2*n-1) )
```

說明

　　迴圈代表規律，也就是迴圈每次迭代時都能產生相似的執行結果。若一些式子的執行結果與某迴圈每次迭代的執行結果沒有同樣的規律，則這些式子就不應放在迴圈內。以此題為例，空心數字三角形的中間三列由於數字間有空格，這與頭尾兩列明顯不同，沒有相同規律，代表著列印中間三列的迴圈式子要排除首尾兩列，首尾兩列要各自獨立撰寫。

　　觀察上一題的實心圖案與本題的空心圖案，兩者的字元數都是 2*i+1，可直接將上一題的 line 字串的實心字串 str(i+1)*(2*i+1) 分解為一個 str(i+1) 字元、2i-1 個空格、一個 str(i+1) 字元等三者的合成：

```
# 上題
line = ' '*(n-1-i) + str(i+1)*(2*i+1)

# 本題
line = ' '*(n-1-i) + str(i+1) + ' '*(2*i-1) + str(i+1)
```

所以本題中間空心部份的程式碼可由前一題程式很快的修改得到。

■ 菱形圖案

題目　輸入高度 n，產生以下菱形圖案：

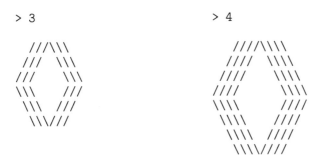

程式 .... diamond.py

```
01    n = int( input("> ") )
02
03    # 上半部圖形
04    for i in range(n) :
05        sno1 = n-1 - i         # 前端空格數量
06        sno2 = 2*i             # 後端空格數量
07        print( ' '*sno1 + '/'*n + ' '*sno2 + '\\'*n )
08
09    # 下半部圖形
10    for i in range(n-1,-1,-1) :
11        sno1 = n-1 - i         # 前端空格數量
12        sno2 = 2*i             # 後端空格數量
13        print( ' '*sno1 + '\\'*n + ' '*sno2 + '/'*n )
```

說明

　　本題與中空六邊形[39]例題近似，差別僅在原來的星號字元("*") 被斜線字元("/")與反斜線字元("\\"[19])所取代。觀察輸出圖形似乎呈現上下對稱，但事實上，上下兩半的對稱位置所使用的字元並不一樣，這代表在程式設計上需將上半部與下半部分開寫。由於上下兩半部程式近似，以下僅說明上半部的寫法。

由輸出的上半部(共 n 列)可知每列都先有若干個空格(可能為 0 個)，加上 n 個斜線字元，接上若干個空格與最後 n 個反斜線字元，由此基本的程式架構可寫成以下方式：

```
for i in range(n) :
    sno1 = ...          # 前空格數量
    sno2 = ...          # 後空格數量
    print( ' '*sno1 + '/'*n + ' '*sno2 + '\\'*n )
```

以上程式架構中 sno1 與 sno2 在 n=4 時可列表如下：

n = 4

i	前空格數量 sno1	後空格數量 sno2
0	3	0
1	2	2
2	1	4
3	0	6

上半部共有 n 列，i 的最大值為 n-1，由上表可立即推得：sno1=n-1-i，sno2=2i。將 sno1 與 sno2 公式填入程式內，上半部的程式隨即解決。同理，下半部的程式也可類推，整個程式就是由上下兩個迴圈所組成。

■ 三組數字方形

題目　輸入列數 n，列印三組 n×n 的方陣數字如下：

```
> 5
11111 | 22222 | 33333
22222 | 33333 | 44444
33333 | 44444 | 55555
44444 | 55555 | 66666
55555 | 66666 | 77777
```

程式 ·· `pnums.py`

```
1   n = int( input("> ") )
2
3   # 每一列印三組數字連續 n 個同樣數字，之間以 | 分隔
4   for i in range(n) :
5       print( str((i+1)%10)*n , str((i+2)%10)*n ,
6               str((i+3)%10)*n , sep=' | ' )
```

說明

以上先讓數字轉型為字串，利用字串複製產生 n 倍長度的數字，這裡

並利用 sep 設定分隔字串。每一列的三個數字分別為 i+1、i+2、i+3 等三數，但當 n 很大時可能會產生了兩位數情況，造成排列不整齊，程式中特別使用餘數運算子來取得數字的個位數。

■ 列印 1! 到 n!

題目 輸入數字 n，列印 1! 到 n! 的所有數值：

```
> 5
1! = 1
2! = 2
3! = 6
4! = 24
5! = 120
```

程式 ·· factorial.py

```
1   n = int( input("> ") )              # 輸入數字 n
2   p = 1                               # 設定階乘初值
3
4   for i in range(1,n+1) :
5       p = p * i                       # 儲存新的階乘值
6       print( i , '! = ' , p , sep="" ) # 列印階乘算式
```

說明

程式中的 p 是用來計算階乘，在計算乘積時，p 的初值要先設為 1。如果本題是計算連加問題，則初值就要設為 0。由於 Python 的整數並沒有位數限制，本題若輸入很大的數，程式仍會算出正確的階乘值，這與一些傳統程式語言有著位數限制的整數是有所差別的。

■ 列印 n! 到 1!

題目 輸入數字 n，列印 n! 到 1! 的所有數值：

```
> 5
5! = 120
4! = 24
3! = 6
2! = 2
1! = 1
```

程式 ···································· rev_factorial.py

```
1   n = int( input("> ") )              # 輸入數字 n
2
3   p = 1                               # 設定階乘初值
```

69

```
4    for i in range(2,n+1) : p *= i          # 先算到 n!
5
6    for i in range(n,0,-1) :                 # 逆向迭代
7        print( i , "! = " , p , sep="" )     #    列印階乘算式
8        p = p // i                           #    反算較小的階乘值
9                                             #    需使用 // 才能取得整數商
```

> 說明

　　初學者為了提昇程式設計能力需常找些題目練習，此時最好的方式就是由一些已充份瞭解的題目出發，試著變更輸入/輸出內容，這些題目並不是完全陌生，卻也不完全相同，看看是否還能很快的撰寫出來。以此題為例，當問題變成逆向列印階乘值時，可能就會難倒許多人，不知何從下手。但這只是被題目誤導而已，因若將題目改成僅列印 n! 一值，大概所有的人都能改寫出來。完成後，再逆向列印階乘值也通常不會有問題，這剛好就是本程式問題。由此可見，學好程式設計的方法就是練習，透過練習才能積累經驗，遇到陌生題目也能冷靜分析，如此大多數的問題都能迎刃而解。

■ **列印前 n(>2) 個費氏數列**(Fibonacci Sequence)：1 1 2 3 5 ...

> 題目　輸入項數 n(>2)，印出費氏數列的前 n 項：
> ```
> > 10
> 1 1 2 3 5 8 13 21 34 55
> ```

> 程式 ·· fib.py

```
1    n = int( input("> ") )       # 輸入取得數字 n
2    a , b = 1 , 1                 # 起始兩數皆設為 1
3    print( a , b , end=" ")      # 印出前 2 數，印完不跳列
4
5    for i in range(n-2) :         # 迴圈執行 n-2 次
6        c = a + b                 #    計算兩數之和設定為 c
7        print( c , end=" " )      #    印出 c，印完不跳列
8        a , b = b , c             #    更新數字 a , b 為 b , c
9    print()                       # 跳列
```

> 說明

　　迴圈每次的迭代依次計算新值、列印新值、更新數字。因迭代變數 i 不在迴圈內使用，將 range 改為 range(n-2) 會比 range(2,n) 更容易得知迴圈的執行次數。程式碼的第八列特別使用 a , b = b , c 來更新等號左側兩個變數，這是利用 Python 提供的一次設定多筆資料的語法[18]。

3.3 字串與 for 迴圈

字串也可用在 for 迴圈 in 之後，當迴圈迭代時，每次取一個字元設定給 for 迴圈的迭代變數，例如：

```
for c in "春夏秋冬" :
    print( c * 4 , end=" " )
```

以上 c 依次為 "春"、"夏"、"秋"、"冬"，每次迭代 c 都被複製四次：

```
春春春春 夏夏夏夏 秋秋秋秋 冬冬冬冬
```

將以上程式稍加修改：

```
s , seasons = "" , "春夏秋冬"
for c in seasons :
    s += c
    print( s , end=" " )
```

s 為每次迭代後的字串和，程式輸出：

```
春 春夏 春夏秋 春夏秋冬
```

使用下標取得單一字元

字串可使用數字下標取得單一字元，若 a = "三國演義羅貫中"，則：

字串 a	"三"	"國"	"演"	"義"	"羅"	"貫"	"中"
順向下標	a[0]	a[1]	a[2]	a[3]	a[4]	a[5]	a[6]
逆向下標	a[-7]	a[-6]	a[-5]	a[-4]	a[-3]	a[-2]	a[-1]

順向下標方向由前端依次到末尾，下標由 0 遞增。逆向下標方向由末尾逆向往前，下標由 -1 遞減。字串內字元可用正向下標或逆向下標取得，例如：

```
a = "中央大學"
print( a[0] + a[1] )        # 印出：中央
print( a[0] , a[-1] )       # 印出：中 學
```

for 迴圈迭代變數經常被當成字串的數字下標使用，例如：

```
pets , nums = "狗貓兔" , "542"
for i in range( len(pets) ) :
    print( pets[i] * int(nums[i]) )
```

以上 len(pets) 回傳 pets 字串長度，nums 為字串，nums[i] 為第 i+1 個字元，int(nums[i]) 將字元轉為數字當作複製倍數使用，程式輸出：

```
狗狗狗狗狗
貓貓貓貓
兔兔
```

設定下標範圍取得多個字元

Python 使用下標範圍取得字串內的多個字元，例如：若 a 為字串，則 a[i:j] 代表一個新字串，字串包含由 a[i] 到 a[j-1] 之間的所有字元，而 a[i:j:k] 新字串則包含由 a[i]、a[i+k]、a[i+2k]、直到末尾字元下標小於 j，下表為更詳細用法：

用法	取得的字元內容
a[i:j]	取得 a[i] 到 a[j-1] 間的字元
a[i:]	取得 a[i] 到末尾的所有字元
a[:j]	取得前 j 個字元
a[-i:]	取得末尾 i 個字元
a[i:j:k]	取得 a[i]、a[i+k]、a[i+2k]、... 末尾字元下標小於 j
a[i:j:-k]	取得 a[i]、a[i-k]、a[i-2k]、... 末尾字元下標大於 j
a[::-1]	逆向取得字元

以下為一些操作範例：

① 順向取得

```
>>> a = "中央大學數學系"
>>> b = a[4:]                          # b = "數學系" 下標 4 之後字元
>>> c = a[-3:]                         # c = "數學系" 末三個字元
>>> d = a[0:3:2]                       # d = "中大"  0 可省略
>>> e = a[4:-1]                        # e = "數學"
```

② 逆向取得

```
>>> a = "甲乙丙丁戊己庚辛壬癸"
>>> b = a[4::-1]                       # b = "戊丁丙乙甲"
>>> c = a[::-1]                        # c = "癸壬辛庚己戊丁丙乙甲"
>>> d = a[-1::-2]                      # d = "癸辛己丁乙"  -1 可省略
```

③ 取得英文字

```
>>> a = "ABCDEFGHIJKLMNOPQRSTUVWXYZ"
>>> b = a[:5]                          # b = "ABCDE" 前五個字元
>>> c = a[:5][::-1]                    # c = "EDCBA" 取前五個字元後逆轉
>>> d = a[-5:][::-1]                   # d = "ZYXWV" 取末五個字元後逆轉
```

④ 字串組合

```
>>> a = "春花夏風秋月冬雪"
>>> b = a[::2] + a[-1::-2]             # b = "春夏秋冬雪月風花"
>>> c = a[2:4] + a[-2:]               # c = "夏風冬雪"
>>> d = a[:2] + a[-4:-2]              # d = "春花秋月"
>>> e = a[:4][::-2] + a[-3:][::-2]    # e = "風花雪月"
```

⑤ 逆轉數字

```
>>> a = 12397
>>> b = int( str(a)[::-1] )                # b = 79321
```

⑥ 取中間數字

```
>>> a = 12847935
>>> b = int( str(a)[1:-1] )                # b = 284793
```

⑦ 建構對稱字串或數字

```
>>> a = "春夏秋冬"
>>> b = a[:-1] + a[::-1]                    # b = "春夏秋冬秋夏春"

>>> c = 12345
>>> d = int( str(a)[:-1] + str(a)[::-1] )   # d = 123454321
```

字串操作範例

以下例子示範如何運用迴圈下標取得字串內字元，由於字串可用乘號複製字串，加號做字串合成，在迴圈內使用這些字串基本操作語法往往可用很簡短的程式完成複雜的字串處理步驟。

■ 字母三角塔

> 題目 輸入列數 n，列印同字母的三角塔如下：

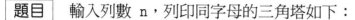

```
> 4                        > 5
    A                          A
   BBB                        BBB
  CCCCC                      CCCCC
 DDDDDDD                    DDDDDDD
                          EEEEEEEEE
```

> 想法

本題可參考數字三角塔[64]，唯一的差別是本例題透過字串取得字母。

> 程式 ··· trich.py

```
1    a = "ABCDEFGHIJKLMNOPQRSTUVWXYZ"
2
3    # 輸入列數
4    n = int( input("> ") )
5
6    # 列印每一列：若干個空格 + 若干個同字母
7    for i in range(n) :
8        print( " "*(n-1-i) + a[i]*(2*i+1) )
```

在程式碼的第一列 a 字串是以人工鍵入 26 個大寫字母方式來設定，這種方式有點笨拙，也很容易輸入錯誤而不自知。事實上這可利用迴圈逐步取得所有的大寫字母方式來替代，但在改寫程式之前首先得了解「萬國碼」(unicode)。

萬國碼是一個全世界通用的字符資料庫，裡頭收錄著各國在歷史演變過程中所使用過的語言文字與符號，目前收錄的字元總數已超過 13 萬個字符。這些字符在萬國碼中都有個對應數字編號，例如：英文字母 "A" 編號為 65，中文字「田」為 30000，中文逗點「，」為 65292。Python 提供了 ord(x) 函式用來取得字元 x 在萬國碼中的數字編號，若要逆向求取，則可使用 chr(n) 函式取得數字編號 n 所對應的字元，例如：

```
>>> ord("田")                 # 取得 "田" 在萬國碼的數字編號
30000

>>> chr(30000)                # 取得萬國碼的數字編號 30000 的對應字元
"田"

>>> ord(chr(30000))           # ord 函式與 chr 函式的作用相反
30000
```

英文中的 26 個字母在萬國碼的編號是相鄰的，大寫字母 "A" 到 "Z" 的數字編號在 [65,90] 之間，小寫字母則在 [97,122] 之間。可利用字母的數字編碼緊鄰的特性，使用迴圈逐一迭代 [0,25] 間的數，將此數加上 "A" 的數字編號，所得數字即為 "A" 字母後對應字母位置的數字編號 n，之後再執行 chr(n) 函式即可取得對應字元。在以下程式中，分別設定了兩字串來儲存大寫與小寫字母：

```
no1 , no2 = ord("A") , ord("a")        # no1 , no2 : "A" 與 "a" 的萬國碼編號

upperalpha , loweralpha = "" , ""

for i in range(26) :                    # 執行 26 次
    upperalpha += chr( no1 + i )        # upperalpha 儲存所有大寫字母
    loweralpha += chr( no2 + i )        # loweralpha 儲存所有小寫字母
```

以下版本二的程式使用迴圈設定字串用以儲存所有的大寫字母，此種設計方式除了快速，也可免除輸入錯誤問題發生，這才是程式開發者應該撰寫的方式。

程式：版本二 trich2.py

```
01   # 運算取得 26 個大寫字母存於 a
02   a , ano = "" , ord('A')
03   for i in range(26) : a += chr( ano + i )
04
05   # 輸入列數
06   n = int( input("> ") )
07
08   # 列印每一列：若干個空格 + 若干個同字母
09   for i in range(n) :
10       print( " "*(n-1-i) + a[i]*(2*i+1) )
```

■ 連續字母三角塔

題目　列印排成五列的英文字母三角塔如下：

```
    A
   BCD
  EFGHI
 JKLMNOP
QRSTUVWXY
```

想法

　　本題要依序列印數量遞增的英文字母成三角塔型式，由輸出可知，若列數 i 由 0 起算，則每列要輸出的字元數 m 為 2i+1。若讓 a 字串儲存 26 大寫字母，每一列起始字元下標為 k，起始字元即 a[k]。第一列由 "A" 開始，k 為 0，m 為 1，印完後加上字元數 m 後即得下一列新的起始字元下標 k，重複運算可得下表：

列數	起始字元下標	起始字元	字元數量
i	k	a[k]	m
0	0	"A"	1
1	1	"B"	3
2	4	"E"	5
3	9	"J"	7
4	16	"Q"	9

　　在列印每一列時可直接設定下標範圍取得字元，因 k 為起始下標，m 為每列要輸出的字母數量，則 a[k:k+m] 代表每列要列印的字元。需留意，在列印每一列時，也要記得輸出足夠數量的空格才能產生正確的三角塔。想想看，若列數比 5 大時，要如何修改程式才能印出循環的字母？（參考習題第 12 題[90]）

程式 ‥‥‥‥‥‥‥‥‥‥‥‥‥‥‥‥‥‥‥‥‥‥‥‥‥ trichar.py

```
01    # 使用前一題版本二方式建構大寫字母字串 a
02    a , no = "" , ord('A')
03    for i in range(26) : a += chr( no+i )
04
05    # n：列數 ， k：起始字元下標
06    n , k = 5 , 0
07
08    # 循環每一列
```

```
09    for i in range(n) :
10
11        # 每一列的英文字數
12        m = 2*i+1
13
14        # 先印空格再印字母
15        print( " "*(n-1-i) + a[k:k+m] )
16
17        # 下一列的起始字元下標
18        k += m
```

■ 三角塔詩句

題目　設定「雲深不知處」為字串，印出以下的三角塔詩句：

雲
雲深
雲深不
雲深不知
雲深不知處

想法

觀察每列的輸出可知每一列都包含(1)若干個空格 (2)字串的前幾個字，只要得知兩個數量與列的關係，將之合在一起就能完成程式，可先列一簡表如下：

列數 i	空格數	字串前幾個字元
0	4	1
1	3	2
2	2	3
3	1	4
4	0	5

由於總列數等同字串長度，若讓字串長度為 n，由上表可知空格數量與輸出字元數量各自成等差數列[35]，首數為分別為 n-1 與 1，公差為 -1 與 1，列數 i 由 0 起始，利用等差數列公式可得空格數量 n-1-i 與輸出字元數量 1+i，如此程式可用單層迴圈寫成以下型式：

程式 ·· tri_poem.py

```
1   p = "雲深不知處"
2
3   # n：字元數
4   n = len(p)
5
6   # 列印每一列
7   for i in range(n) :
8       print( " "*(n-1-i) + p[:1+i] )
```

■ 高低排列對聯

題目　以下 p 字串包含一對聯中的上下兩句：

　　　　p = "淡泊以明志" "寧靜以致遠"

撰寫程式，由此 p 字串印出高低排列對聯如下：

```
　　淡
　　泊
　　以
寧　明
靜　志
以
致
遠
```

想法

　　當程式使用到迴圈，即代表迴圈所處理的步驟適用同一個規則。以此題為例，若以 print 列印各列時，很明顯的中間四列與頭尾兩列規則不同，代表無法僅用一個迴圈以相同規則列印全部六列文字，因此程式需分三段列印對聯，首列、中間列、尾列需分開處理。為清楚辨別列印字元所對應的 p 字串下標，可列表如下：

列數	左側	字元	右側	字元
0	"␣␣"		"淡"	p[0]
1	"寧"	p[5]	"泊"	p[1]
2	"靜"	p[6]	"以"	p[2]
3	"以"	p[7]	"明"	p[3]
4	"致"	p[8]	"志"	p[4]
5	"遠"	p[9]	"␣␣"	

有了上表註記，轉為程式碼就簡單許多。對初學者而言，程式設計的起點若由紙上作業開始，可省下不少時間。

程式 ·· udcouplet.py

```
01   p = "淡泊以明志" "寧靜以致遠"
02
03   # 首列
04   print( " " , p[0] , sep=" "*2 )
05
06   # 中間四列
07   for i in range(4) :
08       print( p[5+i] , p[1+i] , sep=" "*2 )
09
10   # 尾列
11   print( p[-1] )
```

■ 空心三角尖塔

| 題目 | 將字串「花落知多少」印成空心三角尖塔：

```
    花
   落落
  知  知
 多    多
少      少
```

| 想法 |

　　由本題的輸出可看出除首列外，其他皆是兩個字之間有若干空格，這代表著首列與其餘四列有著不同的處理方式：首列單獨列印，後四列則可使用迴圈處理，因此程式要區分為兩部份處理。若讓 p 為詩句，n 為字數(=5)，下表為末四列的輸出資料分析：

列數 i	左空格數量	字元	中間空格數量	字元
0	3 = n-2	"落" p[1]	0 = 2*0	"落" p[1]
1	2 = n-3	"知" p[2]	2 = 2*1	"知" p[2]
2	1 = n-4	"多" p[3]	4 = 2*2	"多" p[3]
3	0 = n-5	"少" p[4]	6 = 2*3	"少" p[4]

觀察以上數字變化，可知前後兩空格數量皆成等差數列[35]，前者為遞減，後者為遞增。左空格與中間空格的首數分別為 n-2 與 0，公差為 -1 與 2，列數 i 由 0 起始，利用等差數列公式可得左空格數量為 n-2-i，中間空格數量則為 2i，有了公式後，程式自然即可隨之而生。

| 程式 |‧‧| vpoem.py

```
01   p = "花落知多少"
02
03   # n：字元數
04   n = len(p)
05
06   # 首列
07   print( " "*(n-1) + p[0] )
08
09   # 第二列以後
10   for i in range(n-1) :
11       print( " "*(n-2-i) + p[i+1] + " "*(2*i) + p[i+1] )
```

　　撰寫程式時養成先在紙上推導的習慣，時間一久，一些簡單的程式問題通常能直接看出關係，到此地步，就代表程式設計能力已在進步中。

■ 宮燈排列對聯

| 題目 | 設定七言對聯字串如下：

p = "天增歲月人增壽" "春滿乾坤福滿門"

撰寫程式輸出成以下宮燈排列對聯：

```
        春春              天天
       滿滿滿            增增增
      乾乾乾乾          歲歲歲歲
     坤坤坤坤坤        月月月月月
      福福福福          人人人人
       滿滿滿            增增增
        門門              壽壽
```

| 想法 |

以上對聯各句自成一個宮燈排列，為讓輸出整齊排列，可想像每一盞宮燈被一矩形包裹，整個輸出圖案可看成是兩個同樣大的矩形，之間有四個空格分開，如下圖：

列數	矩形	空格	矩形
0	⌴⌴春春⌴⌴	⌴⌴⌴⌴	⌴⌴天天⌴⌴
1	⌴⌴滿滿滿⌴	⌴⌴⌴⌴	⌴增增增⌴
2	⌴乾乾乾乾⌴	⌴⌴⌴⌴	⌴歲歲歲歲
3	坤坤坤坤坤	⌴⌴⌴⌴	月月月月月
4	⌴福福福福⌴	⌴⌴⌴⌴	⌴人人人人
5	⌴⌴滿滿滿⌴	⌴⌴⌴⌴	⌴增增增⌴
6	⌴⌴門門⌴⌴	⌴⌴⌴⌴	⌴⌴壽壽⌴⌴

矩形的每一列都是由若干個空格、若干個相同字元、若干個空格接合在一起，且字元前後的空格數量相等。仔細觀察空格數量與字元數量，由上而下兩者都是等差對稱數列[38]，列表如下：

列數 i	前(後)空格數量	字元數量
0	3	2
1	2	3
2	1	4
3	**0**	**5**
4	1	4
5	2	3
6	3	2

	對稱中心	公差	對稱中心下標
	a	d	k
空格數量	0	1	3
字元數量	5	-1	3

等差對稱數列公式參數值

等差對稱數列公式[38]：$b_i = a + d \times |i - k|$

以上左表為各列的前(後)空格數量與字元數量，右表則為兩等差對稱數列公式中需設定的參數值。只要在程式中利用等差對稱數列公式，於列迴圈的每一列依次列印左矩形一列、四個空格、右矩形一列，然後換列，程式執行後即能產生漂亮的宮燈排列對聯。

程式 ·· `couplet.py`

```python
01   # 春聯
02   p = "天增歲月人增壽"  "春滿乾坤福滿門"
03
04   # n = 7
05   n = len(p)//2
06
07   # 兩個等差對稱數：中間數 a、公差 d、中間數下標 k
08
09   # 空格數量
10   a1 , d1 , k1 = 0 , 1 , 3
11
12   # 字元個數
13   a2 , d2 , k2 = 5 , -1 , 3
14
15   # 列迴圈
16   for i in range(n) :
17
18       # s： 字元前(後)空格
19       s = " "   * ( a1 + d1 * abs(i-k1) )
20
21       # c1：右側宮燈，對聯的第一句
22       # c2：左側宮燈，對聯的第二句
23       c1 = p[i] * ( a2 + d2 * abs(i-k2) )
24       c2 = p[i+n] * ( a2 + d2 * abs(i-k2) )
25
26       # r1：右側矩形，r2：左側矩形
27       r1 = s + c1 + s
28       r2 = s + c2 + s
29
30       # 輸出
31       print( r2 + " "*4 + r1 )
```

■ 直式排列五言詩

題目 字串 p 儲存柳宗元的《江雪》詩句，不含標點。

> p = "千山鳥飛絕" "萬徑人蹤滅" "孤舟蓑笠翁" "獨釣寒江雪"

撰寫程式列印傳統由右向左直式排列的詩句如下：

> 獨孤萬千
> 釣舟徑山
> 寒蓑人鳥
> 江笠蹤飛
> 雪翁滅絕

想法

　　五言詩共有四句，以直式排列則有五列四行，每一列四個字。因詩句是由右排向左，因此橫向由左向右的相鄰字是以逆向方式相隔五個字。如果讓總列數為 n(=5)，最左一排字由上而下分別為 p[-n]、p[-n+1]、p[-n+2]、p[-n+3]、p[-n+4]，若使用 p[-n+i::-n] 即可逆向取得第 i 列的所有橫向字，程式在迴圈內就僅有一列。

程式 ·· poem.py

```
1    p = "千山鳥飛絕" "萬徑人蹤滅" "孤舟蓑笠翁" "獨釣寒江雪"
2
3    # n ：列數
4    n = 5
5
6    # 印列每一列的字元
7    for i in range(n) :
8        print( p[-n+i::-n] )
```

由以上的程式碼可看出 Python 的字串截取功能是多麼便利，短短一個式子就能完成複雜的字串處理。

■ n×n 螺旋字母圖案

題目　輸入方形邊長 n，印出 n×n 螺旋英文字母圖案：

```
> 6               > 7
ABCDEF            ABCDEFG
T    G            X     H
S    H            W     I
R    I            V     J
Q    J            U     K
PONMLK            T     L
                  SRQPONM
```

想法

　　本題要產生 n×n 的螺旋英文字母圖案，撰寫程式前首先需確認處理方式。由於首尾兩列都是列印連續的字母，差異僅在首列的英文字母為順向排列，末尾列為逆向排列。中間各列的左右兩側字母排列也有不同，因列印是由上而下，左側的字母為逆向排列，右側則為順向排列。程式可區分為三部份處理，分別為首列、中間列與末尾列。撰寫本題程式，最重要的就是要得知螺旋圖案的四個頂點下標位置，有了頂點位置，其前後位置就可以確定。

　　假設字串 a 已儲存 26 個字母，由於圖案為 n×n 螺旋，觀察位置可以推出由左上角順時鐘數來的四個頂點下標分別為 0、n-1、2(n-1)、3(n-1)，如下圖：

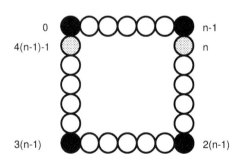

有了各頂點座標，程式就呼之欲出：

- 首列為前 n 個字元：a[:n]
- 第二列左右兩側字元：a[s]、a[t]　　　s, t = 4(n-1)-1, n
- 第三列左右兩側字元：a[s]、a[t]　　　s, t = 4(n-1)-2, n+1
- 第四列左右兩側字元：a[s]、a[t]　　　s, t = 4(n-1)-3, n+2

● …

● 尾列為左下角前 n 個字元：a[s:s-n:-1]　　s = 3(n-1)

以上中間列有相同規則，故可使用迴圈處理。有了規則，化為程式就很簡單。本題若 n 很大，下標會比 25 大，會超出字串的長度，此時可直接複製 a 字串使之有足夠長度，例如整個外圍字母數為 4(n-1)，若在列印前設定 a = a * (4*(n-1)//26 + 1)，之後的程式就不用改寫了。

程式 ·· rotchars.py

```
01   a = "ABCDEFGHIJKLMNOPQRSTUVWXYZ"
02
03   n = int( input("> ") )
04
05   # 複製 a 使其有足夠的字元數
06   a = a * (4*(n-1)//26 + 1 )
07
08   # 首列
09   print( a[:n] )
10
11   # 中間列
12   s , t = 4*(n-1)-1 , n
13   for i in range(n-2) :
14       print( a[s] + " "*(n-2) + a[t] )
15       s -= 1
16       t += 1
17
18   # 末列
19   s = 3*(n-1)
20   print( a[s:s-n:-1] )
```

以上程式中的第六列以擴增字串方式使得當 n 很大時仍可取得對應字元，這種處理方式除浪費空間外，也不甚俐落。此時可搭配使用餘數運算子與字串下標，當字串下標不在 [0,25] 之間時，使用餘數運算子可讓其回歸到 [0,25] 之間，如此一列 26 個字母的字串即足夠使用，例如：

```
a = "ABCDEFGHIJKLMNOPQRSTUVWXYZ"
m = len(a)    # 字母數量

# 首列
for i in range(n) :
    k = i%m                          # k 在 [0,m-1] 之間循環
    print( a[k] , end=" " )          # 讓字元間有一空格分開
```

以上利用餘數運算方式也需同時應用於中間列與末列等兩迴圈內。這裡僅簡單利用餘數運算的數學性質，即可讓程式以一個僅包含 26 個字母字串應付任意大小的 n，代表程式設計並沒有唯一的設計方式，如同數學一樣靈活，以下為新版的程式：

程式：版本二 ······························ rotchars2.py

```
01   a = "ABCDEFGHIJKLMNOPQRSTUVWXYZ"
02
03   n = int( input("> ") )
04
05   # m : 26 個字母
06   m = len(a)
07
08   # 首列
09   for i in range(n) :
10       k = i%m                    # 讓 k 在 [0,m-1] 之間循環
11       print( a[k] , end=" " )
12   print()
13
14   # 中間列
15   s , t = 4*(n-1)-1 , n
16   for i in range(n-2) :
17       k1 , k2 = s%m , t%m        # 讓 k1 , k2 在 [0,m-1] 之間循環
18       print( a[k1] + " "*(2*(n-2)+1) + a[k2] )
19       s -= 1
20       t += 1
21
22   # 末列
23   s = 3*(n-1)
24   for i in range(n) :
25       k = s%m                    # 讓 k 在 [0,m-1] 之間循環
26       print( a[k] , end=" " )
27       s -= 1
28   print()
```

程式輸出為：

```
> 6             > 7             > 8
A B C D E F     A B C D E F G   A B C D E F G H
T         G     X           H   B             I
S         H     W           I   A             J
R         I     V           J   Z             K
Q         J     U           K   Y             L
P O N M L K     T           L   X             M
                S R Q P O N M   W             N
                                V U T S R Q P O
```

3.4 結語

本章僅教授如何使用單層迴圈，程式問題相對單純，學習重點在要學會如何切割程式問題。由於使用迴圈即代表程式問題存在著規律性，初學者在面對程式問題時首先要根據問題特性將解題步驟分類處理，有著相同規律的步驟放在同個迴圈，不同規律的步驟則要放置在不同的迴圈，沒有規律的步驟則為一般式子。

　　在大多數的情況下，迴圈的迭代變數會用於迴圈內的式子中，影響迴圈執行的結果。只有在非常單純的情況，迴圈的迭代變數才與迴圈內的式子沒有交集，迴圈迭代變數的選取不可馬虎視之。

3.5 練習題

以下習題都是使用一個到若干個單層迴圈即可完成程式，請多加練習藉以磨練程式設計能力。在動手撰寫程式前，務必先用紙筆推導，設定變數符號，利用數學找出其間關係，有了關係再轉為程式碼就如同順水推舟，可省下許多時間。

1. 輸入數字 n，列印以下倒三角數字圖形：

2. 輸入數字 n(≥ 3)，印出以下 n 個 z 字型：

3. 輸入數字 n(≥ 3)，印出以下 W 字型：

4. 輸入數字 n，分解數字印成橫條圖：

```
> 5293804                    > 265318

5 |----->                    2 |-->
2 |-->                       6 |------>
9 |--------->                5 |----->
3 |--->                      3 |--->
8 |-------->                 1 |->
0 |>                         8 |-------->
4 |---->
```

提示：將數字改用字串儲存即可取得各個數字。

5. 輸入數字 n，列印以下 n 個數字鑽石：

```
> 4

   1        1        1        1
  222      222      222      222
 33333    33333    33333    33333
4444444  4444444  4444444  4444444
 33333    33333    33333    33333
  222      222      222      222
   1        1        1        1
```

6. 輸入數字 n，列印以下 n 個空心數字鑽石：

```
> 4

   1        1        1        1
  2 2      2 2      2 2      2 2
 3   3    3   3    3   3    3   3
4     4  4     4  4     4  4     4
 3   3    3   3    3   3    3   3
  2 2      2 2      2 2      2 2
   1        1        1        1
```

7. 設定一字串儲存為 A 到 Z 26 個字母，輸入數字 n，列印以下 n 個字母鑽
石圖案：

```
> 3                         > 4

   A       A       A           A        A        A        A
  BBB     BBB     BBB         BBB      BBB      BBB      BBB
 CCCCC   CCCCC   CCCCC       CCCCC    CCCCC    CCCCC    CCCCC
  BBB     BBB     BBB       DDDDDDD  DDDDDDD  DDDDDDD  DDDDDDD
   A       A       A         CCCCC    CCCCC    CCCCC    CCCCC
                              BBB      BBB      BBB      BBB
                               A        A        A        A
```

8. 以下步驟可將一個十進位的純小數(即沒有整數部份)轉換成二進位小數，假設 a 為一個十進位純小數，則：

    ① 計算 b = 2a

    ② 取 d 為 b 的整數部份，印出 d

    ③ 更新 a 為 b-d 後，回到 ①

印出的 d 為 a 的二進位小數部份。撰寫程式，輸入一個十進位純小數，印出 20 個二進位小數數字。

```
> 0.1
0.1 = 0.00011001100110011001

> 0.625
0.625 = 0.10100000000000000000

> 0.123
0.123 = 0.00011111011111001110
```

9. 輸入數字 n，依照費氏數列 1 1 2 3 5 8 13 ... 印出以下對稱 x 字元數量圖案：

```
> 4                      > 5

x                        x
x                        x
x x                      x x
x x x                    x x x
x x                      x x x x x
x                        x x x
x                        x x
                         x
                         x
```

10. 參考上題，但印出上下左右對稱的圖案。

```
> 4                      > 5
```

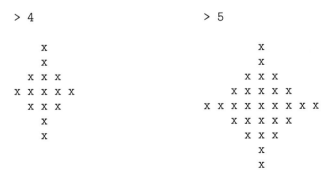

提示：需先將費氏數列的最大數字計算出來。

11. 輸入數字 n，逆向印出費氏數列的前 n 個數，數與數之間有箭頭。

```
> 7
13 --> 8 --> 5 --> 3 --> 2 --> 1 --> 1

> 10
55 --> 34 --> 21 --> 13 --> 8 --> 5 --> 3 --> 2 --> 1 --> 1
```

12. 輸入任意整數 n，產生以下循環字母三角塔：

```
> 6                          > 8

        A                            A
       BCD                          BCD
      EFGHI                        EFGHI
     JKLMNOP                      JKLMNOP
    QRSTUVWXY                    QRSTUVWXY
   ZABCDEFGHIJ                  ZABCDEFGHIJ
                              KLMNOPQRSTUVW
                             XYZABCDEFGHIJKL
```

13. 輸入數字 n，列印以下 n×n 方形數字排列圖案，數字由 1 起以順時鐘方式遞增循環變化。

```
> 5                      > 6

1 2 3 4 5                1 2 3 4 5 6
6       6                0         7
5       7                9         8
4       8                8         9
3 2 1 0 9                7         0
                         6 5 4 3 2 1
```

提示：參考螺旋字母圖案[84]。

14. 輸入數字 n，列印以下 n×n 方形數字排列圖案，數字以逆時鐘方式遞減循環變化。

```
> 5                        > 6

16 15 14 13 12             20 19 18 17 16 15
01          11             01             14
02          10             02             13
03          09             03             12
04 05 06 07 08             04             11
                           05 06 07 08 09 10
```

提示：參考第 19 頁的格式輸出。

15. 輸入數字 n，列印以下高為 n 的三角形數字排列圖案，數字由 1 起以順時鐘方式遞增循環變化。

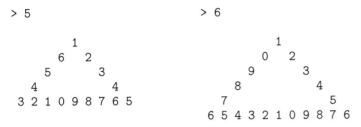

16. 輸入數字 n，列印以下邊長為 n 的鑽石數字排列圖案，數字由 1 起以順時鐘方式遞增循環變化。

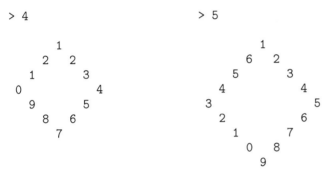

17. 輸入數字 n，列印以下高度為 n 的 M 字型數字排列圖案，數字由左下角沿著筆畫線遞增循環變化。

```
> 5                        > 6

5             1            6                 4
4 6         0 2            5 7           3 5
3   7   9   3             4   8       2   6
2     8     4            3     9 1     7
1           5            2       0       8
                         1               9
```

18. 輸入兩數字 m , n 印出以下弓形圖樣，m 控制高度，n 為向下彎曲數量：

提示：使用 eval[21] 讀入兩筆資料。

19. 輸入數字 n，撰寫程式輸出以下 n 座山圖案：

```
> 3                              > 4

     /\     /\     /\                /\       /\       /\       /\
    /**\   /**\   /**\             /**\     /**\     /**\     /**\
   /****\ /****\ /****\           /****\   /****\   /****\   /****\
  /******\/******\/******\      /******\ /******\ /******\ /******\
```

提示：為了正確顯示圖案，不能忽略每座山左右兩側的空格。

20. 撰寫程式讀入數字 n 輸出以下 n 個 X 圖案：

```
> 3                              > 4
```

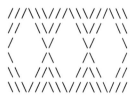

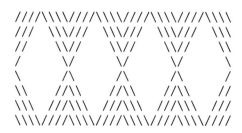

21. 撰寫程式讀入數字 n 輸出以下對應圖案：

```
> 3                              > 4
```

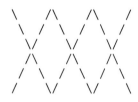

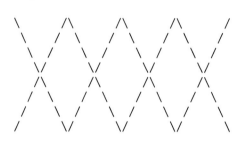

22. 撰寫程式讀入叉子齒長 n，印出以下對應叉子圖案：

```
> 1              > 2                  > 3

 | | |            | | |                | | | |
 \_|_/            | | |                | | | |
   I              \__|__/              | | | |
   I                 I                 \___|___/
   I                 I                     I
   I                 I                     I
   I                 I                     I
                     I                     I
                     I                     I
                                           I
                                           I
```

23. 撰寫程式讀入掃把的把頭高度 n，印出以下掃把圖案：

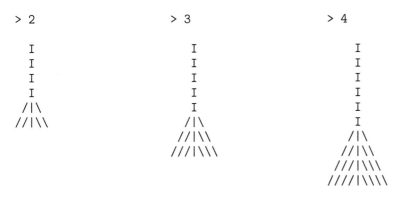

```
> 2                      > 3                      > 4

    I                        I                        I
    I                        I                        I
    I                        I                        I
    I                        I                        I
   /|\                       I                        I
  ///|\\                    /|\                       I
                           ///|\\                    /|\
                          ///|\\\                   ///|\\
                                                   ///|\\\
                                                  ////|\\\\
```

24. 參考上題，撰寫程式讀入掃把的把頭高度 n，印出 n+1 把掃把圖案如下：

```
> 3

    I        I        I        I
    I        I        I        I
    I        I        I        I
    I        I        I        I
    I        I        I        I
   /|\      /|\      /|\      /|\
  ///|\\   ///|\\   ///|\\   ///|\\
 ///|\\\  ///|\\\  ///|\\\  ///|\\\
```

提示：橫向的每一列可利用字串複製 n+1 次。

25. 使用完整柳宗元的《江雪》詩句，印出以下三角塔詩句，使得整首江雪詩句印在山的左側。

```
            千
           山鳥
          鳥飛絕
         飛絕萬徑
        絕萬徑人蹤
       萬徑人蹤滅孤
      徑人蹤滅孤舟蓑
     人蹤滅孤舟蓑笠翁
          . . .
```

提示：可產生一個新字串為原詩字串的兩倍長。

26. 以下為「儒林外史」中出現的一到七字詩：

    呆。秀才。吃長齋。鬍鬚滿腮。經書揭不開。紙筆自己安排。明年不請我自來。

請去除標點後存入字串，印出一到七字寶塔詩如下：

```
呆
秀才
吃長齋
鬍鬚滿腮
經書揭不開
紙筆自己安排
明年不請我自來
```

提示：可參考連續字母三角塔[76]範例。

27. 一字至七字詩，俗稱寶塔詩，以下為唐朝元稹的茶詩，詩句排列成寶塔：

```
            茶
      香葉    嫩芽
      慕詩客    愛僧家
      碾雕白玉    羅織紅紗
      銚煎黃蕊色    碗轉麴塵花
      夜後邀陪明月    晨前獨對朝霞
      洗盡古今人不倦    將知醉後豈堪誇
```

將茶詩存成以下的單列字串 p，撰寫程式印出如上的寶塔詩形式。

p =（ "茶" "香葉嫩芽" "慕詩客愛僧家" "碾雕白玉羅織紅紗"
    "銚煎黃蕊色碗轉麴塵花" "夜後邀陪明月晨前獨對朝霞"
    "洗盡古今人不倦將知醉後豈堪誇" ）

28. 將一首十七字的打油詩設定成以下字串：

p = "太守勤求雨，萬民皆歡悅，半夜推窗望，明月。"

撰寫程式使用此字串，輸出無標點符號且由右向左直式排列詩句如下：

```
明  半  萬  太
月  夜  民  守
    推  皆  勤
    窗  歡  求
    望  悅  雨
```

提示：前兩列與後三列分開處理。

29. 任選五言絕句，去除標點存成字串，撰寫程式印成以下雙行排列型式：

```
相  眾
看  鳥
兩  高
不  飛
厭  盡

只  孤
有  雲
敬  獨
亭  去
山  閒
```

30. 任選七言絕句，去除標點存成字串，撰寫程式由右向左印出傾斜排列詩句：

```
        疑 飛 遙 日
      是 流 看 照
    銀 直 瀑 香
  河 下 布 爐
落 三 掛 生
九 千 前 紫
天 尺 川 煙
```

提示：將每列截取出的字串儲存成新字串後再處理。

31. 任選一首五言絕句，去除標點存成字串。程式僅用一個單層迴圈，以每句一座三角塔，由右到左印出四座三角塔：

```
    花          夜          處          春
   落落        來來        處處        眠眠
  知知知      風風風      聞聞聞      不不不
 多多多多    雨雨雨雨    啼啼啼啼    覺覺覺覺
少少少少少  聲聲聲聲聲  鳥鳥鳥鳥鳥  曉曉曉曉曉
```

提示：將每個三角塔看成正方形，詩句的前後都要輸出空格。

32. 將蘇東坡的《題西林壁》存成字串如下：

```
p = ( "橫看成嶺側成峰，遠近高低各不同。"
      "不識廬山真面目，只緣身在此山中。" )
```

撰寫程式將詩句排列成上下交錯型式如下：

```
不   橫
識   看
廬   成
山   嶺
真   側
面   成
目   峰
只   遠
緣   近
身   高
在   低
此   各
山   不
中   同
```

提示：將輸出分成三段處理。

33. 將兩書齋對聯存成 p 與 q 字串如下：

```
p = "博覽群書見多識廣" "兼采百家目明耳聰"

q = "山水幽深襟懷妙遠" "讀書夙好心氣和平"
```

撰寫程式輸出對聯如以下左右兩盞燈籠型式，燈籠間有八個空格相隔：

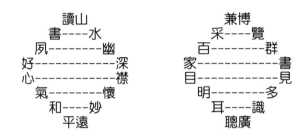

提示：用矩形包裹燈籠，各矩形內的前後空格數量與橫線數量皆為無對稱中心的等差對稱數列[39]。

34. 將丘處機的《清夢軒》設定為以下字串：

p = （ "清夢軒中清士居"　"士居清境養真如"
　　　 "真如養就清無夢"　"無夢清歡樂有餘" ）

此詩屬於頂針詩，頂針詩的特點為詩句首尾相連，也就是各句的結尾字詞也為下句的開頭字詞。撰寫程式將此頂針詩印成以下垂直對稱的文字圖案：

提示：程式分為上半部、中間列、下半部三段，上下兩半部為對稱可利用其性質藉以快速完成程式。

35. 任選一首五言絕句，去除標點存成字串，撰寫程式讓文字由最上方起始以順時鐘方向排列繞一圈，印出如以下菱形排列的文字圖樣：

提示：參考習題第 16 題鑽石數字排列，讓 n = 6。

36. 將王維的《竹里館》一詩設定為字串字串如下：

    a = "獨坐幽篁裡" "彈琴復長嘯" "深林人不知" "明月來相照"

    輸入 n 產生以下螺旋詩圖案：

    > 6   > 7

    獨坐幽篁裡彈   獨坐幽篁裡彈琴
    照　　　　琴   篁　　　　　復
    相　　　　復   幽　　　　　長
    來　　　　長   坐　　　　　嘯
    月　　　　嘯   獨　　　　　深
    明知不人林深   照　　　　　林
    　　　　　　　 相來月明知不人

37. 將劉長卿的《逢雪宿芙蓉山主人》一詩設定為字串如下：

    a = "日暮蒼山遠" "天寒白屋貧" "柴門聞犬吠" "風雪夜歸人"

    輸入 n 產生以下雙螺旋詩圖案：

    > 6   > 7

    日暮蒼山遠天遠山蒼暮日   日暮蒼山遠天寒天遠山蒼暮日
    人　　　寒　　　人   山　　　　白　　　　山
    歸　　　白　　　歸   蒼　　　　屋　　　　蒼
    夜　　　屋　　　夜   暮　　　　貧　　　　暮
    雪　　　貧　　　雪   日　　　　柴　　　　日
    風吠犬聞門柴門聞犬吠風   人　　　　門　　　　人
    　　　　　　　　　　　 歸夜雪風吠犬聞犬吠風雪夜歸

第四章：多層 for 迴圈

前言

多層迴圈是指迴圈內還有迴圈，其中若迴圈內僅有一層迴圈則稱為雙層迴圈，複雜的程式問題經常會使用多層迴圈迭代執行。for 迴圈的迭代變數經常用在迴圈內的式子中，參與程式運作，影響執行結果。若以數學角度[63]來看，迴圈的迭代變數如同函數的自變數，單層 for 迴圈可視為單變數函數，雙層 for 迴圈可視為雙變數函數，多層迴圈則是多變數函數。越多層的迴圈代表影響程式運作的因子越多，越需要清晰的邏輯，稍不留意常會陷入泥沼，無法完成程式設計。

　　多層迴圈中的各層迴圈執行次數都不相同，如同時針、分針、秒針運轉機制一樣，越靠外層迴圈的程式碼執行次數越少，越內層迴圈的程式碼執行次數越多。熟悉程式一定要能靈活運用多層迴圈架構，同時辨別迴圈內外的順序。本章並沒有介紹任何新的程式語法，完全以程式範例示範如何設計多層迴圈以解決各種的程式問題。

4.1 雙層迴圈

雙層迴圈為迴圈內另有一層迴圈，迴圈分內外兩層，例如以下為列印 3×4 的乘法表：

```
# 外迴圈：i 在 [1,3]
for i in range(1,4) :

    # 內迴圈：j 在 [1,4]
    for j in range(1,5) :
        print( i , 'x' , j , '=' , i*j , end="  " )

    print()
```

在以上雙層迴圈，i 為外迴圈迭代變數，j 為內迴圈迭代變數，相對於外迴圈，整個內迴圈式子有完整的縮排。每當外迴圈迭代變數 i 遞增時，內迴圈的 j 迭代變數會完整執行一輪。以時鐘機制比喻，外迴圈的 i 變數可看成時針，內迴圈的 j 變數可當成分針，時針走一格，分針繞一圈。

以上程式共有兩個 print 式子，前一個 print 在內迴圈裡頭，用來印出每一橫列各個乘法式子。後一個 print 在內迴圈外頭，是在離開內迴圈後才執行的，作用是讓接下來的乘法式子由新的一列開始列印，以下為程式的執行結果：

```
1 x 1 = 1  1 x 2 = 2  1 x 3 = 3  1 x 4 = 4
2 x 1 = 2  2 x 2 = 4  2 x 3 = 6  2 x 4 = 8
3 x 1 = 3  3 x 2 = 6  3 x 3 = 9  3 x 4 = 12
```

如果將在末尾的 print() 置於內迴圈內部，即：

```
# 外迴圈：i 在 [1,3]
for i in range(1,4) :

    # 內迴圈：j 在 [1,4]
    for j in range(1,5) :
        print( i , 'x' , j , '=' , i*j , end="  " )
        print()
```

這會造成內迴圈在印完乘法公式後隨即換列，程式將輸出 12 列乘法公式：

```
1 x 1 = 1
1 x 2 = 2
1 x 3 = 3
...
3 x 4 = 12
```

多個平行內層迴圈

雙層迴圈可能有數個平行的內層迴圈，例如以下程式共有兩個內層迴圈，用來印出右側的數字圖形：

```
n = 5
for i in range(1,n+1) :

    print( i , end=" : " )

    # ① 第一個內層迴圈：印星號之前數字
    for j in range(1,i) : print( j , end=" " )

    # 印星號
    print( "*" , end=" " )

    # ② 第二個內層迴圈：印星號之後數字
    for k in range(i+1,n+1) : print( k , end=" " )

    print()
```

```
1 : * 2 3 4 5
2 : 1 * 3 4 5
3 : 1 2 * 4 5
4 : 1 2 3 * 5
5 : 1 2 3 4 *
```

以上外層 i 迴圈內依次有 j 迴圈與 k 迴圈，當程式進入 i 迴圈內執行時，會先執行 j 迴圈，結束 j 迴圈後，才會執行 k 迴圈。需留意內外迴圈的迭代變數不得使用同樣名稱，但同層迴圈的迭代變數，因迴圈互不影響，可以使用相同名稱。

本程式共用了五個列印式子，第一個式子列印資料到冒號為止，第二個透過迴圈列印星號之前的數字，第三個式子列印星號，第四個迴圈式子列印星號之後數字，最後為跳列。五個列印式子各有其用處，無法縮減合併，原因在兩個迴圈的列印方式都有其規則性，無法與其他三個式子合併在一起。

多層迴圈的內迴圈迭代方式通常與外迴圈迭代變數有所關聯，很少各自獨立互不相關，例如若要撰寫程式列印以下由 1 到 n(=6) 的數字和與其計算過程：

```
sum(1,1) = 1 = 1
sum(1,2) = 1 + 2 = 3
sum(1,3) = 1 + 2 + 3 = 6
sum(1,4) = 1 + 2 + 3 + 4 = 10
sum(1,5) = 1 + 2 + 3 + 4 + 5 = 15
sum(1,6) = 1 + 2 + 3 + 4 + 5 + 6 = 21
```

對應的雙層迴圈程式碼：

```
n = 6
for i in range(1,n+1) :

    # ① 列印：求和範圍 sum(1,i)
    print( 'sum(1,' , i , ') = ' , sep="" , end="" )

    # ② j 迴圈列印 [1,i-1] 的運算過程
    for j in range(1,i) : print( j , end=" + " )

    # ③ 列印：最後一數 i 與計算結果
    print( i , '=' , i*(i+1)//2 )
```

此程式的外迴圈共有三個列印步驟，每個列印步驟都與外迴圈迭代變數 i 有關。① 的 print 列印第一個等號前的文字，在 ② 的內迴圈 print 印出加法過程，迭代次數完全由外迴圈迭代變數 i 決定，這裡的 print 式子印完資料後會加印 " + " 字串。由於最後一數之後的輸出為等號，所以內迴圈並不會列印最後一數。末尾數字與等號就留到 ③ 的 print 式子處理，並在最後利用求和公式列印數字和。需留意，求和公式需使用整數除法，即 //，計算除法式子，否則所求得的商將會是浮點數。

4.2 紙筆作業步驟

本章範例都需利用多層迴圈來完成程式設計，由於多層迴圈比單層迴圈在運作上稍加複雜，撰寫程式前的紙筆作業將更顯得重要，初學者若要增進學習程式效率，千萬不要加以忽略。紙筆作業可減少大量的程式除錯時間，加快程式開發速度，同時提高學習程式的成就感。**在本書的範例與習題中，許多程式題目的紙筆作業大致上可整理成以下幾個步驟：**

① 在輸出的縱向、橫向逐一標記數字，然後分別以變數符號代替

② 觀察縱向/橫向輸出規律，決定是否要細分為大小縱向/橫向

③ 判斷縱向/橫向迴圈變數的內外層順序

④ 觀察輸出，寫下各個規律特徵的數字變化，然後以變數符號代替

⑤ 找出 ④ 中的變數與縱向/橫向與其他變數間的關聯，推導數學關係

在以上 ① 與 ④ 兩步驟，要清楚的寫下各個變數符號的數字變化情況，不可嫌麻煩而予以省略，因在步驟 ⑤ 的數學公式推導過程中，往往需藉由比對相關數字的變化情況才能順利推導出數學關係，缺少了這些數字，數學公式的推導就頓時變得困難許多，反而沒有省到整體程式開發的時間。

當程式問題有了對應的紙筆作業註記，即可利用程式語法將其轉換成程式碼，只要數學推導正確，程式大概都能順利完成。即使程式執行有誤，通常也能很快的在紙筆註記中找到錯誤的地方而加以更正，這會讓程式的除錯過程輕鬆許多，由此看來程式設計只不過是「數學思維[9]」的實體延伸而已。

並不是所有程式問題的紙筆作業都依循以上步驟，不過大約都有類似之處，例如：當程式用到迴圈時，都要想辦法讓迴圈內一些代表規則變化的變數符號與迴圈的迭代變數「掛勾」，使得當迴圈在迭代時，規律變動的迴圈迭代變數可連帶影響更動這些變數符號的數值，得到我們想要的結果。要讓這些變數符號與迴圈的迭代變數「掛勾」，也同樣要先將數字寫下來，藉由數字變化情況觀察其與迭代變數的關聯，由中找出數學關係，之後才能轉成程式碼。基本上只要掌握此原則，即使程式問題不同，紙筆作業也照樣能完成。

在推導數字符號間的數學關係過程中，可看出學好程式設計需活用數學。本書所有的程式題目所用到的數學也僅是國中數學程度，能活用這些數學，就足以解決各章末尾的習題。當程式使用的數學層級越高，程式碼的「含金量」也越多，能處理的程式問題也會越複雜，程式開發者的身價自然會隨之水漲船高。

4.3 雙層迴圈範例

■ 三角方塊數字

題目　輸入 n 印出以下三角方塊數字：

```
> 2                      > 3

11                       111
11                       111
22 22                    111
22 22                    222 222
                         222 222
                         222 222
                         333 333 333
                         333 333 333
                         333 333 333
```

想法

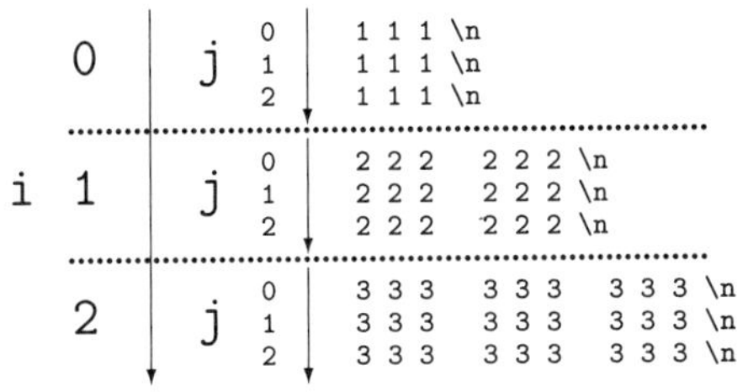

```
        0 | j  0 | 1 1 1       \n
              1 | 1 1 1       \n
              2 | 1 1 1       \n
  ----------------------------------------
  i     1 | j  0 | 2 2 2    2 2 2       \n
              1 | 2 2 2    2 2 2       \n
              2 | 2 2 2    2 2 2       \n
  ----------------------------------------
        2 | j  0 | 3 3 3    3 3 3    3 3 3 \n
              1 | 3 3 3    3 3 3    3 3 3 \n
              2 | 3 3 3    3 3 3    3 3 3 \n

                    n = 3
```

觀察上圖，外迴圈迭代變數 i 控制大方塊數量與列印的數字值(=i+1)，內迴圈迭代變數 j 控制數字方塊的列數。當 j 變動時，程式在輸出後隨即換列。在圖中特別以 "\n" 代表每列末尾的換列字元，換列字元在輸出時是看不見，只能看到其效果，但看不見並不代表字元不存在，少了換列字元，所有的輸出全部都會擠在同一列。

　　以下的程式碼是跟著圖中的 i 與 j 兩變數標記而來，若先將輸出的數字分佈以變數名稱替代，轉成程式碼就簡單許多，例如：每列輸出的數字很明顯的就是 i+1，與 j 無關。每一列的方塊數也是 i+1，也與 j 無關，這些看似無關緊要的數字標記，在這裡就起著相當的作用，紙筆作業會使得撰寫程式的速度增加許多。對初學者來說，程式設計的起點不是看完問題馬上撰寫程式，最好先在紙上推導，少了這個步驟，往往會花更多的時間除錯，這不是一件很划算的事。

| 程式 ··· | tri_blocks.py |

```python
01   n = int( input("> ") )
02
03   # 大縱向：共 n 塊
04   for i in range(n) :
05
06       # 小縱向：每一塊有 n 列
07       for j in range(n) :
08
09           # 列印每一列後，隨即換列
10           print( (str(i+1)*n + " ")*(i+1) )
```

■ 空心數字方塊

題目　輸入數字 n，印出連續的空心數字方塊：

```
> 4                              > 5

1111 2222 3333 4444              11111 22222 33333 44444 55555
1  1 2  2 3  3 4  4              1   1 2   2 3   3 4   4 5   5
1  1 2  2 3  3 4  4              1   1 2   2 3   3 4   4 5   5
1111 2222 3333 4444              1   1 2   2 3   3 4   4 5   5
                                 11111 22222 33333 44444 55555
```

想法

　　一般的程式設計通常會包含迴圈式子，迴圈代表一塊可重複執行的程式區間，此區間的式子有著同樣的規律性，其規律性與迴圈外部的式子有所不同。面對程式問題的第一步往往是根據問題的規律性加以切割，不同的規律需用不同的迴圈加以替代。

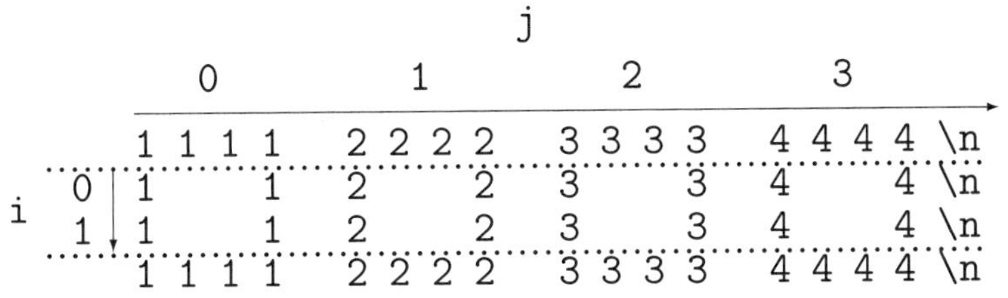

n = 4

　　以本題為例，整個圖案依列印順序可分為三個區塊，分別為第一列、中間空心列、末尾列，如圖示。其中首尾兩列有著相同圖案，代表程式碼相同，都是列印 n 排 n 個遞增數字，數字間有空格分離。而中間列則有 n-2 列，每列重複 n 排圖案，每個圖案包含首尾兩個數字與中間 n-2 個空格。這使得程式也分為三部份，首尾兩列使用同樣的單層迴圈，中間 n-2 列則使用雙層迴圈：外層 i 迴圈執行 n-2 次的單一列輸出，每個單一列輸出則是透過內層的 j 迴圈。首尾的單層迴圈列印 n 排由 n 個遞增數字組成的圖案，數字剛好是 j 迴圈迭代變數加一，為了讓數字重複 n 次，特別將其轉為字串後再乘上 n，迴圈在同一列連續列印 n 排圖案，整個迴圈結束後才以 print() 跳列，中間列的內層迴圈也是同樣的寫法。

　　在使用多層迴圈設計程式時，一定要留意換列的位置是在內迴圈或是外迴圈，不對的換列位置將造成輸出的資料排列與預期不符。在上圖，每一列數字的末尾特別標上 "\n" 字元，用以提醒在撰寫程式時一定要在每列結束前輸出換列字元，否則所有的輸出將會擠在同一列。為避免一再重複，換列字元在以後的範例圖形中將不會再特別標註出來。

程式 ·· void_nums.py

```
01    n = int( input("> ") )
02
03    # 第一列：n 排 n 個遞增數字
04    for j in range(n) : print( str(j+1)*n , end=" " )
05    print()
06
07    # 中間空心列：雙層迴圈
08    for i in range(n-2) :
09
10        # n 排圖案：數字 + (n-2) 個空格 + 數字
11        for j in range(n) :
12            print( str(j+1) + " "*(n-2) + str(j+1) , end=" " )
13        print()
14
15    # 末尾列：n 排 n 個遞增數字
16    for j in range(n) : print( str(j+1)*n , end=" " )
17    print()
```

■ 多層數字三角塔

題目 輸入 n 列印以下數字三角塔：

```
> 3                              > 4

    1                                1
   111                              111
  11111                            11111
  2       2                       1111111
 222     222                       2       2
22222   22222                     222     222
  3       3       3              22222   22222
 333     333     333            2222222 2222222
33333   33333   33333             3       3       3
                                 333     333     333
                                33333   33333   33333
                               3333333 3333333 3333333
                                 4       4       4       4
                                444     444     444     444
                               44444   44444   44444   44444
                              4444444 4444444 4444444 4444444
```

想法

　　撰寫程式列印幾何圖形是訓練程式設計最好的方式之一，初學者要由輸出的圖形樣式中，設定相關變數，利用數學找出其間關係，之後再由之轉為程式碼。本題的輸出圖案與三角方塊數字[103]類似，僅是將輸出的數字由方塊改為三角形。

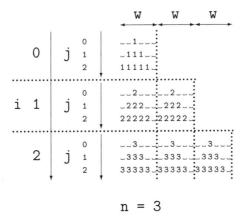

n = 3

　　仔細觀察以上輸出的數字分佈，程式是以列印 n×(2n) 的小矩形方塊，只不過每個矩形方塊內隱藏了高為 n，底為 2n-1 的數字三角形，矩形方塊的其餘部份都是空格。初學者在撰寫程式時經常會忘記輸出空格，本題若少了輸出足夠數量的空格，數字排列將會完全走樣。撰寫程式時要對所有的輸出內容負責，若不小心忘了些細節，程式的輸出就是不對，這也是為何撰寫程式時需要專心。

如同上題，本題的內外兩層迴圈都在縱向，且由內迴圈控制換列。進入內迴圈時，先組成一 w 字串，w 字串是由若干個空格(s)、數字、空格(s)所接續而成，末尾再加上一個空格用以分隔。

程式 ·· `tri_tower.py`

```
01    n = int( input("> ") )
02
03    # 大縱向：每 n 列
04    for i in range(n) :
05
06        # 小縱向：每一列
07        for j in range(n) :
08
09            # 空格數量
10            s = " "*(n-1-j)
11
12            # 每一小列：共 2n 個字元
13            w = s + str(i+1)*(2*j+1)+ s + " "
14
15            # 列印一整列：共 i+1 個排，印完後換列
16            print( w * (i+1) )
```

本題僅要畫出如前一頁的推導圖形，程式大概就可順手寫出。這說明撰寫程式前的紙筆作業是相當重要，透過紙筆作業可讓思考留意到紙上所留下的信息，再利用簡單數學推導相關式子，由之找出可運作的執行步驟。

紙筆推導是程式設計的先行步驟，動手撰寫程式才是後期作業。如同蓋大樓，需先有整棟大樓建築圖，營造廠才能依圖施工，少了建築圖，大樓無法憑空想像建構完成。同樣的，程式設計若少了紙筆推導步驟，直接進入實體程式撰寫階段，雖然省了紙筆推導時間，但少了參考註記，往往要花更多的精力來來回回修改程式，反而浪費更多時間。

■ 對稱數字三角塔

題目　輸入數字 n 列印對稱數字三角形：

```
> 4                            > 5

        1                              1
      2 1 2                          2 1 2
    3 2 1 2 3                      3 2 1 2 3
  4 3 2 1 2 3 4                  4 3 2 1 2 3 4
                              5 4 3 2 1 2 3 4 5
```

想法

觀察輸出，分別讓 i 由上向下，j 由左向右，根據輸出順序，當 i 由上往下走一步時，j 會整個走一圈，代表程式需用到雙迴圈，外迴圈 i 為縱向，內迴圈 j 為橫向。由於每一列的數字呈現對稱現象，利用此性質，可讓橫向的 j 變數在對稱軸上為 0，如此對稱軸兩側數字的 |j| 值即為數字與對稱軸的距離，同時也可發現兩側的數字值剛好為 |j|+1，如下圖：

```
                        j

              -3 -2 -1  0  1  2  3
              |─────────────────────►
          0   |  □ □ □ □ □ □ 1
          1   |  □ □ □ □ 2 1 2
      i   2   |  □ □ 3 2 1 2 3
          3   |  4 3 2 1 2 3 4
              ▼
                      n = 4
```

本題是典型的雙重迴圈程式設計題目，i 在外，j 在內，外迴圈 i 每迭代一步代表程式需列印一整列的資料，依次需列印若干個空格，再執行內迴圈逐一印出數字，然後換列。觀察上圖，當 n=4 時，空格數量加上兩倍的 i 等於 6，此值剛好為 2(n-1)，如此可推得空格數量為 2(n-1)-2i，即為 2(n-1-i)，此公式也可利用等差數列公式[35]求得。有了公式後，轉為程式碼就很簡單了。

程式　．．　sym_tri.py

```
01   n = int( input("> ") )
02
03   # 縱向 [0,n-1]
04   for i in range(n) :
```

```
05
06          # 列印數字前的空格
07          print( " "*(2*(n-1-i)) , end="" )
08
09          # 橫向 [-i,i]
10          for j in range(-i,i+1) :
11
12              # abs(j) 為 j 的絕對值
13              print( abs(j)+1 , end=" " )
14
15          print()
```

程式問題的解法不見得僅有一種，如果橫向的 j 座標都由 0 起始向右遞增，如下圖：

```
                              j
                  0  1  2  3  4  5  6
                 ─────────────────────▶
         0        ␣  ␣  ␣  ␣  ␣  ␣  1
         1        ␣  ␣  ␣  ␣  2  1  2
    i    2        ␣  ␣  3  2  1  2  3
         3        4  3  2  1  2  3  4
         │
         ▼
                       n = 4
```

由於數字在橫向對 j=n-1 呈現對稱，使用對稱數列公式[38]可知此問題的數字對稱公式為 b_j = 1 + |j-(n-1)|，對稱公式的適用區間會隨著 i 值而變，可寫成下表：

列數	適用區間 [c,d]	
i	c	d
0	3	3
1	2	4
2	1	5
3	0	6

n = 4

由上表可知，公式的適用區間 [c,d] 的 c 與 d 都由 n-1 起始，區間下限 c 隨著 i 遞減，上限 d 隨著 i 遞增，可修改原程式成新版程式如下：

程式：版本二 ‧‧‧‧‧‧‧‧‧‧‧‧‧‧‧‧‧‧‧‧‧‧‧‧‧ sym_tri2.py

```
01   n = int( input("> ") )
02
03   # [c,d] 為對稱數列適用區間
04   c = d = n-1
05
06   # 縱向 [0,n-1]
07   for i in range(n) :
08
09       # 列印數字前的空格
10       print( " "*(2*(n-1-i)) , end="" )
11
12       # 橫向 [-i,i]
13       for j in range(c,d+1) :
14
15           # 使用對稱數列公式
16           print( 1 + abs(j-(n-1)) , end=" " )
17
18       print()
19
20       c -= 1    # 區間下限遞減
21       d += 1    # 區間上限遞增
```

■ 對稱數字鑽石

題目 輸入數字 n 產生對稱數字鑽石：

```
> 4                              > 5

        1                                1
      2 1 2                            2 1 2
    3 2 1 2 3                        3 2 1 2 3
  4 3 2 1 2 3 4                    4 3 2 1 2 3 4
    3 2 1 2 3                    5 4 3 2 1 2 3 4 5
      2 1 2                        4 3 2 1 2 3 4
        1                            3 2 1 2 3
                                       2 1 2
                                         1
```

想法

本題與上題類似，圖形數字分佈分別呈現上下與左右對稱現象。可先作 n=4 的圖形如下，觀察左右兩圖可知兩者唯一的差別是左圖的縱向使用 k 變數，右圖則是使用 i 變數。左圖 k 變數由 0 往下遞增，但右圖 i 變數利用了上下數字對稱性質，雖也由 0 往下遞增，但在對稱軸到最大數字 3，即 n-1，之後再往下遞減到 0。

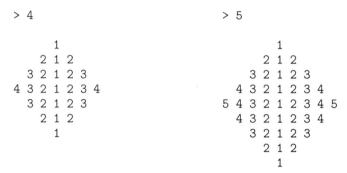

k 是由 0 遞增到 6，共七個數(=2n-1)，觀察左圖可發現，k=0 與 k=6 輸出一樣，k=1 與 k=5 輸出一樣，k=2 與 k=6 一樣。將之變換為右圖的變數 i，此時縱向變數 i 由 0 遞增到 3(=n-1)後遞減到 0。本題程式可直接由上題程式更改得到，首先將外迴圈改為 k 迴圈，由 0 迭代到 2n-2，然後找出 k 與 i 的關係式在迴圈內的第一列將 k 轉為 i 即可，其他都不需更動。

```
n = int( input("> ") )

# 縱向 [0,2n-2]
for k in range(2*n-1) :

    # 以下需找到 k 對應到 i 的關係式 f(k)
    i = f(k)

    # 列印數字前的空格
    print( " "*(2*(n-1-i)) , end="" )

    # 橫向 [-i,i]
    for j in range(-i,i+1) :

        # abs(j) 為數字 j 的絕對值
        print( abs(j)+1 , end=" " )

    print()
```

若無法一眼找出 f(k) 關係式，可先寫下對應的數字關係，以 n=4 為例，以下為 k 與 i 的對應值：

k	0	1	2	**3**	4	5	6
i=f(k)	0	1	2	**3**	2	1	0

下排 i 的最大值為 3(=n-1)，其對應的 k 值也為 3(=n-1)，最大數的前後數值是以相差距離遞減，在數學上兩點距離是使用兩點座標差值的絕對值求得，以此為例即 i = n-1 - |n-1-k|，使用 abs 替代絕對值，程式就可完成。事實上，以上公式也可利用第二章的等差對稱數列公式[38]推導得到。

程式 ··· sym_diamond.py

```
01   n = int( input("> ") )
02
03   # k 縱向迴圈 [0,2n-2]
04   for k in range(2*n-1) :
05
06       # i 由 0 遞增到 n-1 後遞減到 0
07       i = n-1 - abs(n-1-k)
08       print( " "*(2*(n-1-i)) , end="" )
09
10       # j 橫向迴圈由 [-i,i]
11       for j in range(-i,i+1) :
12           print( abs(j)+1 , end=" " )
13
14       print()
```

程式問題的推導過程經常會用到數學，若該用數學不用數學，程式就會變得冗長複雜，甚至無法完成。以此為例，我們也可將程式分為上下兩個有著一樣執行式子的迴圈，但這樣的程式就顯得笨拙，難以令人滿意。

```
# 上半部 i 由 0 遞增到 n-1
for i in range(n) :
    print( " "*(2*(n-1-i)) , end="" )
    for j in range(-i,i+1) : print( abs(j)+1 , end=" " )
    print()

# 下半部 i 由 n-2 遞減到 0
for i in range(n-2,-1,-1) :
    print( " "*(2*(n-1-i)) , end="" )
    for j in range(-i,i+1) : print( abs(j)+1 , end=" " )
    print()
```

將本題程式稍加修改馬上就可展示對稱的字串圖案，參考習題第 26 題。

> 山高月小　　　　　　　　> 水落石出

```
       山                        水
      高山高                   落水落
     月高山高月               石落水落石
    小月高山高月小           出石落水落石出
     月高山高月               石落水落石
      高山高                   落水落
       山                        水
```

■ 直式九九乘法表

題目　列印直式九九乘法表：

```
    1     1     1     1     1     1     1     1     1
  x 1   x 2   x 3   x 4   x 5   x 6   x 7   x 8   x 9
  ---   ---   ---   ---   ---   ---   ---   ---   ---
    1     2     3     4     5     6     7     8     9

    2     2     2     2     2     2     2     2     2
  x 1   x 2   x 3   x 4   x 5   x 6   x 7   x 8   x 9
  ---   ---   ---   ---   ---   ---   ---   ---   ---
    2     4     6     8    10    12    14    16    18

                          . . .

    9     9     9     9     9     9     9     9     9
  x 1   x 2   x 3   x 4   x 5   x 6   x 7   x 8   x 9
  ---   ---   ---   ---   ---   ---   ---   ---   ---
    9    18    27    36    45    54    63    72    81
```

想法

在直式九九乘法表中，每個被乘數運算式需列印四列，分別為被乘數、乘數、橫線與乘積。四列各自獨立，互不隸屬，需各自使用迴圈列印資料，合計四個。此四個內迴圈的迭代變數與乘數相關，各自迭代九次，如下圖：

```
                              j
        1     2     3     4     5     6     7     8     9
      ───────────────────────────────────────────────────▶
        1     1     1     1     1     1     1     1     1
   1  x 1   x 2   x 3   x 4   x 5   x 6   x 7   x 8   x 9
      ---   ---   ---   ---   ---   ---   ---   ---   ---
   │    1     2     3     4     5     6     7     8     9
   ▼
        2     2     2     2     2     2     2     2     2
   2  x 1   x 2   x 3   x 4   x 5   x 6   x 7   x 8   x 9
i     ---   ---   ---   ---   ---   ---   ---   ---   ---
   │    2     4     6     8    10    12    14    16    18
   ▼
              .     .     .     .     .

        9     9     9     9     9     9     9     9     9
   9  x 1   x 2   x 3   x 4   x 5   x 6   x 7   x 8   x 9
      ---   ---   ---   ---   ---   ---   ---   ---   ---
   │    9    18    27    36    45    54    63    72    81
   ▼
```

為了讓輸出排列整齊，程式特別利用 format[19] 語法設定列印的格數與對齊方式。此題乍看有些難度，但若先在紙上描繪被乘數與乘數間的數字變化，就很容易轉成程式，這也說明撰寫程式前紙上作業的重要性。

程式 .... `v99.py`

```
01   n = 9
02   for i in range(1,n+1) :
03
04       # 被乘數
05       for j in range(1,n+1) : print( "{:>3}".format(i) , end="   " )
06       print()
07
08       # 乘數
09       for j in range(1,n+1) : print( "x{:>2}".format(j) , end="   " )
10       print()
11
12       # 橫線
13       for j in range(1,n+1) : print( "---" , end="   " )
14       print()
15
16       # 乘積
17       for j in range(1,n+1) : print( "{:>3}".format(i*j) , end="   " )
18       print("\n")
```

■ 直式五言律詩：雙層迴圈

題目 將以下詩句連同標點符號存入字串，撰寫程式列印由右向左的直式
五言律詩：

空山新雨後，
天氣晚來秋。
明月松間照，
清泉石上流。
竹喧歸浣女，
蓮動下漁舟。
隨意春芳歇，
王孫自可留。

想法

在上一章直式五言詩[83]範例利用單層迴圈與字串截取方式以直向方式來排
列詩句，在這裡改用雙層迴圈，以先橫向再縱向方式將詩句列印出來。

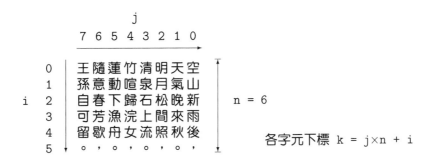

由於傳統詩句是以直排方式從右邊寫到左邊，可順勢定義橫向 j 變數由
大到小遞減到右側為 0，這樣設定的好處是詩句中每個字在字串的下標位置
k 可完全由 i 與 j 兩數決定，也就是要找到 k = f(i,j) 的關係式。

由於詩句為五言詩，加上每句末尾的標點符號，則每一直排字數 n 為
6，由圖可知 k = j×n + i。有了公式，就可利用雙重迴圈仿照輸出順序
以外迴圈 i 由上向下，內迴圈 j 由左向右，依次列印字串在下標 k 的字
元，以下為程式碼：

程式 ⋯⋯⋯⋯⋯⋯⋯⋯⋯⋯⋯⋯⋯⋯⋯⋯⋯⋯⋯⋯⋯⋯ vpoem.py

```
01    poem = (  "空山新雨後，天氣晚來秋。明月松間照，清泉石上流。"
02              "竹喧歸浣女，蓮動下漁舟。隨意春芳歇，王孫自可留。" )
03
04    # m 為律詩的句子數量， n 為直排字數(包含標點符號)
05    m , n = 8 , 6
```

117

```
06
07    # 縱向
08    for i in range(n) :
09
10        # 橫向
11        for j in range(m-1,-1,-1) :
12
13            k = j*n + i                    # k 輸出字在串列的下標
14            print( poem[k] , end="  " )    # 直排間有空格相隔
15
16        print()
```

■ 斜向排列數字

題目 輸入數字 n 控制行列數，印出斜向排列數字如下：

```
> 5                        > 6

11   7   4   2   1         16  11   7   4   2   1
    12   8   5   3             17  12   8   5   3
        13   9   6                 18  13   9   6
            14  10                     19  14  10
                15                         20  15
                                               21
```

想法

　　本題輸出的數字為斜向遞增，起點在右上角，可讓右上角位置當成整個數字圖案的原點：縱向為 i，橫向為 j，j 變數由左遞減到 0。由於數字斜向遞增，可在斜向數字間畫斜線，並標示各條線的方程式，如下圖左：

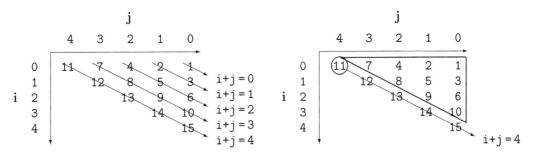

　　觀察數字分佈，橫列的數字個數隨著列數增加而遞減，同時在列印時，數字是從對角線位置向右印，在輸出時，不能疏忽對角線左側的空格，否則會造成數字排列錯誤。整個輸出步驟大約可先寫成以下方式：

```
for i in range(n) :            # 列迴圈：
    print( " "*? , end="" )    #    對角線左側的空格，數量待定
    cno = n-i                  #    每列要列印的數字個數
    for j in range(cno-1,-1,-1) :  #    行迴圈：
        k = ?                  #        k 可能與 i j n 有關，待定
        print( "{:>2}".format(k) ,  #        以兩格列印數字，
               end=" " )       #              且數字間有空格
    print()                    #    跳列
```

第二列輸出的空格數量與各列輸出的數字個數有關，由於每個數字用兩格，加上數字間的一個空格，合計對角線左側每個座標位置需用到 3 格空間，由圖可知座標位置數量與 i 值相同，由此總空格數量為 3i。但以上程式碼最重要的是要找出數字 k 的運算公式，這需以數學加以推導。

119

由以上右圖可知，若某條斜線最上端的數字為 a，則其同一條斜線的下方數字就為 a+i。數字 a 之值為其右側三角形內的數字個數加上 1，若要得知三角形內的數字個數可利用梯形公式。假設 a 點座標位置為 (0,c)，則三角形內數字個數即為 $\frac{c(c+1)}{2}$。由於通過 a 點的斜線方程式為 i+j=c，這裡的 (i,j) 為在同條斜線上的所有座標位置，代入梯形公式，斜線右方的三角形內數字個數為 $\frac{(i+j)(i+j+1)}{2}$，整理後可得在任何 (i,j) 座標位置的數值 k = $\frac{(i+j)(i+j+1)}{2}$ + i + 1，將公式代入程式碼後，即可完成程式設計。

程式 ··· slant_nums.py

```python
01   n = int( input("> ") )
02
03   # 每列
04   for i in range(n) :
05
06       # 每列左側空格
07       print( " "*(3*i) , end="" )
08
09       # 每列的行數
10       cno = n-i
11
12       # 每行向右遞減
13       for j in range(cno-1,-1,-1) :
14
15           # 計算斜向排列數字
16           k = (i+j)*(i+j+1)//2 + i + 1
17
18           print( "{:>2}".format(k), end=" " )
19
20       print()
```

由本題可知，學程式設計忘了數學，會讓你學程式過程充滿艱辛，以致於寸步難行。本題雖然只是單純數字輸出，但若將數字當成字串下標就可產生有趣的文字圖案，例如：三字經文字排列[203]：

```
方人為 不不玉 非不子 父不養 有燕竇 擇孟昔 性不苟 性之人
少子    成琢    所學    之教    義山    鄰母    乃教    本初
時      器      宜      過      方      處      遷      善

習師親 不不人 老不幼 師不教 名五教 斷不子 貴之教 習相性
禮友    知學    何學    之嚴    俱子    機學    以道    相近
儀      義      為      惰      揚      杼      專      遠
```

若要完成這些程式題目還需要額外的程式語法，不過即使如此，其基本數學推導仍與本題類似。

4.4 雙層以上迴圈

在開發程式過程中經常會用到兩層以上的迴圈，由於迴圈的迭代變數經常會混入迴圈內部的程式碼中使用，當迴圈層數越多，牽涉的迭代變數也越多，影響程式運作的因素也變多。若不小心，很容易造成程式執行不符預期，同時也要花較多的時間才能找出錯誤的地方，過多層的迴圈結構不利日後程式碼的維護，在程式設計上應盡量避免。

　　多層迴圈的使用是根據程式問題本身的需求，並不是預先設定好迴圈層數再去設計。舉例來說若使用迴圈來設定矩陣內的數據，可使用雙層、三層、四層或更多，這完全與資料在矩陣內的排列或設定方式有關，以下為可能的四種迴圈設定方式。

　　請留意在以下各個迴圈程式的右側矩陣元素圖中，矩陣每列的末尾特別顯示看不見的換列字元，用以提示在程式中哪時候該使用 print() 來換列。同時以下所有的迴圈迭代變數都由 0 起遞增，但在某些程式問題中，遞減的迭代變數也是很常見。

① 雙層迴圈：

這是最常用的雙層迴圈可用來處理一般的矩陣問題[c]，每個矩陣元素的位置直接對應到 i 與 j 迴圈變數。若要列印矩陣元素時，只要在 j 迴圈結束後加上 print() 式子即可。

```
# 縱向
for i in range(6) :

    # 橫向
    for j in range(6) :
        ...

    # 橫向結束換列
    print()
```

```
              j
        0 1 2 3 4 5
      ┌─────────────→
    0 │ 7 8 9 4 4 4  \n
    1 │ 3 2 2 5 0 1  \n
    2 │ 0 9 4 8 0 8  \n
  i 3 │ 1 8 2 6 1 9  \n
    4 │ 3 7 7 2 3 4  \n
    5 │ 5 4 6 8 4 7  \n
      ↓
```

② 三層迴圈：

如果矩陣的列方向被分割為若干個橫列區域，如下圖，在設定/處理矩陣元素時，各個橫列區域經常要分開處理。觀察圖形三個變數的數值變化，

---

[c] 有關 Python 程式語言的矩陣(或二維串列)空間配置留待第六章再加以說明。

121

可知在程式上需使用三層迴圈，迴圈迭代順序由外而內分別為 s 迴圈、i 迴圈與 j 迴圈。若要使用此三層迴圈列印矩陣，則換列式子 print() 是在整個橫向結束之後，也就是在 j 迴圈結束之後。

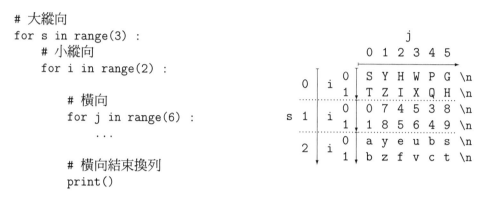

```
# 大縱向
for s in range(3) :
    # 小縱向
    for i in range(2) :

        # 橫向
        for j in range(6) :
            ...

    # 橫向結束換列
    print()
```

③ 三層迴圈：

如果矩陣的直行被分割為若干個垂直區域，如下圖，在設定/處理矩陣元素時，各個垂直區域經常需分開處理。觀察圖形相關數字的變化，可知由外而內分別為 i 迴圈、t 迴圈與 j 迴圈共三層迴圈。若要使用此三層迴圈列印矩陣，換列式子 print() 是在整個橫向結束之後，也就是在 t 迴圈結束之後。

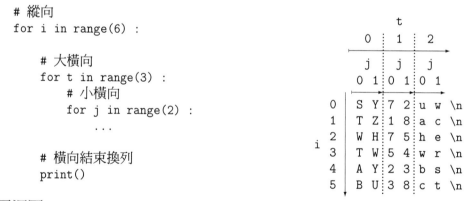

```
# 縱向
for i in range(6) :

    # 大橫向
    for t in range(3) :
        # 小橫向
        for j in range(2) :
            ...

    # 橫向結束換列
    print()
```

④ 四層迴圈：

如果矩陣被分割為許多個方塊區域，如下圖，在設定/處理矩陣元素時，不同方塊區域通常會分開處理。由下圖可知，在程式上需使用到四層迴圈，由外而內分別為 s 迴圈、i 迴圈、t 迴圈與 j 迴圈。若要使用此四層迴圈逐一列印矩陣各個方塊內元素，換列式子 print() 應置於整個橫向結束之後，也就是在 t 迴圈結束之後。

```
# 大縱向
for s in range(3) :
    # 小縱向
    for i in range(2) :

        # 大橫向
        for t in range(3) :
            # 小橫向
            for j in range(2) :
                ...

    # 橫向結束換列
    print()
```

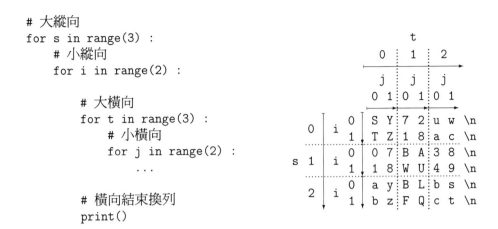

以上若不小心錯置迴圈順序，將會造成矩陣資料處理上的問題。若是用於列印，則輸出的矩陣元素會與矩陣元素排列順序不同。基本上在列印時，迴圈各層的排列次序要與列印方式一致，在外層的迴圈通常是由上而下的縱向，內層迴圈則是由左向右的橫向。此外初學者常將 print() 換列式子置於錯誤的地方，以致輸出的矩陣元素排列大亂，難以解讀，請多加小心。

4.5 雙層以上迴圈範例

以下為一些利用到雙層以上迴圈的範例：

■ 方塊詩句：三層迴圈

> **題目** 　將某段詩句設定為字串，輸入方塊寬 n，輸出以下方塊詩句：

```
> 2

雨雨 今今 楊楊 昔昔
雨雨 今今 楊楊 昔昔

雪雪 我我 柳柳 我我
雪雪 我我 柳柳 我我

霏霏 來來 依依 往往
霏霏 來來 依依 往往

霏霏 思思 依依 矣矣
霏霏 思思 依依 矣矣
```

```
> 3

雨雨雨 今今今 楊楊楊 昔昔昔
雨雨雨 今今今 楊楊楊 昔昔昔
雨雨雨 今今今 楊楊楊 昔昔昔

雪雪雪 我我我 柳柳柳 我我我
雪雪雪 我我我 柳柳柳 我我我
雪雪雪 我我我 柳柳柳 我我我

霏霏霏 來來來 依依依 往往往
霏霏霏 來來來 依依依 往往往
霏霏霏 來來來 依依依 往往往

霏霏霏 思思思 依依依 矣矣矣
霏霏霏 思思思 依依依 矣矣矣
霏霏霏 思思思 依依依 矣矣矣
```

> **想法**

　　由輸出可知，詩句中的每個字自成一方塊，這可用到四層迴圈，如下圖左。但每個小方塊的橫向字都相同，可直接以字串複製的方式替代小橫向迴圈，所以使用三層迴圈即可，如下圖右：

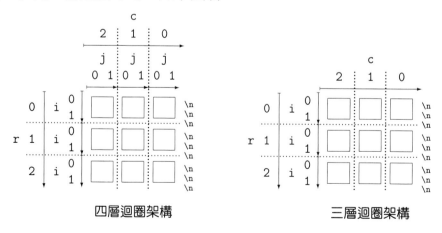

四層迴圈架構　　　　　　　　　　三層迴圈架構

為配合由右向左的直向詩句排列，大橫向的 c 迭代變數要逆向遞減到 0（參考直式五言律詩[117]）。由輸出可看到各個方塊間有空行與空列相隔，對照右側圖形，可發現方塊間的空行是出現在大橫向 c 迭代變數的數值變動時候，而方塊間的空列則是出現在小縱向迴圈結束的時候。有了這些對應位置，換成程式就很容易處理。

程式 ⋯⋯⋯⋯⋯⋯⋯⋯⋯⋯⋯⋯⋯⋯⋯⋯⋯⋯ block_poem.py

```
01   poem = ( "昔我往矣"  "楊柳依依"  "今我來思"  "雨雪霏霏" )
02
03   R = 4
04   C = len(poem)//R
05
06   w = int( input("> ") )
07
08   # 大縱向
09   for r in range(R) :
10
11       # 小縱向
12       for i in range(w) :
13
14           # 大橫向
15           for c in range(C-1,-1,-1) :
16
17               k = c * R + r
18               print( poem[k]*w , end=" " )
19
20           print()
21
22       print( )
```

另外若仔細觀察輸出可發現每個方塊的縱向字也都相同，既然好幾列都有同樣的文字，這代表可將整列存成字串，再用字串複製的方式取得數列相同的文字。相當於在執行時，將原本要列印的整列文字改存在字串內，並在其末尾加上換列字元，然後整列字串複製 n 次再輸出，即可省去小縱向 i 迴圈，此時程式就可只使用雙層迴圈。

本程式問題的迴圈層數因各方塊內的橫向字相同而由最初的四層迴圈簡化到三層，再因縱向字相同而簡化到雙層。由此可知，撰寫程式如同解數學題目一樣，要隨時觀察可加以利用的性質於解題步驟中，撰寫出來的程式才會更加簡潔。

程式：版本二 ⋯⋯⋯⋯⋯⋯⋯⋯⋯⋯⋯⋯⋯⋯⋯⋯ `block_poem2.py`

```python
01    poem = ( "昔我往矣"  "楊柳依依"  "今我來思"  "雨雪霏霏" )
02
03    R = 4
04    C = len(poem)//R
05
06    n = int( input("> ") )
07
08    # 縱向
09    for r in range(R) :
10
11        # 用來儲存整列輸出
12        p = ""
13
14        # 橫向
15        for c in range(C-1,-1,-1) :
16
17            k = c * R + r
18            p += poem[k]*n + " "
19
20        # ( 整列文字 加上 換列字元 ) 複製 n 次
21        print( (p+"\n")*n )
22
23    print( )
```

■ 三角形數字：三層迴圈

題目　數字三角形

```
> 2                          > 3

  1                            1
111                          111
                           11111

  2    3    4                2      3      4
222  333  444              222    333    444
                         22222  33333  44444

                            5      6      7      8      9
                          555    666    777    888    999
                        55555  66666  77777  88888  99999
```

想法

本題與第 107 頁列印三角塔數字題目類似，但由下圖可知，此題三角形數字 k 與圖案的 (s,t) 位置有關，與 i 無關，即 k = k(s,t)，為產生對齊圖案，k 僅取個位數。

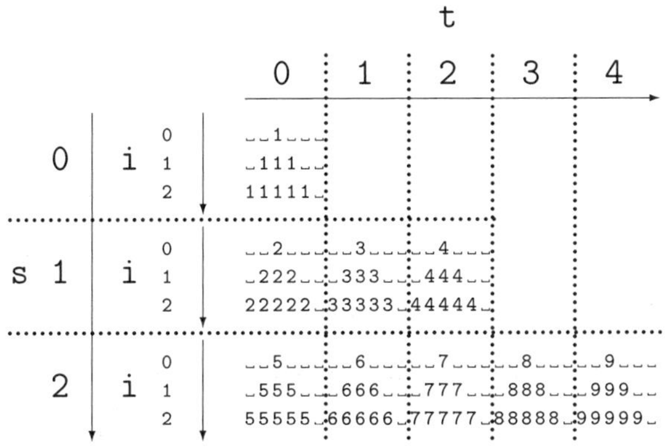

n = 3

觀察數字變化，橫向三角形數字為同列的第一個三角形數字加上 t。而橫向第一個三角形數字為上方所有三角形數量再加上 1，若讓橫向的第一個三角形數字為 num，則可寫成下表：

s	0	1	2	3	4
num	1	2	5	10	17
num-1	0	1	4	9	16

觀察上表可知橫向第 t 個三角形的數字為 k = num + t，可寫成 num-1 + 1 + t，由上表可知 num-1 為 s 的平方數，即 $k = s^2 + 1 + t$。有了 k

後，列印每一大橫列 t 時，需一併印出數字之前與之後的空格，否則列印數字的不會對齊。由圖形可知，若數字前空格數量為 d，則 d+i 為 n-1，即 d = n-1-i，數字後的空格數量為 d+1。當所有的公式都推導出來，換成程式也很直接了當，再簡單不過。

程式 ·· `tri_rows.py`

```
01    n = int( input("> ") )
02
03    # 大縱向
04    for s in range(n) :
05
06        # 小縱向
07        for i in range(n) :
08
09            # 大橫向
10            for t in range(2*s+1) :
11
12                k = ( s*s + 1 + t )%10
13                print( " "*(n-1-i) + str(k)*(2*i+1) + " "*(n-i) ,
14                       end="" )
15            print()
16
17        print()
```

本題程式稍加修改即能以置中對齊方式列印三角圖案，如下圖（參考習題 22）。若要順利寫出程式，紙筆作業的公式推導不能省略，要利用數學找出每一列左側空格數與各迴圈迭代變數間的關係，如此才能將數字圖案排列整齊。由此可知，**數學常常隱藏在程式問題之中**，**要學好程式設計，不能不學會如何在程式題目中找出數學問題**，推導解決後才有可能完成程式設計。

```
          > 3
                        1
                       234
                      56789

              2        3        4
             345      456      567
            67890    78901    89012

     5        6        7        8        9
    678      789      890      901      012
   90123    01234    12345    23456    34567
```

■ 七言律詩排列：三層迴圈

題目　設定杜甫的七言律詩《登高》為以下 p 字串：

p = (　"風急天高猿嘯哀"　"渚清沙白鳥飛回"
　　　"無邊落木蕭蕭下"　"不盡長江滾滾來"
　　　"萬里悲秋常作客"　"百年多病獨登臺"
　　　"艱難苦恨繁霜鬢"　"潦倒新停濁酒杯")

撰寫程式輸出以下型式的詩句排列：

濁潦	繁艱	獨百	常萬	滾不	蕭無	鳥渚	猿風
酒倒	霜難	登年	作里	滾盡	蕭邊	飛清	嘯急
杯新	鬢苦	臺多	客悲	來長	下落	回沙	哀天
停	恨	病	秋	江	木	白	高

想法

　　本題看似為詩句排列問題，事實上只要程式在對應位置產生以下數字排列，然後將數字當成字串的字元下標使用，就可印出以上的詩句排列。

53 49	46 42	39 35	32 28	25 21	18 14	11 7	4 0
54 50	47 43	40 36	33 29	26 22	19 15	12 8	5 1
55 51	48 44	41 37	34 30	27 23	20 16	13 9	6 2
52	45	38	31	24	17	10	3

依照輸出樣式，此為三層迴圈結構[122]：外層迴圈迭代橫向各列，中間層迴圈迭代各個句子，內層迴圈迭代每個句子的左右兩行。由於數字是由右往左直向排列，中間層迴圈與內層迴圈都需以逆向方式迭代，此三層迴圈架構可描繪成以下圖示：

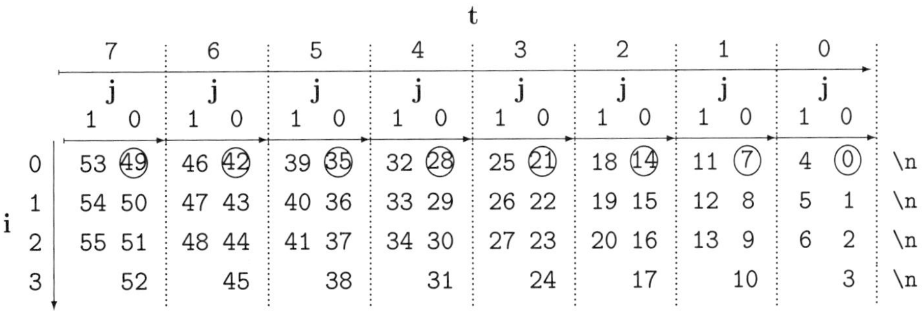

　　上圖的每一句都被切割成兩行，左右兩行分別有三個與四個數字，若以橫向輸出來看，每個句子的前三列都需列印兩個數字(即兩個字)，末尾列每句僅列印一個數字(即一個字)。由於迴圈迭代機制是用來重覆執行有著相同規則的運算步驟，前三列與末尾列的輸出型式不同，代表縱向的 i 迴圈僅

能用來列印各句左右兩行前三列的詩文，末尾列則要另外處理。參考程式輸出的詩文排列，本題的基本程式架構大概可寫成以下型式：

```
# 列印前三列詩句文字
for i in range(3) :                                # 縱向
    for t in range(7,-1,-1) :                      # 大橫向：每一句
        for j in range(1,-1,-1) :                  # 小橫向：每一句的左右兩行
            k = ①                                  # 公式 ① 待推導
            print( p[k] , end="" )                 # 列印字元
        print( end="  " )                          # 各句之間有兩個空格分開
    print()                                        # t 迴圈結束後換列

# 列印末尾列詩句文字
for t in range(7,-1,-1) :
    k = ②                                          # 公式 ② 待推導
    print( "  " + p[k] , end="  " )                # 左排字元位置需填補兩個空格
print()
```

有了以上的基本程式架構後，只要將上下兩部份的字元下標 k 以數學方法推導公式，再將公式寫入程式內，程式設計就自然完成。

　　由於律詩的每一句雖有**七**個字，但程式卻將各個句子分成兩直排列印，直排最多列印**四**個字，將這兩個數量分別以 M 與 R 兩變數代表，設定為 M=7 與 R=4。觀察上頁中的圖示可知每一句的第一個數字由右往左分別為 0、7、14、21、$\cdots$，此數剛好為每句字數 M 的倍數，以數學表示相當於 t 句的第一個數字為 M×t。由於每一句詩文分為左右兩行，在 t 句右行 i 列的數字為 M×t+i，t 句左行 i 列的數字為 M×t+R+i。左右兩行所對應的 j 迴圈迭代變數分別為 1 與 0，將 j 變數值併入式子內，即可推得公式 ①，即 t 句 j 行 i 列的數字為：M×t+R×j+i。末尾列的公式 ② 只要將 j=0 與 i=R-1 代入公式 ① 中即可得 M×t+R-1，將此兩條數學公式填入程式後就完成此題的程式設計。

程式 ･･ hpoem.py

```
01    p = ( "風急天高猿嘯哀"   "渚清沙白鳥飛回"
02            "無邊落木蕭蕭下"   "不盡長江滾滾來"
03            "萬里悲秋常作客"   "百年多病獨登臺"
04            "艱難苦恨繁霜鬢"   "潦倒新停濁酒杯" )
05
06    # 每句有 M 個字，共 T 個句子
07    M = 7
08    T = len(p)//M
09
```

```
10   # R：每句左右兩行最多有 4 列
11   # C：每句有左右 2 行
12   R , C = 4 , 2
13
14   # 縱向：僅列印每句的前三列
15   for i in range(R-1) :
16
17       # 大橫向：每句
18       for t in range(T-1,-1,-1) :
19
20           # 小橫向：每句的各行
21           for j in range(C-1,-1,-1) :
22
23               # k 為 t 句 j 行 i 列的字元下標
24               k = M*t + R*j + i
25
26               print( p[k] , end="" )
27
28           print( end="  " )
29
30       print()
31
32   # 列印每句的最後一列
33   for t in range(T-1,-1,-1) :
34
35       # k 為 t 句右行末尾字元的下標
36       k = M*t + R-1
37
38       print( "  " + p[k] , end="  " )
39
40   print()
```

■ 遞增的數字方塊：四層迴圈

題目　輸入 n 列印 n×n 的遞增數字方塊如下：

```
> 2                         > 3

1 2  2 3                    1 2 3  2 3 4  3 4 5
3 4  4 5                    4 5 6  5 6 7  6 7 8
                           7 8 9  8 9 0  9 0 1
3 4  4 5
5 6  6 7                    4 5 6  5 6 7  6 7 8
                           7 8 9  8 9 0  9 0 1
                           0 1 2  1 2 3  2 3 4

                           7 8 9  8 9 0  9 0 1
                           0 1 2  1 2 3  2 3 4
                           3 4 5  4 5 6  5 6 7
```

想法

　　本題的重點是如何得知各個小方塊內的數字變化，讓此數字為 k，仔細觀察每個小方塊數字，若讓方塊左上角的數字設為 a，由下圖可知，小方塊內各個數字為 a + i×n + j 數值的個位數。同樣的 a 也可由 s 與 t 決定，即 a = s×n + t。如此各方塊內數字可完全由 s、t、i、j 四個變數決定，即 k = (s×n + t + i×n + j)%10。換成程式語法，只要依循輸出的順序由外向內依次排列 s、i、t、j 等四層迴圈即可。程式只有在橫向 s 或 i 數值變化時才需使用 print() 加以換列。

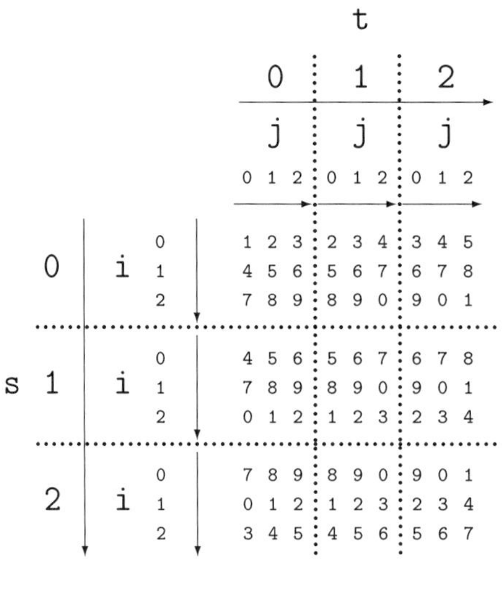

n = 3

程式 .... `num_blocks.py`

```
01   n = int( input("> ") )
02
03   # 大縱向
04   for s in range(n) :
05
06       # 小縱向
07       for i in range(n) :
08
09           # 大橫向
10           for t in range(n) :
11
12               # 小橫向
13               for j in range(n) :
14
15                   k = (s*n+t+i*n+j+1)%10
16                   print( k , end=" " )
17
18               print( end=" " )
19
20           print()
21
22       print()
```

4.6 結語

多層迴圈的各層迴圈迭代變數通常會在迴圈涵蓋範圍內使用，如果在迴圈內僅用到一些內部變數，則以數學角度來看，單層迴圈涵蓋的程式區域可視為單變數函數，多層迴圈所涵蓋的區域則可視為多變數函數，例如：

```
# 單層迴圈：可視為單變數函數 f(i)  i 在 [0,9]
for i in range(10) :
    ...
```

等同

```
# 單層迴圈
for i in range(10) :
    •••
```
$\xrightarrow{\text{依次執行}}$
$f(i) = \{ \; \bullet\bullet\bullet \quad i \in [0,9]$

```
# 雙層迴圈：可視為雙變數函數 g(i,j) 且 i 在 [0,9], j 在 [0,4]
for i in range(10) :
    for j in range(5) :
        ....
```

等同

```
# 雙層迴圈
for i in range(10) :
    for j in range(5) :
        •••
```
$\xrightarrow{\text{依次執行}}$
$g(i,j) = \{ \; \bullet\bullet\bullet \quad i \in [0,9] \quad j \in [0,4]$

迴圈的程式區域就等同換個方式定義數學函數，然後依照迴圈迭代變數更動次序重複執行函數，例如以上單層迴圈依次執行 f 函數： f(0) f(1) f(2) ... f(9) 共十次。雙層迴圈依次執行 g 函數： g(0,0) g(0,1) g(0,2) ... g(1,0) ... g(9,4) 共五十次。

　　使用迴圈等同換個方式設計數學函數並立即執行，這也表示程式設計能力與數學是息息相關，緊密連結。程式設計高手經常都是善於利用數學的人，但卻不見得是數學能力很強的人。初學者在面對程式問題時，若能善用基本數學知識與技巧推導隱藏在程式問題中的數學公式，其程式設計能力會逐漸提昇，假以時日，自然會令人刮目相看。

4.7 練習題

以下練習題都需使用多層迴圈來完成程式設計，且不需用到邏輯式子。許多習題皆由本章範例變化而來，在開始練習之前，請多熟悉範例程式，有能力自行推導並完成撰寫，如此以下的練習題就多有似曾相識之感，較容易下手。

1. 撰寫程式，輸入整數印出其階乘與展開的過程。

```
> 5
1! = 1 = 1
2! = 1 x 2 = 2
3! = 1 x 2 x 3 = 6
4! = 1 x 2 x 3 x 4 = 24
5! = 1 x 2 x 3 x 4 x 5 = 120
```

2. 撰寫程式，輸入整數 n 計算由 1 階乘到 n 階乘的過程與階乘和。

```
> 5
1! + 2! + 3! + 4! + 5! = 1 + 2 + 6 + 24 + 120 = 153
```

提示：遞增數的階乘值可直接由原數值階乘值乘以遞增數求得。

3. 同上題，但產生以下遞增計算過程：

```
> 5
1! = 1 = 1
1! + 2! = 1 + 2 = 3
1! + 2! + 3! = 1 + 2 + 6 = 9
1! + 2! + 3! + 4! = 1 + 2 + 6 + 24 = 33
1! + 2! + 3! + 4! + 5! = 1 + 2 + 6 + 24 + 120 = 153
```

4. 輸入數字 n，列印半個 n×n 乘法表如下：

```
> 4                          > 5
    1  2  3  4                   1  2  3  4  5
 1  1                         1  1
 2  2  4                      2  2  4
 3  3  6  9                   3  3  6  9
 4  4  8 12 16                4  4  8 12 16
                             5  5 10 15 20 25
```

5. 撰寫程式，輸入數字 n(大於 3) 產生以下圖案：

```
> 4                              > 5
1     2     3     4              1     2     3     4     5
11    22    33    44             11    22    33    44    55
1 1   2 2   3 3   4 4            1 1   2 2   3 3   4 4   5 5
1111  2222  3333  4444          1 1   2 2   3 3   4 4   5 5
                                11111 22222 33333 44444 55555
```

6. 撰寫程式，輸入數字 n(大於 3) 產生以下圖案：

```
> 4

*      * *      * *      * *       *
|\    /| |\    /| |\    /| |\    /|
|1\  /1| |2\  /2| |3\  /3| |4\  /4|
*--*--* *--*--* *--*--* *--*--*

> 5

*        * *        * *        * *        * *         *
|\      /| |\      /| |\      /| |\      /| |\      /|
|1\    /1| |2\    /2| |3\    /3| |4\    /4| |5\    /5|
|11\  /11| |22\  /22| |33\  /33| |44\  /44| |55\  /55|
*---*---* *---*---* *---*---* *---*---* *---*---*
```

7. 輸入數字 n，列印以下數字分配：

```
> 3                         > 4

3 3 3 3 3                   4 4 4 4 4 4 4
3 2 2 2 3                   4 3 3 3 3 3 4
3 2 1 2 3                   4 3 2 2 2 3 4
3 2 2 2 3                   4 3 2 1 2 3 4
3 3 3 3 3                   4 3 2 2 2 3 4
                           4 3 3 3 3 3 4
                           4 4 4 4 4 4 4
```

提示：以中心點為座標原點，觀察數字與座標的關係，可參考二維對稱數字分佈圖[43]。

8. 撰寫程式，輸入數字 n 產生以下圖案：

```
> 3
    1        3 2 1 2 3        1
  2 1 2        2 1 2        2 1 2
3 2 1 2 3        1        3 2 1 2 3
  2 1 2        2 1 2        2 1 2
    1        3 2 1 2 3        1


> 4
      1          4 3 2 1 2 3 4          1
    2 1 2          3 2 1 2 3          2 1 2
  3 2 1 2 3          2 1 2          3 2 1 2 3
4 3 2 1 2 3 4          1          4 3 2 1 2 3 4
  3 2 1 2 3          2 1 2          3 2 1 2 3
    2 1 2          3 2 1 2 3          2 1 2
      1          4 3 2 1 2 3 4          1
```

提示：參考對稱數字鑽石[112]。

9. 撰寫程式，讀入整數產生以下數字分佈圖：

```
> 3                              > 4

1                                1
22 22                            22 22
22 22                            22 22
333 333 333                      333 333 333
333 333 333                      333 333 333
333 333 333                      333 333 333
                                 4444 4444 4444 4444
                                 4444 4444 4444 4444
                                 4444 4444 4444 4444
                                 4444 4444 4444 4444
```

10. 撰寫程式，輸入數字 n(>2) 產生以下空心方塊圖案：

```
> 3                              > 4

111                              1111
1 1                              1  1
111                              1  1
222 222                          1111
2 2 2 2                          2222 2222
222 222                          2  2 2  2
333 333 333                      2  2 2  2
3 3 3 3 3 3                       2222 2222
333 333 333                      3333 3333 3333
                                 3  3 3  3 3  3
                                 3  3 3  3 3  3
                                 3333 3333 3333
                                 4444 4444 4444 4444
                                 4  4 4  4 4  4 4  4
                                 4  4 4  4 4  4 4  4
                                 4444 4444 4444 4444
```

11. 撰寫程式，輸入數字 n(>2) 產生以下空心方塊圖案：

```
> 4

                    1111
                    1  1
                    1  1
                    1111
               2222 2222 2222
               2  2 2  2 2  2
               2  2 2  2 2  2
               2222 2222 2222
          3333 3333 3333 3333 3333
          3  3 3  3 3  3 3  3 3  3
          3  3 3  3 3  3 3  3 3  3
          3333 3333 3333 3333 3333
     4444 4444 4444 4444 4444 4444 4444
     4  4 4  4 4  4 4  4 4  4 4  4 4  4
     4  4 4  4 4  4 4  4 4  4 4  4 4  4
     4444 4444 4444 4444 4444 4444 4444
```

12. 同上題，但列印上下對稱圖案。

> 3

```
            111
            1 1
            111
        222 222 222
        2 2 2 2 2 2
        222 222 222
    333 333 333 333 333
    3 3 3 3 3 3 3 3 3 3
    333 333 333 333 333
        222 222 222
        2 2 2 2 2 2
        222 222 222
            111
            1 1
            111
```

13. 撰寫程式，輸入數字 n(>2) 產生以下三角方塊圖案：

> 3

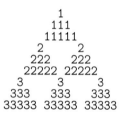

```
          1
         111
        11111
         2     2
        222   222
       22222 22222
       3   3   3
      333 333 333
     33333 33333 33333
```

> 4

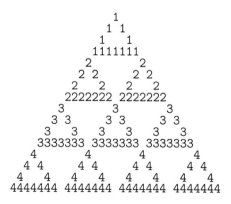

```
            1
           111
          11111
         1111111
          2       2
         222     222
        22222   22222
       2222222 2222222
         3     3     3
        333   333   333
       33333 33333 33333
      3333333 3333333 3333333
        4     4     4     4
       444   444   444   444
      44444 44444 44444 44444
     4444444 4444444 4444444 4444444
```

14. 撰寫程式，輸入數字 n(>2) 產生以下空心方塊圖案：

> 3

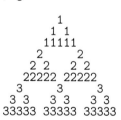

```
          1
         1 1
        11111
         2     2
        2 2   2 2
       22222 22222
       3   3   3
      3 3 3 3 3 3
     33333 33333 33333
```

> 4

```
            1
           1 1
          1   1
         1111111
          2       2
         2 2     2 2
        2   2   2   2
       2222222 2222222
         3     3     3
        3 3   3 3   3 3
       3   3 3   3 3   3
      3333333 3333333 3333333
        4     4     4     4
       4 4   4 4   4 4   4 4
      4   4 4   4 4   4 4   4
     4444444 4444444 4444444 4444444
```

15. 撰寫程式，輸入 n 產生以下方塊圖案：

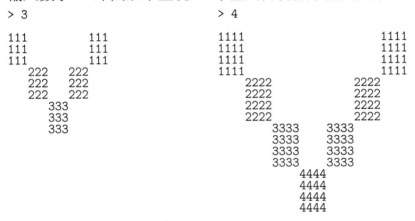

16. 輸入數字 n 印出以下呈現 V 字型的方塊數字排列圖案：

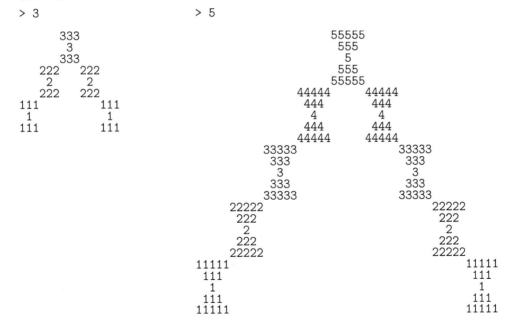

17. 輸入奇數 n 印出排列成倒 V 字形的漏斗圖案：

18. 輸入數字 m , n 印出以下數字方塊排列圖案，m 為縱向/橫向區塊數，n 為每個區塊的邊長：

```
> m , n = 3 , 2              > m , n = 2 , 3

 1   3   13 15   25 27        1   4   7   19 22 25
 2   4   14 16   26 28        2   5   8   20 23 26
                             3   6   9   21 24 27
 5   7   17 19   29 31
 6   8   18 20   30 32       10 13 16   28 31 34
                            11 14 17   29 32 35
 9  11   21 23   33 35       12 15 18   30 33 36
10  12   22 24   34 36
```

提示：參考遞增的數字方塊[132]範例，使用四層迴圈，並使用 eval[21] 讀入兩筆資料。

19. 同上題說明，輸入數字 m , n 印出以下數字方塊排列圖案：

```
> m , n = 2 , 4                  > m , n = 4 , 2

45 41 37 33   13  9  5  1        51 49   35 33   19 17    3  1
46 42 38 34   14 10  6  2        52 50   36 34   20 18    4  2
47 43 39 35   15 11  7  3
48 44 40 36   16 12  8  4        55 53   39 37   23 21    7  5
                                56 54   40 38   24 22    8  6
61 57 53 49   29 25 21 17
62 58 54 50   30 26 22 18        59 57   43 41   27 25   11  9
63 59 55 51   31 27 23 19        60 58   44 42   28 26   12 10
64 60 56 52   32 28 24 20
                                63 61   47 45   31 29   15 13
                                64 62   48 46   32 30   16 14
```

提示：可直接由上題改寫。

20. 輸入數字 n 印出以下數字方塊排列圖案：

```
> 3                      > 4

         123                       1234
         456                       5678
         789                       9012
                                   3456
     234 345 456
     567 678 789                2345 3456 4567
     890 901 012                6789 7890 8901
                               0123 1234 2345
 567 678 789 890 901           4567 5678 6789
 890 901 012 123 234
 123 234 345 456 567       5678 6789 7890 8901 9012
                           9012 0123 1234 2345 3456
                           3456 4567 5678 6789 7890
                           7890 8901 9012 0123 1234

                       0123 1234 2345 3456 4567 5678 6789
                       4567 5678 6789 7890 8901 9012 0123
                       8901 9012 0123 1234 2345 3456 4567
                       2345 3456 4567 5678 6789 7890 8901
```

21. 輸入數字 n 印出以下數字方塊排列圖案：

> 4

```
                              1
                             222
                            33333
                           4444444

                   3       2       3
                  444     333     444
                 55555   44444   55555
                6666666 5555555 6666666

           5       4       3       4       5
          666     555     444     555     666
         77777   66666   55555   66666   77777
        8888888 7777777 6666666 7777777 8888888

     7       6       5       4       5       6       7
    888     777     666     555     666     777     888
   99999   88888   77777   66666   77777   88888   99999
  0000000 9999999 8888888 7777777 8888888 9999999 0000000
```

22. 撰寫程式，讀入整數印出以下數字方塊排列圖案：

> 4

```
                              1
                             234
                            56789
                           0123456

                   2       3       4
                  345     456     567
                 67890   78901   89012
                1234567 2345678 3456789

           5       6       7       8       9
          678     789     890     901     012
         90123   01234   12345   23456   34567
        4567890 5678901 6789012 7890123 8901234

     0       1       2       3       4       5       6
    123     234     345     456     567     678     789
   45678   56789   67890   78901   89012   90123   01234
  9012345 0123456 1234567 2345678 3456789 4567890 5678901
```

23. 撰寫程式讀入兩整數 n 與 d，印出以下 n 棵樹的圖案，在圖案中每棵樹都有 d 層葉子，各層葉子高度皆為 3。

n , d> 4 , 2

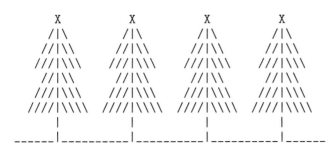

141

```
n , d> 5 , 3
```

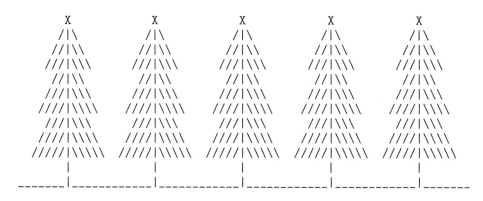

24. 撰寫程式讀入整數 d 印出以下有 d 層葉子的樹圖形，各層葉子高度由 2 往下遞增。

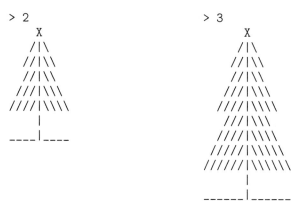

25. 撰寫程式讀入兩整數 n 與 d，印出以下 n 棵樹的圖案，在圖案中每棵樹都有 d 層葉子，但各層葉子高度由 2 往下遞增。

```
n , m> 4 , 3
```

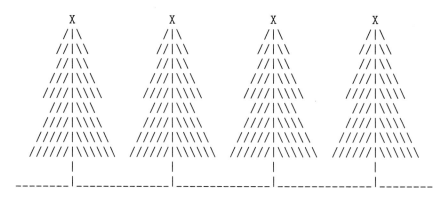

```
n , d> 5 , 2
```

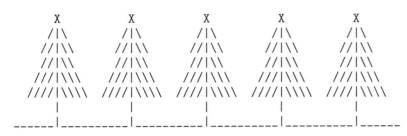

26. 撰寫程式讀入字串將此字串印成以下對稱形式：

> 山高月小   > 水落石出

```
      山                           水
     高山高                       落水落
    月高山高月                   石落水落石
   小月高山高月小               出石落水落石出
    月高山高月                   石落水落石
     高山高                       落水落
      山                           水
```

提示：參考對稱數字鑽石[112]

27. 設定《詩經·小雅·採薇》篇中的四句詩為字串：

> p = "昔我往矣楊柳依依今我來思雨雪霏霏"

撰寫程式產生以下輸出排列詩句：

> 2   > 3

```
雨雨 今今 楊楊 昔昔           雨雨雨 今今今 楊楊楊 昔昔昔
 雨   今   楊   昔             雨雨   今今   楊楊   昔昔
                               雨     今     楊     昔

雪雪 我我 柳柳 我我           雪雪雪 我我我 柳柳柳 我我我
 雪   我   柳   我             雪雪   我我   柳柳   我我
                               雪     我     柳     我

霏霏 來來 依依 往往           霏霏霏 來來來 依依依 往往往
 霏   來   依   往             霏霏   來來   依依   往往
                               霏     來     依     往

霏霏 思思 依依 矣矣           霏霏霏 思思思 依依依 矣矣矣
 霏   思   依   矣             霏霏   思思   依依   矣矣
                               霏     思     依     矣
```

提示：可使用三層迴圈，縱向兩層，橫向一層。

28. 設定白居易的《池上》五言絕句為字串：

> p = "小娃撐小艇偷採白蓮回不解藏蹤跡浮萍一道開"

撰寫程式，讀入方塊寬 n，仿照螺旋字母圖案[84]範例將詩句排列成方塊螺旋圖案：

> 2

```
小小娃娃撐撐小小艇艇偷偷
小小娃娃撐撐小小艇艇偷偷
開開              採採
開開              採採
道道              白白
道道              白白
一一              蓮蓮
一一              蓮蓮
萍萍              回回
萍萍              回回
浮浮跡跡蹤蹤藏藏解解不不
浮浮跡跡蹤蹤藏藏解解不不
```

> 3

```
小小小娃娃娃撐撐撐小小小艇艇艇偷偷偷
小小小娃娃娃撐撐撐小小小艇艇艇偷偷偷
小小小娃娃娃撐撐撐小小小艇艇艇偷偷偷
開開開                  採採採
開開開                  採採採
開開開                  採採採
道道道                  白白白
道道道                  白白白
道道道                  白白白
一一一                  蓮蓮蓮
一一一                  蓮蓮蓮
一一一                  蓮蓮蓮
萍萍萍                  回回回
萍萍萍                  回回回
萍萍萍                  回回回
浮浮浮跡跡跡蹤蹤蹤藏藏藏解解解不不不
浮浮浮跡跡跡蹤蹤蹤藏藏藏解解解不不不
浮浮浮跡跡跡蹤蹤蹤藏藏藏解解解不不不
```

29. 設定明‧徐賁的《寫意》六言詩為字串：

> p = "看山看水獨坐" "聽風聽雨高眠" "客去客來日日" "花開花落年年"

撰寫程式印出以下排列詩句：

提示：可使用三層迴圈[121]，縱向兩層，橫向迴圈迭代四次，每次一句六字。

30. 設定曹操的《短歌行》為以下跨列的長字串[17]：

> p = ("對酒當歌人生幾何譬如朝露去日苦多" "慨當以慷憂思難忘何以解憂唯有杜康"
>   "青青子衿悠悠我心但為君故沉吟至今" "呦呦鹿鳴食野之蘋我有嘉賓鼓瑟吹笙"
>   "明明如月何時可掇憂從中來不可斷絕" "越陌度阡枉用相存契闊談讌心念舊恩"
>   "月明星稀烏鵲南飛繞樹三匝何枝可依" "山不厭高海不厭深周公吐哺天下歸心")

撰寫程式印出以下方塊排列詩句：

```
厭山 星月 度越 如明 鹿呦 子青 以慨 當對
高不 稀明 阡陌 月明 鳴呦 衿青 慷當 歌酒

厭海 南烏 相枉 可何 之食 我悠 難憂 幾人
深不 飛鵲 存用 掇時 蘋野 心悠 忘思 何生

吐周 三繞 談契 中憂 嘉我 君但 解何 朝譬
哺公 匝樹 讌闊 來從 賓有 故為 憂以 露如

歸天 可何 舊心 斷不 吹鼓 至沉 杜唯 苦去
心下 依枝 恩念 絕可 笙瑟 今吟 康有 多日
```

提示：參考本章習題 19。

31. 同上題字串，但印成以下的詩句排列形式：

```
山      月      越      明      呦      青      慨      對
厭不    星明    度陌    如明    鹿呦    子青    以當    當酒
高      稀      阡      月      鳴      衿      慷      歌
海      烏      枉      何      食      悠      憂      人
厭不    南鵲    相用    可時    之野    我悠    難思    幾生
深      飛      存      掇      蘋      心      忘      何
周      繞      契      憂      我      但      何      譬
吐公    三樹    談闊    中從    嘉有    君為    解以    朝如
哺      匝      讌      來      賓      故      憂      露
天      何      心      不      鼓      沉      唯      去
歸下    可枝    舊念    斷可    吹瑟    至吟    杜有    苦日
心      依      恩      絕      笙      今      康      多
```

提示：縱向不需內迴圈[122]，處理方式如同直式九九乘法表範例[115]。

32. 設定三字經的部份文字為以下字串，字串包含標點符號：

```
poem = ( "人之初，性本善。性相近，習相遠。"
         "苟不教，性乃遷。教之道，貴以專。"
         "昔孟母，擇鄰處。子不學，斷機杼。"
         "竇燕山，有義方。教五子，名俱揚。"
         "養不教，父之過。教不嚴，師之惰。" )
```

撰寫程式，將其印成以下直行交錯排列方式：

```
教    養    教    竇    子    昔    教    苟    性    人
師    父    名    有    斷    擇    貴    性    習    性
之不  之不  俱五  義燕  機不  鄰孟  以之  乃不  相相  本之
惰嚴  過教  揚子  方山  杼學  處母  專道  遷教  遠近  善初
```

提示：可使用雙層迴圈，縱向迴圈迭代三次，每次輸出兩列，每列使用內迴圈迭代，橫向列印對應位置字元。

33. 設定百家姓的前 32 個姓氏為以下的 names 字串：

```
names = ( "趙錢孫李"  "周吳鄭王" "馮陳褚衛" "蔣沈韓楊"
          "朱秦尤許"  "何呂施張" "孔曹嚴華" "金魏陶姜" )
```

讓每個姓氏排列成漏斗形狀，尺寸為 5×5 的方塊字，撰寫程式讀入高度 n，印出以下排列成金字塔形狀的百家姓氏圖案：

> 2

```
        趙趙趙趙趙
         趙趙趙
          趙
         趙趙趙
        趙趙趙趙趙

錢錢錢錢錢  孫孫孫孫孫  李李李李李
 錢錢錢     孫孫孫     李李李
  錢        孫         李
 錢錢錢     孫孫孫     李李李
錢錢錢錢錢  孫孫孫孫孫  李李李李李
```

> 3

```
                趙趙趙趙趙
                 趙趙趙
                  趙
                 趙趙趙
                趙趙趙趙趙

        錢錢錢錢錢  孫孫孫孫孫  李李李李李
         錢錢錢     孫孫孫     李李李
          錢        孫         李
         錢錢錢     孫孫孫     李李李
        錢錢錢錢錢  孫孫孫孫孫  李李李李李

周周周周周  吳吳吳吳吳  鄭鄭鄭鄭鄭  王王王王王  馮馮馮馮馮
 周周周     吳吳吳     鄭鄭鄭     王王王     馮馮馮
  周        吳         鄭         王         馮
 周周周     吳吳吳     鄭鄭鄭     王王王     馮馮馮
周周周周周  吳吳吳吳吳  鄭鄭鄭鄭鄭  王王王王王  馮馮馮馮馮
```

提示：參考三角形數字[127]範例。

第五章：邏輯式子與迴圈

前言

程式問題很少是以單一路線執行到底，往往需在某個階段做些判斷再決定之後要執行的程式片段。程式語言使用邏輯式子來決定之後將要執行的程式片段，邏輯式子回傳真假值用來告知邏輯條件是否成立，當邏輯條件成立時可選擇執行某個程式片段，若不成立也可選擇執行另一個程式片段。一個邏輯條件就代表執行上的一個分岔，越多邏輯條件代表越多的執行分岔。當程式加入許多邏輯條件式後，程式可能的執行路徑會變得雜亂而難以逐一追蹤，撰寫程式需更小心謹慎，否則很容易因思慮不周造成錯誤的程式執行結果。

　　一個典型的程式除了有迴圈以外，也會有許多邏輯條件式用來決定將要執行的程式片段，兩者經常是交織混合在一起。越複雜的程式問題，迴圈與邏輯條件式常會層層堆疊，此時唯有透過清楚的邏輯配合數學思維才能釐清哪裡需使用迴圈，哪裡需使用邏輯條件式來完成程式設計。當初學者能在程式設計中靈活運用迴圈與邏輯條件式，其程式設計能力也有小成，學程式之路也會較為順暢。

　　本章除了介紹各種邏輯語法外，也將介紹 Python 語言所提供的第二種迴圈語法：while 迴圈。此外迴圈內常用的 continue 與 break 兩個變更程式執行流程語法也會一併介紹。

5.1 真與假

Python 邏輯式子的結果是以真假值表示，以 True 代表真，False 代表假。True 與 False 同屬於布林(bool)型別，例如：

```
>>> print( 3 > 1 )      # 列印 3 大於 1 的結果，> 為「大於」運算符號
True
>>> a = 3 > 5           # a 為布林型別變數，儲存 3>5 的運算結果
>>> a                   # a 為假
False
```

比較運算子

基本的邏輯式子是透過六個比較運算子來完成，分別為 == 、 != 、 > 、 >= 、 < 、 <= ，如下表：

比較運算式	意義	比較運算式	意義
a == b	a 是否等於 b	a != b	a 是否不等於 b
a > b	a 是否大於 b	a < b	a 是否小於 b
a >= b	a 是否大於或等於 b	a <= b	a 是否小於或等於 b

請留意 a == b 使用了兩個等號用來表示兩數是否相等，例如：

```
>>> a , b = 3 , 1
>>> x = a == b          # x = False 假
>>> y = a > b           # y = True  真
>>> z = a <= b          # z = False 假
```

以上各式都先執行邏輯運算，才將結果設定給相關變數。若對運算順序有所疑慮時，可使用小括號夾住邏輯式子以快速辨別運算過程的先後順序。

```
>>> w = ( a <= b )       # 等同 w = a <= b
```

邏輯運算子

程式語言的邏輯運算都很容易理解，基本上與數學的邏輯運算一致，例如：not 用來逆轉其後的真假值，and 兩側的真假值要同時為真結果才為真，or 兩側的真假值至少要有一個為真才為真，下表為 not、and、or的運算式與運算結果：

邏輯運算式	意義
not A	回傳 A 的逆向真假值
A and B	A 與 B 兩者皆真才為真，否則為假
A or B	A 與 B 其中一個為真，結果即為真，否則為假

簡單例子：

```
>>> a , b = 2 , 4
>>> x = ( 1 < a or b > 5 )        # x 為真
>>> y = ( a != 3 and b <= 2 )     # y 為假
>>> z = ( not a > 3 or b < 5 )    # z 為真，z = ( (not a>3) or (b<5) )
```

需留意，當 not 與 and or 兩個運算符號一起用時，not 的運算優先次序高於 and 與 or。若要檢查某數是否在某個數字範圍之間，可使用以下類似數學表示方式的運算式：

```
>>> a , b , c = 3 , 5 , 7
>>> w = ( 4 < a <= b )              # w 為假，檢查 a 是否在 (4,b] 之間
>>> x = ( 4 < a and a <= b )        # x 為假，同上
>>> y = ( 1 < a < b < c < 8 )       # y 為真
>>> z = ( a == b-2 == 3 )           # z 為真
```

若要檢查三數是否互不相等，不可使用以下（a）邏輯式而需使用（b）式：

```
>>> x = ( a != b != c )             # (a) 等同檢查 a!=b and b!=c
>>> y = ( a != b != c != a )        # (b) 等同檢查 a!=b and b!=c and c!=a
```

當使用 and 與 or 運算時，若在評估過程中已能確認運算結果，則之後的運算會被略過不執行。例如：若 x 與 y 皆為比較式子，當執行 x and y 時，如果 x 評估後為假，and 運算式的結果即為假，y 就會跳過不執行。同樣的，當執行 x or y 時，若 x 為真，or 運算式的結果就為真，y 就會跳過不執行。

a and b		
a	b	結果
真	真	真
真	假	假
假	略過	假

a or b		
a	b	結果
真	略過	真
假	真	真
假	假	假

數值與布林值

在邏輯運算式中，數值也可被當做真假值處理。其中整數 0、浮點數 0.、空字串 "" 三者效用等同假，其他非零的數值就被當成真，這可使用 bool 轉型函式來測試，例如：

```
>>> print( bool(0) , bool(2) )      # 0 為假    2 為真
False True
>>> print( bool(0.) , bool(0.3) )   # 0. 為假    0.3 為真
False True
>>> print( bool("") , bool("cat") ) # "" 為假    "cat" 為真
False True
```

在程式設計中，非布林型別的數值經常置於邏輯式中，例如：

```
>>> a , b = 3 , 0

>>> # 檢查 a < 4 且 b 不為零
>>> y1 = ( a < 4 and b != 0 )       # y1 為假
>>> y2 = ( a < 4 and b )            # y2 為 0，在邏輯運算上等同假

>>> # 檢查 a 不為零 或者 b 不為零
>>> z1 = ( a != 0 or b != 0 )       # z1 為真
>>> z2 = ( a or b )                # z2 為 3，在邏輯運算上等同真
```

以上前兩式效果相同，但 y1 為假(False)，y2 設定為 b，數值為 0，效用等同假。後兩式效果相同，z1 為真(True)，而 z2 因 a 值已可決定邏輯式的運算結果，所以 z2 被設定為 a，數值為 3，3 在邏輯運算上等同真。

跨列邏輯運算式

複雜的邏輯運算式經常會跨列，此時需在式子前後加上小括號，例如：

```
>>> a , b = 2 , 5
>>> x = ( ( 1 < a < 3 and 2 < b < 7 ) or
          ( 3 < a+b < 10 and 0 < b-a < 10 ) )
>>> x
True
```

5.2 流程控制：條件式子

程式碼的執行很少是一路到底，中間運算過程完全不分叉，經常需在某個步驟設定一些條件式藉以決定之後應執行的程式區塊。條件式包含邏輯運算式，在程式執行時，條件式會根據邏輯式子的運算結果來執行不同的程式區塊。

Python 的條件式語法都相當簡單，以下介紹四種條件式用法。為便於理解，以下的 A 都代表邏輯式子，B 則為一般式子。

if A : B

此種條件式僅在 A 為真時才執行 B，否則跳過。需留意 A 之後有冒號。

```
s = int( input("> ") )
if s >= 60 : print( "及格" )
```

以上 if 在冒號後的式子也可置於新列，但要加以縮排：

```
s = int( input("> ") )
if s >= 60 :
    print( "及格" )
```

若 B 超過一列，則要置於新列，並且每列都要縮排。例如以下程式在讀入分鐘數後，以 if 式子判斷數字是否大於等於 60，如果是，則加印分鐘數所對應的小時數，並調整分鐘數。

```
min = int( input("> ") )
if min >= 60 :
    hr = min//60                         # 取得小時數
    min = min%60                         # 校正分鐘數
    print( hr , "小時" , end=" " )       # 列印小時數

print( min , "分鐘" )                    # 列印分鐘數
```

程式執行輸出：

```
> 37
37 分鐘

> 136
2 小時 16 分鐘
```

if A : B1 else : B2

此條件式以邏輯運算結果區分為兩個執行分支，如果 A 為真則執行 B1，否則執行 B2。在撰寫式子時，if 條件式不能全部擠在一列，要各自展開。需留意 A 與 else 之後都有冒號。

```
s = int( input("> ") )
if s >= 60 :
    print( "及格" )
else :
    print( "不及格" )
```

以下程式改寫之前的分鐘數例子：

```
min = int( input("> ") )
if min >= 60 :
    hr = min//60                         # 取得小時數
    min = min%60                         # 校正分鐘數
    print( hr , "小時" , min , "分鐘" )  # 列印時分
else :
    print( min , "分鐘" )                # 列印分鐘數
```

B1 if A else B2

同上類似，但為倒裝式的寫法，需留意，B1 與 B2 都僅能是單一式子。

```
s = int( input("> ") )
print( "及格" if s >= 60 else "不及格" )
```

倒裝條件式的主要特徵即是可簡化條件式成單一列，例如：

```
s = int( input("> ") )
print( 60 if 55 < s < 60 else s )
```

倒裝條件式的 B1 與 B2 也可以是運算式：

```
a , b = eval( input("> ") )          # 輸入以逗號分隔的兩個一位數
no = a*10+b if a > b else b*10+a      # no 為由兩數組成的最大數
```

以上 B1 為 a*10+b，B2 為 b*10+a。

倒裝條件式可用小括號框住用以界定其影響範圍，例如在以下的式子中，倒裝條件式的外側有小括號與沒有小括號將造成很大的差別。

```
s = int( input("> ") )
print( "分數 " + str(s) + " : " + ( "沒" if s < 60 else "有" ) + "通過" )
```

執行後得：

```
> 34
分數 34 : 沒通過

> 71
分數 71 : 有通過
```

適度使用倒裝條件式於運算式中，可簡化程式碼。以上的程式碼若改用一般條件式撰寫，程式碼就會變得有些繁瑣。

```
if A1 : B1 elif A2 : B2 ... else : Bx
```

此為複合條件式，由上而下逐一檢查各個條件式 Ai，若為真則執行對應的 Bi，執行完後隨即跳離整個條件式。若所有的條件式都不滿足，則進入 else 執行最後的 B。需留意所有的邏輯式子 Ai 與 else 之後都有冒號。

```
s = int( input("> ") )      # 讀取資料，並轉為整數

if s == 100 :               # 若分數為 100 分
    print( "滿分" )
elif s >= 80 :              # 若分數 >= 80 分（但不是 100 分）
    print( "高分" )
elif s >= 60 :              # 若分數 >= 60 分（但不是 >= 80 分）
    print( "普通" )
else :                      # 以上都不是，即小於 60 分
    print( "加油" )
```

複合條件式內的 elif 次數沒有限制，同時最後的 else 若不需要也可加以省略。

以上四個條式式可根據問題需要混合搭配使用，但要特別留意程式區塊的縮排，不對的程式縮排將會造成錯誤的執行區塊，以下程式特別混合搭配不同的條件式來設定 grade 字母成績等第與 gpa 分數：

```
s = int( input("> ") )        # 讀取資料，並轉為整數

if s >= 80 :                                  # 80 分以上為 A- A A+
    if s >= 90 :
        grade , gpa = "A+" , 4.3
    elif s >= 85 :
        grade , gpa = "A" , 4
    else :
        grade , gpa = "A-" , 3.7

elif s >= 70 :                                # 分數在 [70,80) B- B B+
    if s >= 77 :
        grade , gpa = "B+" , 3.3
    else :
        grade = ( "B" if s >= 75 else "B-" )     # 使用倒裝條件式
        gpa   = ( 3 if s >= 75 else 2.7 )        # 使用倒裝條件式

else s >= 60 :                                # 分數在 [60,70) 之間為 C- C C+
    if s >= 67 :
        grade , gpa = "C+" , 2.3
    else :
        # 僅使用一個倒裝條件式
        grade , gpa = ( "C" , 2 ) if s >= 65 else ( "C-" , 1.7 )
...
```

以上條件式的最後一列特別使用倒裝式條件式回傳一個用小括號包住的兩筆資料[18]藉以將資料分別設定給 grade 與 gpa，若缺少了小括號設定上就會出問題。

條件式的設計並不是僅有一種，以上的條件式也可改寫為以下型式：

```
s = int( input("> ") )

if s >= 90 :
    grade , gpa = "A+" , 4.3
elif s >= 85 :
    grade , gpa = "A" , 4
elif s >= 80 :
    grade , gpa = "A-" , 3.7
elif s >= 77 :
    grade , gpa = "B+" , 3.3
elif s >= 75 :
    grade , gpa = "B" , 3
elif s >= 70 :
    grade , gpa = "B-" , 2.7
...
```

但這種條件式寫法對分數低的 s 缺乏效率，因其要經過一堆比較才能找到對應的式子執行。程式設計除要留意程式語法外，有時候也要顧慮到程式執行效率。

5.3 迴圈與邏輯範例（一）

條件式代表執行的分叉點，用以決定程式將要執行的程式區塊，條件式常與迴圈搭配使用，可能是條件式內有迴圈，也可能是迴圈內有條件式，經常交錯搭配，越是複雜的程式問題，越是如此。在基礎程式設計的學習過程中，很重要的一步即是要學會如何將程式問題改用迴圈與條件式的語法組合，這部份熟練了，往後學習程式設計的路就順暢多了。

■ 方塊迴旋數字

> 題目　輸入數字 n，印出 n×n 的迴旋遞增數字。

```
> 4                          > 5

1    2    3    4             1    2    3    4    5
8    7    6    5            10    9    8    7    6
9   10   11   12            11   12   13   14   15
16   15   14   13           20   19   18   17   16
                           21   22   23   24   25
```

> 想法

　　本題數字在單列/雙列的排列順序相反，由於各列的列印順序都是由左向右，可先找出每列的首位數字，然後根據列數增減數字後再列印數字。讓 i 代表列數，由 0 遞增到 n-1，下表為 n 為 5 的單數列與雙數列的數字變化。由表格可知，當 i 為單數，列的數字起始數 k 為 (i+1)×n，數字排列為遞減，若為 0 或偶數則起始數字 k 為 i×n+1，數字排列為遞增。

n = 5

i	起始數字 k		i	起始數字 k
0	1		1	10
2	11		3	20
4	21			
k = i×n + 1			k = (i+1)×n	

有了表格中各列起始數字公式，轉為程式碼就簡單多了。本程式問題雖然簡單，但程式使用了雙層迴圈迭代計算各個數字，且各自使用一個倒裝條件式設定資料。由此可知，程式設計就是要學會如何利用數學思維與邏輯找出程式關鍵步驟，之後再改用程式語言的迴圈與條件式表示，以下為程式碼：

··

```
01    n = int( input("> ") )
02
03    # i 代表列數
04    for i in range( n ) :
05
06        # 根據列數 i 的奇偶數設定順向與逆向起始數字
07        k = ( (i+1)*n if i%2 else i*n+1 )
08
09        # 列印各列數字後，增減數字
10        for j in range( n ) :
11            print( "{:>3}".format(k) , end=" " )
12
13            # 根據列數 i 的奇偶數決定遞增或遞減
14            k += ( -1 if i%2 else 1 )
15
16        print()
```

以下版本二是將兩個倒裝條件式各自展開成 if else 的條件式，此時程式碼就憑空多了好幾列。

·································

```
01    n = int( input("> ") )
02
03    # i 代表列數
04    for i in range( n ) :
05
06        # 根據列數 i 的奇偶數設定順向與逆向起始數字
07        if i%2 :
08            k = (i+1)*n
09        else :
10            k = i*n + 1
11
12        # 列印各列數字後，增減數字
13        for j in range( n ) :
14            print( "{:>3}".format(k) , end=" " )
15
16            # 根據列數 i 的奇偶數決定遞增或遞減
17            if i%2 :
18                k += -1
19            else :
20                k += 1
21        print()
```

■ X 圖形

題目　輸入奇數 n，印出以下由星號所構成的 X 圖案：

```
> 5                      > 7

*       *                *           *
  *   *                    *       *
    *                        *   *
  *   *                        *
*       *                    *   *
                           *       *
                         *           *
```

想法

　　某些幾何圖形可用數學方程式來描述，以此題為例，依照程式的列印順序，可將座標改為 (i,j) 格點座標系統[48]，i 軸由上而下，j 軸由左而右。則 X 圖形的星號落在 i=j 或 i+j=n-1 的直線上，其他的點則為空格。若以程式表示，則可使用雙迴圈，根據程式列印順序，i 迴圈在外，j 迴圈在內，在內迴圈使用邏輯條件式列印不同字元。

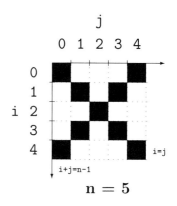

$$n = 5$$

程式　···　x.py

```
01   n = int( input( "> " ) )
02
03   # 縱向
04   for i in range(n) :
05
06       # 橫向
07       for j in range(n) :
08
09           if i == j or i+j == n-1 :
10               print( "*" , end=" " )
11           else :
12               print( " " , end=" " )
13
14       print()
```

以上程式碼的 if 條件式共用了四列，此四列式子可使用倒裝條件式子改寫為一個式子，即可省下三列垂直空間距離，程式碼將更簡潔。但需留意，過度使用倒裝條件式有時會讓程式擠在一塊，不利程式閱讀，反而增加未來維護程式的時間成本，改用尺度要自行拿捏。

程式：版本二 x2.py

```
01    n = int( input( "> " ) )
02
03    # 縱向
04    for i in range(n) :
05
06        # 橫向
07        for j in range(n) :
08
09            print( "*" if i == j or i+j == n-1 else " " , end=" " )
10
11        print()
```

■ 三眼柵欄

| 題目 | 輸入奇數 n，印出以下三眼柵欄：

```
> 5

*       *       *       *       *
  *   *   *   *   *   *   *   *
    *       *       *       *
  *   *   *   *   *   *   *   *
*       *       *       *       *

> 7

*         *         *         *         *
  *     *   *     *   *     *   *     *
    *   *   *   *   *   *   *   *
      *       *       *       *
    *   *   *   *   *   *   *   *
  *     *   *     *   *     *   *     *
*         *         *         *         *
```

| 想法 |

　　本題要列印四個連接在一起的 X 圖案形成一個三眼柵欄，由於兩兩相鄰的 X 圖案共用頂點，無法直接以複製單一個 X 圖形成四倍取得柵欄圖形。觀察輸出圖形，由於共用頂點的關係，可將左側的第一個 X 圖形當成正常 X 圖形，第二個之後的 X 圖形都去除第一個行，如下圖的切割方式。由圖可知需要在 i j 兩迴圈之間增加一個 k 迴圈，且當 k 為 0 時，j 迴圈由 0 起始，否則就由 1 起始，每列僅在 k 迴圈執行結束後才加以換列。將上題程式的雙迴圈中間增加一層 k 迴圈，加上 if 條件式控制最內層迴圈 j 迭代變數的起始值，程式一下就可改寫出來。

```
k =           0                 1                 2                 3
j = 0 1 2 3 4 5 6 : 1 2 3 4 5 6 : 1 2 3 4 5 6 : 1 2 3 4 5 6
    ─────────────────────────────────────────────────────────────
  0 | *         *         *         *         * \n
  1 |   *     *   *     *   *     *   *     * \n
  2 |     *   *     *   *     *   *     *   * \n
i 3 |       *         *         *         * \n
  4 |     *   *     *   *     *   *     *   * \n
  5 |   *     *   *     *   *     *   *     * \n
  6 | *         *         *         *         * \n
```

程式 .... `many_x.py`

```
01   # 圖形列數
02   n = int( input( "> " ) )
03
04   # 橫向 X 圖形的數量
05   m = 4
06
07   # i  :圖形的每一列(橫向)
08   for i in range(n) :
09
10       # 個別單一 X 圖形
11       for k in range(m) :
12
13           # 設定以下 j 迴圈的起始數字
14           w = 1 if k else 0
15
16           # 每個 X 圖形的每一行(縱向)
17           for j in range(w,n) :
18
19               print( "*" if i == j or i+j == n-1 else " " , end=" " )
20
21       print()
```

　　本題也可使用字串儲存單一 X 圖案的輸出列，然後利用字串截取方式複製成多個 X 圖案後印出。此種設計方式就少了一層迴圈，可稍加簡化程式碼。程式設計如同求解數學問題一樣，並沒有一成不變的作法。

程式：版本二 .... `many_x2.py`

```
01   n = int( input( "> " ) )
02   m = 4
03
04   # i  :圖形的每一列(橫向)
05   for i in range(n) :
06
07       # s  :儲存每一列的輸出字串
08       s = ""
09       for j in range(n) :
10           # 每次增加兩個字元（包含末尾一個空格）
11           s += ( "*" if i == j or i+j == n-1 else " " ) + " "
12
13       # 第一個 s 是完整的字串，之後的 s 要去除前兩個字元，避免重複輸出
14       print( s + s[2:]*(m-1) )
```

■ 雙重 X 圖案

題目 輸入奇數 n，印出以下雙重 X 圖案，即大 X 圖案的每一「X」為
n×n 的小 X 圖案：

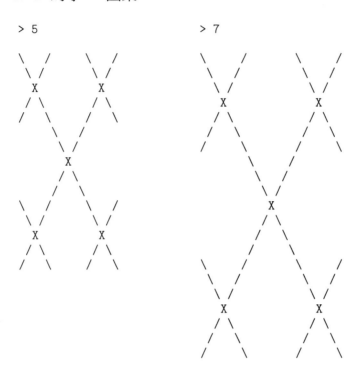

想法

　　本題的圖案可採用上一章四層迴圈[132]的作法，先用紙筆描繪出如右圖案。此圖中，大縱向 s 與大橫向 t 將圖案在縱橫兩方向各自切割成三個區域，但 i 與 j 兩迭代變數範圍則與輸入的 n 有關。本題大 X 圖案的每一「X」僅出現在以 (s,t) 為座標系統的對角線上，即 s=t 與 s+t=2。而在個別 n×n 小 X 圖案的局部座標系統 (i,j)，字元僅出現在對角線上，即在兩條對角線的交點輸出 "X" 字元，i=j 的對角線印 "\\" 字元[19]，i+j=n-1 對角線印 "/" 字元。

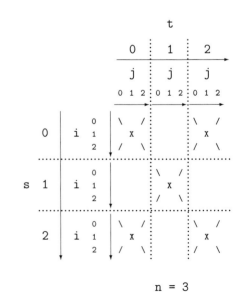

n = 3

160

以上推導可寫成以下的數學式子：

$$
f(s,t,i,j) = \left\{ \begin{array}{ll}
\text{"X"} & i=j \text{ and } i+j=n-1 \\
\text{"/"} & i=j \\
\text{"\textbackslash\textbackslash"} & i+j=n-1 \\
\text{"\_"} & \text{其他}
\end{array} \right\} \quad s=t \text{ or } s+t=2
$$

$$
\text{"\_"} \qquad\qquad\qquad\qquad \text{其他}
$$

有了數學式子改用程式語法替代就很簡單，程式如下：

程式 ·· x_x.py

```python
01   n = int( input("> ") )
02
03   m = 3  # 大縱向與大橫向切割數量
04
05   # s 大縱向
06   for s in range(m) :
07
08       # i 小縱向
09       for i in range(n) :
10
11           # t 大橫向
12           for t in range(m) :
13
14               # j 小橫向
15               for j in range(n) :
16
17                   # X 圖案僅出現在 s=t 與 s+t=m-1 線上
18                   if s==t or s+t==m-1 :
19
20                       if i==j and i+j==n-1 :
21                           print( "X" , end="" )
22                       elif i == j :
23                           print( "\\" , end="" )
24                       elif i+j == n-1 :
25                           print( "/" , end=""  )
26                       else :
27                           print( " " , end="" )
28
29                   else :
30                       print( " " , end="" )
31
32           # t 迴圈結束後換列
33           print()
```

■ 由高到矮的山

題目 輸入山的數量 n，印出由高到矮的 n 座山：

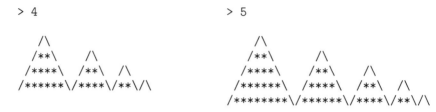

想法

　　由上圖可知，每座山自成一塊區域，為方便起見，可將每座山看成一個矩形區域，此區域包含山上方的空格及左右兩側的空格。缺少了這些空格，輸出的山就會有對齊的問題。初學者在撰寫程式時很容易忘記這些空格，因此在實務上可先將空格以其他字元替代，等到程式輸出無誤後，再改回空格，以下以 n = 5 為例：

```
> 5

++++/\----|||||||||||||||||||
+++/**\---+++/\---||||||||||||
++/****\--++/**\--++/\--||||||
+/******\-+/****\-+/**\-+/\-||
/********\/******\/****\/**\/\
```

根據程式輸出的順序可定義整個圖形的座標系統如下左圖，右側為兩座山的座標系統：

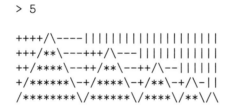

上圖縱向 i 代表高度，由 n 遞減到 1。為簡化問題，先考慮如何列印單獨的一座山，參考上圖的右側兩座山座標可推知，每座山的高度為 n-k，先用變數 m 表示，每一座山所佔用的矩形寬度剛好為兩倍山的高度，即 2m。當橫向 i 高度比山高時，即 i > m 時，直接輸出 2m 條縱線，否則就依序輸出 i-1 個 "+"、一個 "/"、2(m-i) 個 "*"、一個 "\\"、與 i-1 個 "-"，每一組 (i,k) 所列印字元的程式碼如下：

```
    m = n - k
    if i > m :
        print( "|"*(2*m) , end="" )
    else :
        print( "+"*(i-1) + "/" + "*"*(2*(m-i)) + "\\" + "-"*(i-1) , end="" )
```

以上的輸出式子如同一個雙變數函式：f(i,k)，輸出圖案完全由 i 與 k 控制，i 代表列數， k 代表行數，剛好可設計為雙層迴圈，讓 i 為外迴圈迭代變數，k 為內迴圈迭代變數，且在 k 迴圈迭代結束後使用 print() 換列，程式隨即完成。

由以上的推導可知，行數 k 控制著各座山的高度 m，如果讓 k 迴圈改為逆向迭代，則山就會由矮排列到高。若隨意變換 k 的數值，山的高度也會隨之更動，就如同數學函數一樣。本題可看出程式與數學是息息相關的，少了數學，程式就是無法完成。

| 程式 | ·· | mountains.py |

```
01   # n ：山數量
02   n = int( input("> ") )
03
04   # i ：縱向高度，由高到矮
05   for i in range(n,0,-1) :
06
07       # 橫向的第 k 座山
08       for k in range(n) :
09
10           # m ：各座山的高度
11           m = n - k
12
13           if i > m :
14               print( " "*(2*m) , end="" )
15           else :
16               print( ' '*(i-1) + '/' + '*'*(2*(m-i)) + '\\' + ' '*(i-1) ,
17                   end="" )
18
19       print()
```

今若要利用 w 迴圈產生 2n-1 座山，使得山的高度 m 是由 1 遞增到 n 然後遞減到 1，如下表：

w 迴圈下標	0	1	2	⋯	n-1	⋯	2n-3	2n-2
m 山的高度	1	2	3	⋯	n	⋯	2	1

上表可直接利用等差對稱數列公式[38]，其中公差為 -1，高度的對稱中心為 n，其下標為 n-1，代入公式後得 m = n - 1×|n-1-w|，以下為新版程式碼：

| 程式：版本二 ························· | sym_mountains.py |

```
01    # n ：山數量
02    n = int( input("> ") )
03
04    # i ：縱向高度，由高到矮
05    for i in range(n,0,-1) :
06
07        # 產生 2n-1 座山
08        for w in range(2*n-1) :
09
10            # m ：各座山的高度
11            m = n - abs(n-1-w)
12
13            if i > m :
14                print( " "*(2*m) , end="" )
15            else :
16                print( ' '*(i-1) + '/' + '*'*(2*(m-i)) + '\\' + ' '*(i-1) ,
17                       end="" )
18
19        print()
```

程式執行結果如下：

```
> 5
                        /\
            /\        /**\        /\
         /\        /**\    /****\    /**\      /\
      /\    /**\  /****\  /******\  /****\  /**\    /\
   /\/**\/****\/******\/********\/******\/****\/**\/\
```

由本範例可知，完成程式設計的關鍵完全是在撰寫程式前的紙筆推導，在推導過程中，通常需先將相關資料標記於紙上，多用變數替代數字，這些變數通常都會與迴圈迭代變數有所關聯，試著由輸出找出變數間的關係，利用數學推導公式，完成後再正式撰寫程式轉之為程式碼。

紙筆推導過程並不一定都會很順利，需加以練習才能熟練。但學會了，你的程式設計能力提昇程度會令自己大吃一驚。

■ 斜式直列五言詩

題目　撰寫程式將李白《夜宿山寺》詩句由右向左以直式傾斜方式列印出來，以下為詩句字串：

　　　poem = "危樓高百尺" "手可摘星辰" "不敢高聲語" "恐驚天上人"

輸出：

```
　　　　危
　　　樓手
　　不可高
　恐敢摘百
驚天高星尺
　上聲辰
　人語
　　人
```

想法

　　本題是由前一章列印直式詩句[117]變化而來，若以 m 代表句數，n 代表每句的字數，則五言絕句 n = 5，m = 4。下圖左將詩句先以齊頭排列，縱向為 i，橫向為 j，因詩句是由右向左排列，j 可改由右往左遞增，j 句 i 字在整首詩字串的下標位置就是 j×n+i。

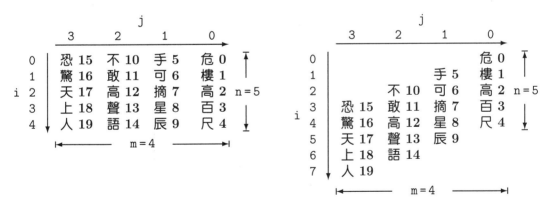

　　如果將詩句如上圖右方式由右向左傾斜排列，則縱向下標 i 的所在範圍將會擴增成 i∈[0,n+(m-1)]。由圖可觀察到在 j 句的上方有 j 個空格，各句首字的 i 與 j 兩下標剛好一樣，詩句的文字只出現在 j <= i < j+n 的區間內。由於詩句為傾斜排列，原來的 j 句 i 字在字串的下標位置需去除句子上方的空格數量，下標位置公式就成為 j×n+(i-j)。只要撰寫一個普通雙迴圈程式，以 i 迴圈在外，j 迴圈在內方式列印整個矩形區域，在滿足的區間內印出對應下標公式的中文字，其餘位置則印兩個空格(相當一個中

文字寬），程式如下：

```spoem.py
01    poem = "危樓高百尺" "手可摘星辰" "不敢高聲語" "恐驚天上人"
02
03    n , m = 5 , 4
04
05    # 縱向
06    for i in range(n+m-1) :
07
08        # 橫向
09        for j in range(m-1,-1,-1) :
10
11            if j <= i < j + n :
12                k = j * n + ( i - j )
13                print( poem[k] , end=" " )
14            else :
15                print( "  " , end=" " )
16
17        print()
```

以上程式中橫向 j 迴圈是由 m-1 遞減到 0，其輸出的詩句朝右上傾斜排列。以數學角度來看，若讓 j 改由 0 遞增到 m-1，即將 j 迴圈修改為 for j in range(m)，則詩句將會變成向下傾斜排列。如果將兩者接在一起，也就是先讓 j 由 m-1 遞減到 0 然後再遞增到 m-1，則詩句將會以上下起伏方式排列，如下圖：

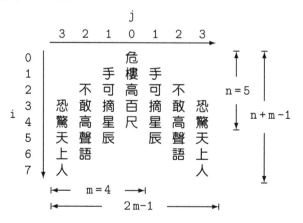

上圖的 j 數字分佈為等差對稱數列，共有 2m-1 個數，對稱中心為 0，公差為 1。可利用第二章的等差對稱數列公式[38]透過遞增數 s 來產生對稱數 j，先將數字列表如下：

$$
\begin{array}{c|ccccccccc}
s & 0 & 1 & \cdots & m\text{-}2 & m\text{-}1 & m & \cdots & 2m\text{-}3 & 2m\text{-}2 \\
\hline
j & m\text{-}1 & m\text{-}2 & \cdots & 1 & 0 & 1 & \cdots & m\text{-}2 & m\text{-}1
\end{array}
$$

對應的等差對稱數列公式為：

$$
j = a + d \times |s-k| \qquad s \in [0, 2k]
$$

由表格數據可知對稱中心 a = 0，公差 d = 1，對稱中心下標為 k = m-1，代入公式後可得 j = |s-(m-1)|，程式可隨之修改為以下型式：

程式 .... `spoem2.py`

```python
01   poem = "危樓高百尺" "手可摘星辰" "不敢高聲語" "恐驚天上人"
02
03   n , m = 5 , 4
04
05   # 縱向 i
06   for i in range(n+m-1) :
07
08       # 橫向 s
09       for s in range(2*m-1) :
10
11           # 用 s 產生等差對稱數 j
12           j = abs(s-(m-1))
13
14           if j <= i < j + n :
15               k = j * n + ( i - j )
16               print( poem[k] , end=" " )
17           else :
18               print( "  " , end=" " )
19
20       print()
```

　　由此範例可知，只要在設計程式時利用一些簡單的數學技巧，程式的輸出就能隨之變化產生不同的效果。對台灣學生來說，如果在學習程式設計過程中不用數學，實在是坐擁寶山而不自知，徒然浪費了從小到大所學到的數學知識與所花費的寶貴時間，著實令人感到惋惜。

■ 高低起伏的數字柵欄

題目 讀入數字 m 控制直行數字個數，撰寫程式印出高低起伏的四組橫
向遞增的數字柵欄：

```
> 3

1       5       9       3       7
1 2   4 5 6   8 9 0   2 3 4   6 7
1 2 3 4 5 6 7 8 9 0 1 2 3 4 5 6 7
  2 3 4   6 7 8   0 1 2   4 5 6
    3       7       1       5

> 4

1           7           3           9           5
1 2       6 7 8       2 3 4       8 9 0       4 5
1 2 3   5 6 7 8 9   1 2 3 4 5   7 8 9 0 1   3 4 5
1 2 3 4 5 6 7 8 9 0 1 2 3 4 5 6 7 8 9 0 1 2 3 4 5
  2 3 4 5 6   8 9 0 1 2   4 5 6 7 8   0 1 2 3 4
    3 4 5       9 0 1       5 6 7       1 2 3
      4           0           6           2
```

想法

　　以上的數字柵欄圖案中，每直行數字個數等同輸入數。仔細觀察輸出的
圖案可知各行數字上方的空格數量為上下振動的數字，以 m 為 4 為例，空
格數量由左向右可列表如下：

　　　　　0 1 2 3 2 1 0 1 2 3 2 1 0 1 2 3 2 1 0 1 2 3 2 1 0

空格數量的數字排列為典型的接合等差對稱數[46]，是由四組等差對稱數接
合在一起。使用第 46 頁公式，一組等差數 0 1 2 3 共有四個數代表 m =
4，輸出的圖案包含四組等差對稱數，即 n = 4。每組等差對稱數的對稱中
心 a 為 m-1，對稱中心下標 k 為 m-1，空格數量由對稱中心往兩側呈現遞
減，公差 d 為 -1，代入公式後可得在各行數字上方的空格數量 h 為：

　　h = a + d×|j%(2(m-1)) - k|　　j≥0，j 為行數

讓 i 為列數，由 0 起始，則各直行數字皆在 [h,h+m) 列數之間，其餘位
置則為空格。本題只要使用雙迴圈，以外迴圈 i 為列數，內迴圈 j 為行
數，將圍繞整個圖案的最小矩形的各個格點位置逐一走過一次，以條件式判
斷：當列數 i 在 [h,h+m) 範圍內即印出對應數字，否則輸出空格，對應的
程式碼如下：

程式 ·· up_down.py

```
01    # m 為一組等差數列數字個數
02    m = int( input("> ") )
03
04    # a：中間數      k：中間數下標      d：公差      n：組數
05    a , k , d , n = m-1 , m-1 , -1 , 4
06
07    # s：總列數      t：總行數
08    s , t = m+(m-1) , 2*n*(m-1) + 1
09
10    # 列迴圈
11    for i in range(s) :
12
13        # 行迴圈
14        for j in range(t) :
15
16            # 各列上方的空格數量
17            h = a + d * abs( j%(2*(m-1)) - k )
18
19            if h <= i < h+m :
20                print( (j+1)%10 , end=" " )
21            else :
22                print( " " , end=" " )
23
24        print()
```

　　本題在程式中直接利用數學公式輸出看似複雜的幾何圖案，使得程式碼異常簡潔，這是將數學融入程式設計的好處之一。

■ 棋盤排列七言詩

題目 將以下宋朝慧開禪師的七言偈詩去除標點符號後存為字串，撰寫程
式將詩句以棋盤交錯方式由右向左直向式排列：

「春有百花秋有月，夏有涼風冬有雪。若無閒事掛心頭，便是人間好時節。」

輸出：

```
         便      若      夏      春
好       掛      冬      秋
         是      無      有      有
時       心      有      有
         人      閒      涼      百
節       頭      雪      月
         間      事      風      花
```

想法

　　程式設計之所以讓不少學子中途放棄，其中一個原因是解決程式的步驟
如同數學一樣相當靈活，好像無跡可尋。解題步驟難以尋覓，自然就寫不出
程式碼。以此題為例，本題與前兩題似乎有所關聯，但輸出的詩句卻呈現棋
盤式交錯，若要直接應用上一題方法立即遇到困難。

　　尋找程式問題的解題步驟其中最重要的關鍵即是要能「**看出程式問題的
規律性**」，有了規律性加上一些數學推導，就能得到數學公式，之後再轉成
程式語法就簡單得多了，這過程只能透過練習才能學會掌握其中要領。以
此為例，由於詩句呈現棋盤交錯排列，由右向左直向排列，仔細觀察可知若
由右向左每兩行直向切割，七言詩的每一句是用兩行排列，其中右邊行有四
個字而左邊則有三個字，四句合計八行，詩句排列與字串下標關係可參考下
圖：

	s			
	3	2	1	0
	j 1　0	j 1　0	j 1　0	j 1　0
0	便 21	若 14	夏 7	春 0
1	好 25	掛 18	冬 11	秋 4
2	是 22	無 15	有 8	有 1
3	時 26	心 19	有 12	有 5
4	人 23	閒 16	涼 9	百 2
5	節 27	頭 20	雪 13	月 6
6	間 24	事 17	風 10	花 3

(縱軸標記為 i)

由上圖可看出文字所在的位置有些規則：當 i 為 0 或為偶數，j 剛好為 0，當 i 為奇數時，j 為 1。若用程式語法表示等同 i%2==j 條件滿足時才需輸出中文字，否則就列印雙空格(一個中文字等同兩個空格寬度)。接下來要由圖中的 i、s、j 等三個方向變數找出其與字串下標 k 的關係，用數學表示即是找到 k = f(i,s,j) 的關係式。

由於詩句為棋盤交錯輸出，由圖得知當 j 為 0 時，中文字的下標 i 分別為 0 2 4 6，將其除以 2 後，計算得到的數值即代表此中文字為此行的第幾個字，參考前一題內容可得 k = 7×s + i//2，7 代表每句有七個字。當 j 為 1 時，中文字的 i 下標為 1 3 5，除以 2 取整數，也代表其為此行的第幾個字，但此時中文字為所在句子第四個字以後的字，因此要加上 4，如此即可推得以下數學公式：

$$k = \begin{cases} 7×s + i//2 & j = 0 \\ 7×s + i//2 + 4 & j = 1 \end{cases}$$

有了公式換成程式語法就簡單了，整個程式如下：

程式 .... checkerboard_poem.py

```
01   p = ( "春有百花秋有月" "夏有涼風冬有雪"
02          "若無閒事掛心頭" "便是人間好時節" )
03
04   R = 7  # R 列數
05
06   # 縱向
07   for i in range(R) :
08
09       # 四句
10       for s in range(3,-1,-1) :
11
12           # 每句分兩行
13           for j in range(1,-1,-1) :
14
15               if i%2==j :
16                   k = 7*s + i//2 + ( 4 if j else 0 )
17                   print( p[k] , end=" " )
18               else :
19                   print( "  " , end=" " )
20
21           print( end=" " )
22
23       print()
```

5.4 while 迴圈與流程變更

while 迴圈是 Python 所提供的第二種迴圈，基本語法如下：

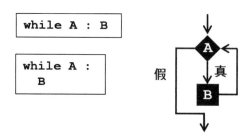

上圖中 A 為邏輯條件式，B 若為單一式子，可直接置於冒號之後。若有多個式子，每一列皆用獨立列，且用定位鍵加以縮排。在執行時，while 迴圈先判斷 A 是否為真，若為真則執行 B 式子，執行完後再接續判斷 A 條件式，若為假則跳出迴圈，若仍為真則再次執行 B，如此迭代循環。

在許多情況下，while 迴圈與 for 迴圈都可達到同樣效果。例如以下左右兩種迴圈式子都可求得 1 到 10 數字間的立方和。

```
s = 0                         |    i , s = 1 , 0
for i in range(1,11) :        |    while i < 11 :
    s += i**3                 |        s += i**3
                              |        i += 1
print( s )                    |    print( s )
```

兩邊程式最大的差異在 for 迴圈的迭代變數 i 數值完全來自 range(1,11)，用完了迴圈就結束了。while 迴圈的 i 變數則需自行設定，首先在進入迴圈前先設定初值為 1，之後判斷 while 迴圈的條件式，若為真，進入迴圈執行並遞增數值，使得再次執行 while 迴圈條件式時有機會結束迴圈。

for 迴圈與 while 迴圈最大的差別在於 for 迴圈取完在 in 關鍵字後端的資料後隨即結束迴圈，但 while 迴圈的條件式卻可能永遠為真，程式就會一直迭代下去，不會終止，這種的迴圈型式稱為無窮迴圈。例如：以下迴圈內的式子會列印與輸入數相同位數的數字範圍，由於迴圈條件式永為 True，迴圈會一直迭代下去，直到人為中斷程式為止。

```
while True :
    no = input("> ")              # 輸入整數，但不轉型為整數

    a = 10**(len(no)-1)           # 計算與輸入數字相同位數中的最大數
    b = 10**(len(no)) - 1         # 計算與輸入數字相同位數中的最小數

    print( "{:} in [{:},{:}]\n".format(no,a,b) )
```

以上程式執行後輸出：

```
> 35
35 in [10,99]

> 821
821 in [100,999]
```

break：提早跳出迴圈

有時程式需在迴圈內提前離開迭代，此時可在迴圈內使用 break 跳離迴圈，如下圖：

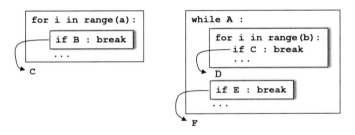

為了決定跳離迴圈的時機，break 通常都會與 if 條件式搭配使用。當以 break 跳離迴圈時，僅能向外跳離緊鄰的一層迴圈。若需由多層迴圈之內跳離程式，需搭配不同的 break 一層一層向外跳，如上圖右。

　　break 經常會與一個變數搭配使用，通常是布林型別[147]變數，此變數用來判斷程式是自然離開迴圈或者是以 break 提早跳離迴圈，程式在離開迴圈後可根據這個變數的值來決定後續的執行步驟。

　　以下程式檢查輸入字串是否都是同字元字串，例如 bbbbb 是，212 不是。程式的 for 迴圈由第二個字元起開始迭代，在迭代過程中如果發現字元與首位字元不同時就可確定輸入字串不是同字元字串，迴圈無需繼續迭代下去，此時可利用 break 提早跳離迴圈。為了分辨程式是正常結束迴圈或是中途跳離，程式特別設定了一個布林型別變數 ok 來記錄執行狀態，這裡的 ok 布林變數在進入 for 迴圈前先設定初值為真，代表一切正常，當程式進入迴圈執行後，若中途需提前離開迴圈，則更改其值為假藉以表示 for 迴圈執行出狀況，需提前跳離迴圈。當離開 for 迴圈後，程式就可檢查 ok 狀態變數的內容決定將要執行的程式步驟。

```
while True :
    s = input("> ")

    ok = True                               # 設定 ok 為真
    for x in s[1:] :                        # 迭代字串第二個字元之後所有字元
        if x != s[0] :                      # 如果檢查的字元與第一個字元不同
            ok = False                      #   重設 ok 為假
            break                           #   提早跳離迴圈

    # 根據 ok 真假值決定使用的字串
    print( s + ( " " if ok else " 不" ) + "是重複字元字串\n" )
```

以上程式執行後輸出：

```
> bbbbb
bbbbb 是重複字元字串

> aabaa
aabaa 不是重複字元字串
```

continue：提早進入下個迭代

在某些情況下，迴圈的每次迭代並不需從頭到尾完整執行完畢，有時可利用 continue 讓程式提早進入迴圈下個迭代，但並不跳出迴圈，語法如下：

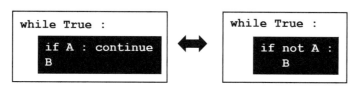

以上圖左當 A 條件式滿足時，程式會提前進入下個迭代，直接略過條件式後的 B 式子。此種語法有時也可透過改寫程式加以替代，如上圖右，差別在上圖右的條件式要改用 not 逆向條件式，且 B 要置於 if 條件式內，每列都要縮排。

以下程式片段是在兩位數中找出個別數字和不是 3 或 5 倍數的所有數字：

```
c = 0
for n in range(10,100) :
    s = n//10 + n%10                        # 計算數字和
    if s%3 == 0 or s%5 == 0 : continue      # 跳過不要的數字，直接進入下個迭代
    c += 1
    print( c , ':' , n )                    # 列印第幾數與數字
```

以上 if 條件式如不使用 continue 而改用替代方式，則要加 not 改為逆向條件式，且條件式下的所有式子都要向右縮排，如此會降低程式的可讀性，較完整的使用例子可參考**學習再學習**[178]程式範例。

5.5 迴圈與邏輯範例（二）

以下為混合迴圈與邏輯條件的一些範例：

■「中」字點陣圖

題目　輸入點陣「寬度」 n，列印對應的「中」字點陣圖如下：

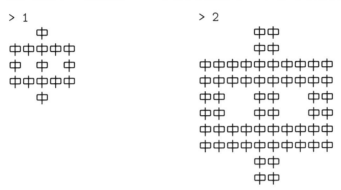

想法

　　本程式問題可利用格點座標系統[48]來輸出「中」字型，這是以左上角為原點的座標系統。如果僅考慮上圖最左側的輸出樣式，「中」可畫在 5×5 格網內，圖形如下：

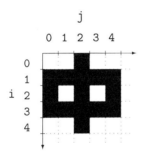

由圖可知，i 與 j 都在 [0,4] 之間，「中」的筆畫出現在 j=2 或 i=1 或 i=3 或是當 i=2 且 j=0、2、4。換成程式語法只要在 (i,j)∈[0,4]×[0,4] 所在範圍內，使用迴圈逐一檢查每個 (i,j) 格點位置是否滿足以下三個條件之一，即：j==2、i%2==1、(i==2 and j%2==0)，若是列印「中」，否則輸出兩個空格。有了此基本程式架構，調整「中」字行列粗細 n 就容易了，只要在縱向 i 迴圈內多用一層迴圈重複 n 次，且在列印時直接將輸出的字串複製 n 倍即可。

程式 .... cbitmap.py

```
01    # R：列數， C：行數
02    R , C = 5 , 5
03
04    while True :
05
06        n = int( input("> ") )
07
08        # 縱向 i 迴圈
09        for i in range(R) :
10
11            # 縱向重複 n 次
12            for k in range(n) :
13
14                # 橫向 j 迴圈
15                for j in range(C) :
16
17                    if j==2 or i%2 or (i==2 and j%2==0) :
18                        print( "中"*n , end="" )
19                    else :
20                        print( "  "*n , end="" )
21
22            print()
```

　　以上程式利用 k 迴圈對每一列的點陣圖於縱向重複列印 n 次，此迴圈步驟可改以列字串複製方式取代。首先將每列要輸出的字元通通存於字串中，然後於字串末尾加上換列字元，最後將此字串複製 n 次後輸出，即可達到同樣效果，同時也少了一層迴圈，修改後的程式如下：

程式：版本二 cbitmap2.py

```
01    # R：列數， C：行數
02    R , C = 5 , 5
03
04    while True :
05
06        n = int( input("> ") )
07
08        # 縱向 i 迴圈
09        for i in range(R) :
10
11            # line 儲存每一列的輸出字元
12            line = ""
13
14            # 橫向 j 迴圈
```

```
15              for j in range(C) :
16
17                  if j==2 or i%2 or (i==2 and j%2==0) :
18                      line += "中" * n
19                  else :
20                      line += "  " * n
21
22              # 在 line 之後加上換列字元後，複製成 n 列
23              print( ( line + "\n" ) * n , end="" )
```

　　以上兩種方式都是在格點座標系統上利用方程式來設定輸出字的點陣圖形，這在處理上有點麻煩，不同的字要定義不同的數學方程式，且都要修改程式碼，同時也難以將不同字的點陣圖一起印出來，這在實務上有點不切實際。事實上，有更簡單且不用方程式的方式來儲存文字的點陣圖樣，列印文字的點陣圖程式不會因字的不同而需個別修改。此外列印點陣圖的程式也很簡短，易於修改，可用來產生各種不同變化型式的點陣圖形，這將在下一章的數字點陣圖[299]範例加以說明。

■ 學習再學習

題目 以下每個中文字代表一個不同數字，撰寫程式找出以下計算式：

```
      學習再學習
X           學
--------------
   優優優優優優
```

想法

本題共包含四個不同數字，被乘數有三個數，其中最大與最小的兩個數字相同，即「學習」，可迭代所有的兩位數，取十位數為「學」，個位數為「習」，另外再使用一層迴圈迭代個位數，設為「再」，將數字加以組合，被乘數與乘數就得到了，兩數相乘後得乘積。由於乘積是六個一樣的相同數，在數學上代表此數可被 111111 整除，如此整個求解步驟就都完成。

以上的策略是利用計算機的快速運算能力將所有可能數字全部測試了一遍，由中找出滿足的答案，這種程式模擬解題方式稱為「窮舉法」或「暴力法」。

程式 ·· learning.py

```python
01    # 迭代兩位數
02    for w in range(10,100) :
03
04        # a :「學」, b :「習」, a 為乘數
05        a , b = w//10 , w%10
06
07        # 跳過 a 與 b 相同的數字
08        if a == b : continue
09
10        # c :「再」
11        for c in range(0,10) :
12
13            # c 不能與 a b 其中一個數相等
14            if c == a or c == b : continue
15
16            # x 為被乘數，z 為乘積
17            x = w * 1000 + c * 100 + w
18            z = x * a
19
20            # 如果 z 的各個數字相同，則列印整個計算式
21            if z%111111 == 0 :
```

```
22              print( "{:>7}".format(x) )
23              print( "x{:>6}".format(a) )
24              print( "-" * 7 )
25              print( "{:>7}".format(z) )
```

由於四個中文字皆不同數，程式中特別使用兩個 continue 式子跳過相同數字，減少不必要的步驟以提升效率。如果不使用 continue 語法而要達到同樣效果，程式碼將需增加兩層縮排，不利程式的閱讀，以下版本二是去除 continue 的程式版本：

程式：版本二 .... `learning2.py`

```
01   # 迭代兩位數
02   for w in range(10,100) :
03
04       # a ：「學」, b ：「習」, a 為乘數
05       a , b = w//10 , w%10
06
07       # 跳過 a 與 b 相同的數字
08       if a != b :
09
10           # c ：「再」
11           for c in range(0,10) :
12
13               # c 不能與 a b 其中一個數相等
14               if c != a and c != b :
15
16                   # x 為被乘數，z 為乘積
17                   x = w * 1000 + c * 100 + w
18                   z = x * a
19
20                   # 如果 z 的各個數字相同，則列印整個計算式
21                   if z%111111 == 0 :
22                       print( "{:>7}".format(x) )
23                       print( "x{:>6}".format(a) )
24                       print( "-" * 7 )
25                       print( "{:>7}".format(z) )
```

以上的程式執行後輸出一組答案：

```
    37037
  x     3
  -------
   111111
```

■ 傾斜排列的杯子

題目　一個杯子尺寸為 5×5，輸入杯數 n，印出以下傾斜排列的杯子。

```
> 5                                      > 3

1   1                                    1   1
1   1 2   2                              1   1 2   2
1   1 2   2 3   3                        1   1 2   2 3   3
1   1 2   2 3   3 4   4                  1   1 2   2 3   3
 111   2   2 3   3 4   4 5   5            111   2   2 3   3
       222   3   3 4   4 5   5                  222   3   3
             333   4   4 5   5                        333
                   444   5   5
                         555
```

想法

本題若改為列印單一個杯子或是 n 個水平排列的杯子，大概多數人都能很快完成程式設計，以下為列印第一個杯子的程式碼：

```python
h , w = 5 , 5         # h：杯高， w：杯寬

# i 迴圈向下，以杯口為 0，杯底為 h-1
for i in range(h) :

    if i < h-1 :
        # 非杯底
        print( str(1) + " "*(w-2) + str(1) )
    else :
        # 杯底
        print( " " + str(1)*(w-2) + " " )
```

以上程式的迴圈迭代變數 i 是由 0 遞增到 h-1，當 i 為 0 時在杯口，h-1 時在杯底，這是以杯口為起點的縱向座標系統。

本程式問題的杯子呈現傾斜排列，且橫向的輸出字元數量不是固定，似乎有些規則，但又不明顯，對初學者而言很容易在此卡住，然後就不知從何下手。事實上，若將原輸出圖案看成以下包含空格的圖案或可找到想法。

```
1   1 □□□□□         □□□□□
1   1 2   2 □□□□□    □□□□□
1   1 2   2 3   3 □□□□□
1   1 2   2 3   3 4   4 □□□□□
 111   2   2 3   3 4   4 5   5
□□□□□   222   3   3 4   4 5   5
□□□□□ □□□□□   333   4   4 5   5
□□□□□ □□□□□ □□□□□   444   5   5
□□□□□ □□□□□ □□□□□ □□□□□   555
```

以上每一個杯子都被一個矩形包裹，杯子的上下方可能有若干空格列，杯子存在矩形的某個高度範圍內。由上圖可知，每個矩形的高度等同一個杯子高 h 加上 (n-1) 個杯子數量，即 h+(n-1)，讓此值用 h2 代表。若讓縱向迴圈 s 於 [0,h2) 間迭代，橫向則以杯子為迭代單位，設定為 t 迴圈，如此只要使用雙層迴圈逐一列印 n 個矩形內的各個字元，且矩形間以兩個空格分開，即可產生輸出圖案，簡單標示成下圖左與其右側的雙迴圈程式：

```
          t
      0    1    2    3    4         h2 = h + n - 1
 s
 0    1  1    ⊔⊔⊔⊔⊔  ⊔⊔⊔⊔⊔  ⊔⊔⊔⊔⊔  ⊔⊔⊔⊔⊔    for s in range(h2) :
 1    1  1  2  2  ⊔⊔⊔⊔⊔  ⊔⊔⊔⊔⊔  ⊔⊔⊔⊔⊔
 2    1  1  2  2  3  3  ⊔⊔⊔⊔⊔  ⊔⊔⊔⊔⊔        for t in range(n) :
 3    1  1  2  2  3  3  4  4  ⊔⊔⊔⊔⊔          ....
 4      111  2  2  3  3  4  4  5  5           ....
 5    ⊔⊔⊔⊔⊔    222  3  3  4  4  5  5        print( end="  " )
 6    ⊔⊔⊔⊔⊔  ⊔⊔⊔⊔⊔  333  4  4  5  5
 7    ⊔⊔⊔⊔⊔  ⊔⊔⊔⊔⊔  ⊔⊔⊔⊔⊔  444  5  5     print()
 8    ⊔⊔⊔⊔⊔  ⊔⊔⊔⊔⊔  ⊔⊔⊔⊔⊔        555
```

　　參考上一頁的列印單一杯子程式碼，程式中迴圈迭代變數 i 是以杯口為起點向下，杯子在 [0,h-1] 之間，杯底 i 值為 h-1，若能找到上圖中 s 變數與 i 變數間的關係，讓 i 用 s 來表示，就可直接使用列印單一杯子的程式。至於非杯子的高度位置，則直接輸出 w 個空格，w 為杯寬。參考上圖可知下標 t 的杯子上方共有 t 個空格列，以 t = 1 與 t = 3 為例：

```
      t                          t
      1                          3
 s                          s
 0  i  ⊔⊔⊔⊔⊔                0        ⊔⊔⊔⊔⊔
 1  0  2  2                 1        ⊔⊔⊔⊔⊔
 2  1  2  2                 2  i     ⊔⊔⊔⊔⊔
 3  2  2  2                 3  0  4  4
 4  3  2  2                 4  1  4  4
 5  4    222                5  2  4  4
 6     ⊔⊔⊔⊔⊔                6  3  4  4
 7     ⊔⊔⊔⊔⊔                7  4    444
 8     ⊔⊔⊔⊔⊔                8     ⊔⊔⊔⊔⊔

 ⇒  s - i = t              ⇒  s - i = t
 ⇒  i = s - t              ⇒  i = s - t
```

由上圖左右兩個杯子的 s、t、i 的數字變化可看出 s-i = t，即 i = s-t，有了此數學關係，就可直接將單一杯子的程式加入雙迴圈內，稍加修改，程式就完成了。

程式 ··· `slantcups.py`

```python
01   n = int( input("> ") )
02
03   # h:杯高，w:杯寬
04   h , w = 5 , 5
05
06   # 縱向高度
07   h2 = h + n - 1
08
09   # 縱向迴圈
10   for s in range(h2) :
11
12       # 橫向杯子
13       for t in range(n) :
14
15           # i 在杯頂為 0
16           i = s - t
17
18           # 檢查是否在杯子範圍
19           if 0 <= i < h :
20
21               if i < h-1 :
22                   # 非杯底
23                   print( str(t+1) + " "*(w-2) + str(t+1) , end="  " )
24               else :
25                   # 杯底
26                   print( " " + str(t+1)*(w-2) + " " , end="  " )
27           else :
28               # 其餘位置
29               print( " " * w , end="  " )
30
31       print()
```

　　此題再次印證了紙筆作業的重要性，一般來說，當你遇到程式題目不知如何下手時，此時最好利用紙筆將相關的數字註記在紙上，為同類型的數字設定變數符號，先找出迴圈的迭代變數，觀察各變數間的關係，然後利用基礎代數推導數學公式，如此經常會由中找到程式問題的解決方法，有了解法，轉換為程式就簡單多了。

■ 大 X 與兩個小 x

題目　輸入小 x 高度(奇數)，印出以下大 X 圖案旁有兩個小 x 圖案：

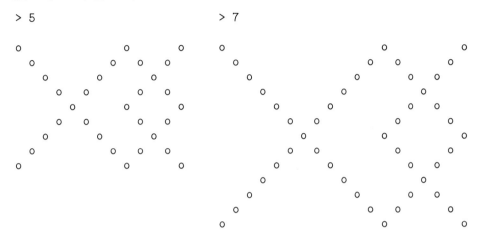

想法

本題若是要印出左側單獨的大 X 圖案或是右側一個小 x 圖案都可利用本章雙重 X 圖案[160]的方式很快寫出來，但若要將兩者接在一起就不是那麼容易。初學者在學習程式過程中經常會遇到這類問題：有些程式題目的每個部份組合好像都可寫出來，但合在一起就無從下手，難以為繼。遇到這類問題，解決之道還是利用數學先在紙上推導。

本題可依圖案先切割為左右兩部份，由於大小兩個 X 圖案相連，可先裁去大 X 圖案的最右行，以 n=5 為例，左右兩圖分別可標示成以下方式：

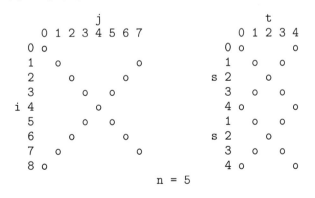

若讓小 x 高度為 n，由上圖可知大 X 高度為 2n-1。左側的大 X 圖案，可由以下雙層迴圈與條件式的組合得到圖形：

183

```
# m：大 X 高度
m = 2*n-1

for i in range(m) :
    for j in range(m-1) :                # 橫向少一行
        if i+j==m-1 or i==j :
            print( "o" , end=" " )
        else :
            print( " " , end=" " )
    print()
```

右側圖案在縱向有兩個 x 圖案，若讓縱向座標軸為 s，觀察 i 與 s 的關係，可知當 i < n 時，s 與 i 同值，否則 s = i-(n-1)。僅要稍加修改以上的程式，即能印出右側的小 x 圖案：

```
m = 2*n-1           # m 大 X 高度

for i in range(m) :

    # 將左邊的 i 座標換成右邊的 s 座標
    s = i if i < n else i-(n-1)

    for t in range(n) :
        print( "o" if s+t==n-1 or s==t else " " , end=" " )

    print()
```

以上使用倒裝條件式將四列的條件式換成一列，程式變得簡潔許多。最後將兩個程式結合在一起，每次 i 迴圈的迭代過程共可分三步：

① 先畫左側大 X 圖案一列

② 後畫右側小 x 圖案一列

③ 換列

以上看似複雜的程式問題，只要先在紙上以數學推導，配合程式輸出順序，程式的步驟即可求得。

程式 .... Xxx.py

```
01   # n：小 X 高度
02   n = int( input("> ") )
03
04   # m：大 X 高度
05   m = 2*n - 1
```

```
06
07    # 每一橫列
08    for i in range(m) :
09
10        # (1) 畫左側大 X 圖案一列
11        for j in range(m-1) :
12            print( "o" if i+j==m-1 or i==j else " " , end=" " )
13
14        # s : 右邊縱向座標(由左邊的 i 座標轉為 s 座標)
15        s = i if i < n else i-(n-1)
16
17        # (2) 畫右側小 X 圖案一列
18        for t in range(n) :
19            print( "o" if s+t==n-1 or s==t else " " , end=" " )
20
21        # (3) 換列
22        print()
```

■ 質因數乘積

題目　撰寫程式，印出所有兩位數的質因數乘積如下：

10 = 2x5	17 = 17	93 = 3x31
11 = 11	18 = 2x3x3	94 = 2x47
12 = 2x2x3	19 = 19	95 = 5x19
13 = 13	...	96 = 2x2x2x2x2x3
14 = 2x7	90 = 2x3x3x5	97 = 97
15 = 3x5	91 = 7x13	98 = 2x7x7
16 = 2x2x2x2	92 = 2x2x23	99 = 3x3x11

想法

　　整數的質因數乘積分解也是很簡單的程式問題，但重點是該如何找到執行步驟，有了解法才能轉為程式碼。一個簡單方式為試著任取幾個數字，觀察各自質因數乘積的結果，由中找出規則。例如：28 = 2x2x7 與 97 = 97，等號右邊的質因數都是由小到大排列，數字由 2 起到數字本身大小。由於質因數也是因數，代表可整除等號左邊的數字，將質因數分解改用符號表示，讓 n 為原始數字，a、b、c、··· 為 n 的質因數，則 n 的質因數分解可寫成以下形式：

$$n = a×a×···×a×b×b×···×b×c×···　\qquad 2 \leq a < b < c < ... \leq n$$

在以上等號右側的質因數乘積中，相同的質因數可能不只一個。若將可能的質因數以 f 替代，由 2 起始迭代，在迴圈內每次檢查 f 可否整除數字 n，如果可以則代表 f 為 n 的質因數。接下來讓左右兩邊各除以數字 f，相除後的左邊數字讓其為新 n，如此重複直到左側的數字無法被 f 整除為止，此時才變換下個數。在以上相除過程中若 n 已為 1，即可使用 break 提早跳離迴圈。由於質因數除 2 為偶數外，其餘皆為奇數，下個可能的質因數可利用此規則變換 f 數值，藉以省略不必要的運算。以上的描述看起來有點複雜，現在利用找尋數字 84 的質因數乘積加以說明：

84	=	a×a×···×a×b×b×···×b×c×···	⟶	找到 2 為因數，設定 a=2	
84	=	2×2×···×2×b×b×···×b×c×···	⟶	印出 a，兩邊除以 a	
42	=	2×2×···×2×b×b×···×b×c×···	⟶	a=2 仍為因數	
21	=	2×2×···×2×b×b×···×b×c×···	⟶	印出 a，兩邊除以 a	
21	=	2×2×···×2×b×b×···×b×c×···	⟶	a=2 不是因數換下個數字 3	
21	=	b×b×···×b×c×c···	⟶	找到 3 為因數，設定 b=3	
7	=	3×3×···×3×c×c···	⟶	印出 b，兩邊除以 b	

7	=	3×3×···×3×c×c···	⟶ b=3 不是因數換下個奇數 5
7	=	c×c×···×c×d×d···	⟶ c=5 不是因數換下個奇數 7
7	=	d×d×···×d×e×e···	⟶ 找到 7 為因數，設定 d=7
1	=	7×7×···×7×e×e···	⟶ 印出 d，兩邊除以 d
1	=	7×7×···×7×e×e···	⟶ 左側 n=1，跳出迴圈，終止運算

將以上的運算步驟換成對應的程式碼如下：

程式 ·· prime_factors.py

```
01   # n 為兩位數
02   for n in range(10,100) :
03
04       print( n , '=' , end=" " )
05
06       # 質因數 f 由 2 開始檢查
07       f = 2
08
09       while True :
10
11           # 當 f 整除 n 時，以商取代 n，重複執行直到不能整除為止
12           while n%f == 0 :
13               n = n // f
14               print( f , 'x' if n > 1 else "" , sep="" , end="" )
15
16           # 當 n 已經為 1 時跳出迴圈
17           if n == 1 : break
18
19           # 若 f 為 2，增加 1。若大於 2，增加 2，即下個奇數
20           f += 1 if f==2 else 2
21
22           # 除 n 以外，n 的最大因數不會大於 n 的平方根，即 f*f <= n
23           # 若 f*f > n 時，可能的因數僅有 n
24           if f*f > n : f = n
25
26       print()
```

在程式碼的第 24 列特別利用了因數的一個性質：除數字 n 以外，n 的最大因數 f 不會大於 n 的平方根，即 $f <= \sqrt{n}$，換成同等條件的 Python 式子即 f*f <= n。若可能的因數 f 已經造成 f*f > n，可直接讓 f = n 藉以減少中間許多無用的運算步驟。

5.6 結語

程式語言的迴圈代表重複執行，代表程式問題內有些規則性才能轉用迴圈重複執行。邏輯條件式代表程式執行的分叉點，程式執行到此後會依設定的條件開始分流，一個複雜的程式問題通常包含許多邏輯條件，若與多層迴圈交錯使用，程式的執行步驟很容易因層層分叉以致於最後難以全面追蹤，造成程式經常因測試不完整而導致爾後常有執行出錯的情況發生。

程式中的邏輯條件式將程式的執行分叉，若在撰寫程式時思緒不集中或邏輯思維出問題，很容易寫出自相矛盾的條件式或寫出的條件式造成某些程式區塊一直無法被執行。若條件式寫在 while 迴圈內部，邏輯不對的條件式有可能造成迴圈變為無窮迴圈，永遠跳不出迴圈的循環。由於一般的程式問題通常都混合著迴圈與邏輯條件式，撰寫程式時若一心兩用或在精神不濟時勉強為之，寫出來的程式通常有誤，要花更多的時間除錯，此時還不如不寫，省得平白浪費時間。

5.7 練習題

1. 以下每個方格都是自然數，請撰寫程式利用窮舉法[178]將每個方塊的數值找出來：

$$\square + \square = 11$$
$$+ \qquad +$$
$$\square - \square = 1$$
$$\| \qquad \|$$
$$9 \qquad 9$$

2. 撰寫程式驗證 100 以下滿足畢氏定理的數字組合共有 50 組，例如：

```
1 : 3 4 5          7 : 9 40 41         46 : 51 68 85
2 : 5 12 13        8 : 10 24 26        47 : 54 72 90
3 : 6 8 10         9 : 11 60 61        48 : 57 76 95
4 : 7 24 25        10 : 12 16 20       49 : 60 63 87
5 : 8 15 17        ...                 50 : 65 72 97
6 : 9 12 15        45 : 48 64 80
```

3. 如果 a 為 n 位數整數，b 為 a 所有位數的 n 次方和，例如：a = 214，b = $2^3+1^3+4^3$ = 73。驗證所有三位數中，a 剛好等於 b 的數字僅有四個，分別為 153、370、371、407。若 a 為四位數，則滿足 a = b 的數字僅有三個，分別為 1634、8208、9474。

4. 數學中的完全數(perfect number)是數字等於比數字小的所有因數之和，例如：6=1+2+3，28=1+2+4+7+14。撰寫程式驗證一萬以下的完全數僅有四個，分別為 6、28、496、8128。

5. 數字中有些數與其對稱數相加後仍是對稱數，若不是則將過程重複，多數情況將會在若干次後內得到對稱數，例如：

```
87 + 78 = 165                  |    95 + 59 = 154
165 + 561 = 726                |    154 + 451 = 605
726 + 627 = 1353               |    605 + 506 = 1111  <--- 對稱數
1353 + 3531 = 4884  <--- 對稱數  |
```

撰寫程式，檢查所有兩位數列印其各要經過多少次加法運算才能得到對稱數，以下為部份答案：

```
10 : 1            64 : 2            93 : 2
11 : 1            65 : 1            94 : 2
12 : 1            66 : 2            95 : 3
13 : 1            67 : 2            96 : 4
14 : 1            68 : 3            97 : 6
15 : 1            69 : 4            98 : 24
...              ...               99 : 6
```

提示：可用字串運算[73]求得數字的逆轉數。

6. 輸入數字，將數字分解為各位數之和後印出。

```
> 98736
98736 = 90000 + 8000 + 700 + 30 + 6

> 30074
30074 = 30000 + 70 + 4
```

7. 輸入數字，印出以下型式的數字和：

```
> 6304
= 1000 + 1000 + 1000 + 1000 + 1000 + 1000
+ 100   + 100   + 100
+ 1     + 1     + 1     + 1

> 3456
= 1000 + 1000 + 1000
+ 100   + 100   + 100   + 100
+ 10    + 10    + 10    + 10    + 10
+ 1     + 1     + 1     + 1     + 1     + 1
```

8. 若要將 10 進位的數字改用其他進位表示，一般可使用連除法。例如：以下的十進位 19 要分別改用 2 進位與 3 進位表示。左邊連除式將 19 連續除以 2 直到商小於 2 為止，每次除法的餘數寫在右邊，將所有的餘數由下往上合併起來就是 19 以 2 進位表示即是 10011_2。右邊連除式子則是 19 以 3 進位表示的運算過程，將餘數由下向上合併起來，19 以 3 進位表示即是 201_3，例如：

$$\begin{array}{r|ll}
2 & 19 & 1 \quad (\times 2^0) \\
2 & 9 & 1 \quad (\times 2^1) \\
2 & 4 & 0 \quad (\times 2^2) \\
2 & 2 & 0 \quad (\times 2^3) \\
& 1 & \quad (\times 2^4)
\end{array}$$

$$19 = 1 \times 2^4 + 1 \times 2 + 1 \ (= 10011_2)$$

$$\begin{array}{r|ll}
3 & 19 & 1 \quad (\times 3^0) \\
3 & 6 & 0 \quad (\times 3^1) \\
& 2 & \quad (\times 3^2)
\end{array}$$

$$19 = 2 \times 3^2 + 1 \ (= 201_3)$$

撰寫程式，將所有兩位數分別以 2 進位、3 進位、$\cdots$、9 進位表示，輸出列表如下：

	2	3	4	5	6	7	8	9
10	1010	101	22	20	14	13	12	11
11	1011	102	23	21	15	14	13	12
12	1100	110	30	22	20	15	14	13
13	1101	111	31	23	21	16	15	14
14	1110	112	32	24	22	20	16	15
15	1111	120	33	30	23	21	17	16
16	10000	121	100	31	24	22	20	17
17	10001	122	101	32	25	23	21	18
...								
95	1011111	10112	1133	340	235	164	137	115
96	1100000	10120	1200	341	240	165	140	116
97	1100001	10121	1201	342	241	166	141	117
98	1100010	10122	1202	343	242	200	142	118
99	1100011	10200	1203	344	243	201	143	120

提示：可將連除法所產生的餘數轉成字串，然後使用字串相加將餘數接在一起。

9. 若要計算兩數的最大公因數與最小公倍數可使用連除法，其基本運算方式是先讓除數由 2 開始，若除數能分別整除兩數，則計算除法算式，此步驟可連續執行直到同個除數不能整除兩數為止。接下來遞增除數，然後重複以上步驟。當除數比兩個被除數都大時，結束整個連除法。最大公因數即是將所有除數的乘積，最小公倍數等於原始兩數的乘積除以最大公因數。例如：

```
        2 |   24  84
          2 |  12  42
            3 |  6  21
                    2   7
```

24 與 84 的最大公因數為 12(= 2 × 2 × 3)，最小公倍數則為 168(= $\frac{24 \times 84}{12}$)。撰寫程式，讀入兩數，依照以上除法步驟計算兩數的最大公因數與最小公倍數。

```
> 36 , 84              > 48 , 112
最大公因數：12          最大公因數：16
最小公倍數：252         最小公倍數：336
```

10. 輸入數字印出以下三角數字分佈圖形，數字由 1 開始來回向下遞增：

```
> 4                          > 5

        1                            1
      3   2                        3   2
    4   5   6                    4   5   6
  10  9   8   7               10  9   8   7
                            11  12  13  14  15
```

11. 輸入數字印出以下呈現上下對稱的數字分佈圖：

```
> 3                          > 4

        1                            1
      3   2                        3   2
    4   5   6                    4   5   6
      3   2                  10  9   8   7
        1                        4   5   6
                                  3   2
                                    1
```

12. 輸入數字印出以下四個不同傾斜的三角形數字分佈圖案：

```
> 4

4 3 2 1 1           4 4 4 4 4
4 3 2   2 2       3 4     3 3 3
4 3       3 3 3   2 3 4     2 2
4           4 4 4 4 1 2 3 4     1


> 5

5 4 3 2 1 1             5 5 5 5 5 5
5 4 3 2   2 2         4 5     4 4 4 4
5 4 3       3 3 3     3 4 5     3 3 3
5 4           4 4 4 4   2 3 4 5     2 2
5               5 5 5 5 5 1 2 3 4 5     1
```

13. 同上題，但印出空心三角形圖案：

```
> 6

6 5 4 3 2 1 1                    6 6 6 6 6 6
6         2   2 2            5 6   5         5
6         3     3   3        4   6     4       4
6   4         4       4    3   6         3   3
6 5           5         5 2   6             2 2
6             6 6 6 6 6 6 1 2 3 4 5 6           1
```

14. 參考直式九九乘法表程式[115]，修改程式，輸入 n(奇數)，印出在對角線上的直式運算式。例如，以下是 n 為 5 的輸出：

```
> 3                           > 5

    1       1                     1                   1
  x 1     x 3                   x 1                 x 5
  ---     ---                   ---                 ---
    1       3                     1                   5

        2                             2       2
      x 2                           x 2     x 4
      ---                           ---     ---
        4                             4       8

  3       3                                     3
x 1     x 3                                   x 3
---     ---                                   ---
  3       9                                     9

                                        4       4
                                      x 2     x 4
                                      ---     ---
                                        8      16

                                5                   5
                              x 1                 x 5
                              ---                 ---
                                5                  25
```

15. 參考由高到矮的山[162]範例，修改程式，讀入數字 n 使其輸出對稱的山水圖案，圖案裡在中間的山為最高。

```
> 5
```

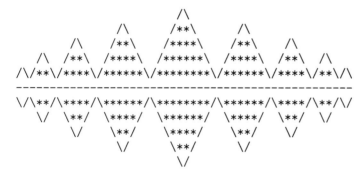

提示：使用等差對稱數列公式[38]。

192

16. 同上題的對稱山水圖案，但讀入數字 n 使山的高度由 n 往右逐漸遞減到高度為 1，然後循環，總共產生 2n+1 座山。

> 5

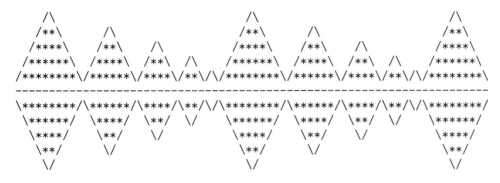

提示：參考「循環數與餘數運算[43]」章節。

17. 牆壁上掛著 n 把大小交錯的掃把[93]，若掃把的把頭高為 h，則掃把桿長為 h+2，撰寫程式讀入 n 與 h 兩數字，印出以下圖案：

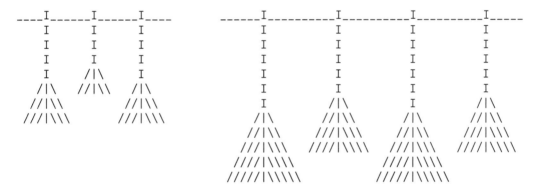

18. 參考傾斜排列杯子[180]範例，修改程式使之能產生兩兩排列的杯子。

> 5

```
1   1 2   2
1   1 2   2   3   3 4   4
1   1 2   2   3   3 4   4   5   5 6   6
1   1 2   2   3   3 4   4   5   5 6   6   7   7 8   8
 111     222     3   3 4   4   5   5 6   6   7   7 8   8   9   9 0   0
                  333     444     5   5 6   6   7   7 8   8   9   9 0   0
                                   555     666     7   7 8   8   9   9 0   0
                                                    777     888     9   9 0   0
                                                                     999     000
```

提示：可在原範例程式新增一內層迴圈用以橫向迭代兩次。

19. 參考傾斜排列杯子[180]範例，修改程式產生以下傾斜且對稱排列的杯子。

```
> 2

        1   1
2   2   1   1   2   2
2   2   1   1   2   2
2   2   1   1   2   2
2   2    111    2   2
 222            222
```

```
> 4

                1   1
            2   2   1   1   2   2
        3   3   2   2   1   1   2   2   3   3
4   4   3   3   2   2   1   1   2   2   3   3   4   4
4   4   3   3   2   2    111    2   2   3   3   4   4
4   4   3   3    222            222    3   3   4   4
4   4    333                        333    4   4
 444                                        444
```

提示：杯子上方的空格列數由左而右為等差對稱數列[37]。

20. 輸入數字 n，印出以下如 W 字型的數字方柱圖案，每個方柱皆為 4×3。

```
> 3                              > 4

111                 111    111                        111
111                 111    111                        111
111 222     222     222 111    111 222                  222 111
111 222     222     222 111    111 222                  222 111
    222 333 222 333 222             222 333     333 222 333     333 222
    222 333 222 333 222             222 333     333 222 333     333 222
        333     333                     333 444 333     333 444 333
        333     333                     333 444 333     333 444 333
                                            444             444
                                            444             444
```

21. 撰寫程式，讀入數字 n 產生以下 2n-1 個高低排列的鑽石圖案，高低鑽石高度差為 2，大鑽石有直線，小鑽石則無。

```
> 3                              > 4
```

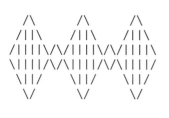
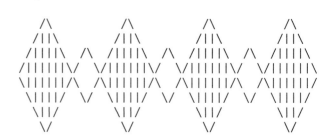

22. 參考上題說明，改寫程式輸出如「山」形排列的鑽石圖案，以下圖案的輸入值 n = 4。

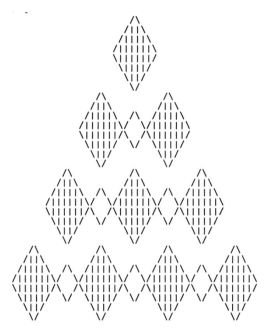

23. 撰寫程式，輸入高度 n，產生以下數字遞增格網：

```
> 8

X        X        X        X        X        X        X        X
1\      /2\      /3\      /4\      /5\      /6\      /7\      /8
11\    /222\    /333\    /444\    /555\    /666\    /777\    /88
111\  /22222\  /33333\  /44444\  /55555\  /66666\  /77777\  /888
111\/22222\/33333\/44444\/55555\/66666\/77777\/888
111/\22222/\33333/\44444/\55555/\66666/\77777/\888
11/    \222/    \333/    \444/    \555/    \666/    \777/    \88
1/      \2/      \3/      \4/      \5/      \6/      \7/      \8
X        X        X        X        X        X        X        X

> 9

X        X        X        X        X        X        X        X        X
1\      /2\      /3\      /4\      /5\      /6\      /7\      /8\      /9
11\    /222\    /333\    /444\    /555\    /666\    /777\    /888\    /99
111\  /22222\  /33333\  /44444\  /55555\  /66666\  /77777\  /88888\  /999
1111X2222222X3333333X4444444X5555555X6666666X7777777X8888888X9999
111/  \22222/  \33333/  \44444/  \55555/  \66666/  \77777/  \88888/  \999
11/    \222/    \333/    \444/    \555/    \666/    \777/    \888/    \99
1/      \2/      \3/      \4/      \5/      \6/      \7/      \8/      \9
X        X        X        X        X        X        X        X        X
```

24. 撰寫程式，輸入柵欄高 n(奇數)，產生五眼方塊格網，每個方塊寬為 2。

> 7

```
XX              XX              XX              XX              XX              XX              XX
XX              XX              XX              XX              XX              XX              XX
   XX           XX XX           XX XX           XX XX           XX XX           XX XX           XX
   XX           XX XX           XX XX           XX XX           XX XX           XX XX           XX
      XX XX        XX XX           XX XX           XX XX           XX XX           XX XX
      XX XX        XX XX           XX XX           XX XX           XX XX           XX XX
         XX           XX              XX              XX              XX              XX
         XX           XX              XX              XX              XX              XX
      XX XX        XX XX           XX XX           XX XX           XX XX           XX XX
      XX XX        XX XX           XX XX           XX XX           XX XX           XX XX
   XX           XX XX           XX XX           XX XX           XX XX           XX XX           XX
   XX           XX XX           XX XX           XX XX           XX XX           XX XX           XX
XX              XX              XX              XX              XX              XX              XX
XX              XX              XX              XX              XX              XX              XX
```

25. 數字 8 的點陣圖為 5×4，輸入放大倍數 n，印出以下對應的點陣圖：

```
> 1              > 2                   > 3

8888             88888888              888888888888
8  8             88888888              888888888888
8888                88    88           888888888888
8  8                88    88           888       888
8888             88888888              888       888
                 88888888              888       888
                    88    88           888888888888
                    88    88           888888888888
                 88888888              888888888888
                 88888888              888       888
                                       888       888
                                       888       888
                                       888888888888
                                       888888888888
                                       888888888888
```

26. 設定「中大」兩字點陣條件，輸入放大倍數 n，印出以下對應的點陣圖：

> 1   > 2

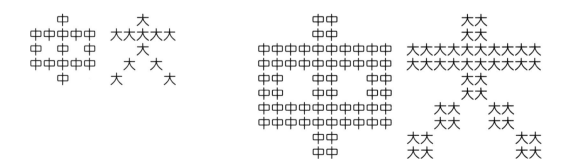

提示：參考範例「中」字點陣圖[175]，利用方程式分別設定兩中文字。

27. 輸入數字 5 水平點數，利用方程式建構點陣印出 5 中有 5 的圖案。

```
> 4                              > 5

5555 5555 5555 5555             55555 55555 55555 55555 55555
5    5    5    5                5     5     5     5     5
5555 5555 5555 5555             55555 55555 55555 55555 55555
   5    5    5    5                5     5     5     5     5
5555 5555 5555 5555             55555 55555 55555 55555 55555
5555                            55555
5                              5
5555                            55555
   5                               5
5555                            55555
5555 5555 5555 5555             55555 55555 55555 55555 55555
5    5    5    5                5     5     5     5     5
5555 5555 5555 5555             55555 55555 55555 55555 55555
   5    5    5    5                5     5     5     5     5
5555 5555 5555 5555             55555 55555 55555 55555 55555
        5555                                         55555
        5                                           5
        5555                                         55555
           5                                            5
        5555                                         55555
5555 5555 5555 5555             55555 55555 55555 55555 55555
5    5    5    5                5     5     5     5     5
5555 5555 5555 5555             55555 55555 55555 55555 55555
   5    5    5    5                5     5     5     5     5
5555 5555 5555 5555             55555 55555 55555 55555 55555
```

提示：使用四層迴圈，外兩層為縱向迴圈，內兩層為橫向迴圈。一、三層的迴圈變數代表大點陣 5 的縱向與橫向座標，二、四層的迴圈變數代表小點陣 5 的縱向與橫向座標。

28. 撰寫程式，輸入高度 n(奇數)，印出以下 X 字型方塊圖案，方塊寬為 2。

```
> 5                    > 7

xx      xx            xx          xx
xxx    xxx            xxx        xxx
 xxx  xxx              xxx      xxx
  xxxxxx                xxx    xxx
   xxxx                  xxx  xxx
   xxxx                   xxxxxx
  xxxxxx                   xxxx
 xxx  xxx                  xxxx
xxx    xxx                xxxxxx
xx      xx              xxx  xxx
                       xxx    xxx
                      xxx      xxx
                     xxx        xxx
                     xx          xx
```

29. 撰寫程式，輸入數字印出以下 M 字母方塊圖案，方塊寬度為 2。

```
> 5                              > 6

MM           MM                  MM               MM
MM           MM                  MM               MM
MMMM       MMMM                  MMMM           MMMM
MMMM       MMMM                  MMMM           MMMM
MM MM MM MM                      MM MM     MM MM
MM MM MM MM                      MM MM     MM MM
MM    MM MM                      MM    MM MM MM
MM    MM MM                      MM    MM MM MM
MM         MM                    MM       MM    MM
MM         MM                    MM       MM    MM
                                 MM               MM
                                 MM               MM
```

30. 撰寫程式，輸入高度 n，產生平滑 M 字型方塊圖案，每個方塊寬為 2。

```
> 6                              > 7

MM             MM                MM                 MM
MMM           MMM                MMM               MMM
MMMM         MMMM                MMMM             MMMM
MMMMM       MMMMM                MMMMM           MMMMM
MM MMM     MMM MM                MM MMM         MMM MM
MM  MMM   MMM  MM                MM  MMM       MMM  MM
MM   MMM MMM   MM                MM   MMM     MMM   MM
MM    MMMMM    MM                MM    MMM   MMM    MM
MM     MMMM    MM                MM     MMM MMM     MM
MM      MM     MM                MM      MMMMM      MM
MM             MM                MM       MMMM      MM
MM             MM                MM        MM       MM
                                 MM               MM
                                 MM               MM
```

31. 參考大 X 與兩個小 x 範例[183]，輸入小 x 高度(奇數)，印出以下圖案：

```
> 7
```

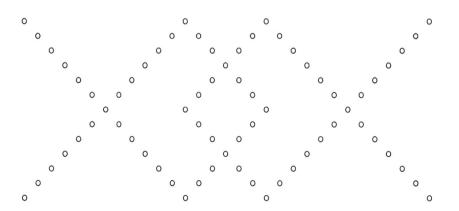

32. 參考三眼柵欄[158]範例，修改雙重 X 圖案[160]程式，產生以下四眼網格圖案：

> 5

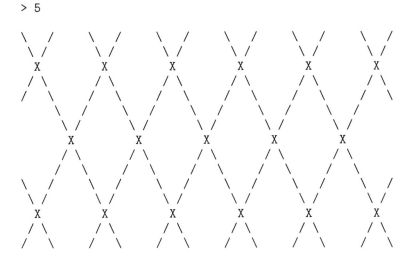

33. 撰寫程式計算在 [2,25] 之間的所有兩數組合的最大公因數，將兩數互質或呈倍數關係的組合去除後印出。

```
gcd(4,6) = 2          ...                  gcd(18,20) = 2
gcd(4,10) = 2         gcd(15,18) = 3       gcd(18,21) = 3
gcd(4,14) = 2         gcd(15,20) = 5       gcd(18,22) = 2
gcd(4,18) = 2         gcd(15,21) = 3       gcd(18,24) = 6
gcd(4,22) = 2         gcd(15,24) = 3       gcd(20,22) = 2
gcd(6,8) = 2          gcd(15,25) = 5       gcd(20,24) = 4
gcd(6,9) = 3          gcd(16,18) = 2       gcd(20,25) = 5
gcd(6,10) = 2         gcd(16,20) = 4       gcd(21,24) = 3
gcd(6,14) = 2         gcd(16,22) = 2       gcd(22,24) = 2
gcd(6,15) = 3         gcd(16,24) = 8
```

34. 參考質因數乘積[186]範例，改寫程式，使得質因數的乘積是由大質數乘到小質數，以下為兩位數的質因數乘積輸出：

```
10 = 5 x 2            89 = 89
11 = 11              90 = 5 x 3 x 3 x 2
12 = 3 x 2 x 2       91 = 13 x 7
13 = 13              92 = 23 x 2 x 2
14 = 7 x 2           93 = 31 x 3
15 = 5 x 3           94 = 47 x 2
16 = 2 x 2 x 2 x 2   95 = 19 x 5
17 = 17             96 = 3 x 2 x 2 x 2 x 2 x 2
18 = 3 x 3 x 2       97 = 97
19 = 19             98 = 7 x 7 x 2
...                 99 = 11 x 3 x 3
```

提示：可將輸出的質因數算式先存到字串，最後列印字串即可。

35. 「＾」字元常被用來代表指數符號，數學上 a^b 指數運算在以鍵盤輸入常寫成 a^b。參考質因數乘積[186] 範例，改寫程式，使得相同因數的乘積改用 ＾ 指數符號表示，例如： 40 = 2x2x2x5，改為 40 = 2^3 x 5。請留意為較清楚辨別指數與乘數兩者的差異，乘號的前後請以空格分開，程式輸出：

```
10 = 2 x 5          19 = 19              93 = 3 x 31
11 = 11             20 = 2^2 x 5         94 = 2 x 47
12 = 2^2 x 3        21 = 3 x 7           95 = 5 x 19
13 = 13             ...                  96 = 2^5 x 3
14 = 2 x 7          88 = 2^3 x 11        97 = 97
15 = 3 x 5          89 = 89              98 = 2 x 7^2
16 = 2^4            90 = 2 x 3^2 x 5     99 = 3^2 x 11
17 = 17             91 = 7 x 13
18 = 2 x 3^2        92 = 2^2 x 23
```

提示：在最內層迴圈僅計算相同質因數的個數，離開迴圈後才列印質因數與其指數個數。

36. 使用接合等差對稱數公式[46]，撰寫程式，讀入高度印出 W 字型圖案，以下各圖案高度皆為 6。

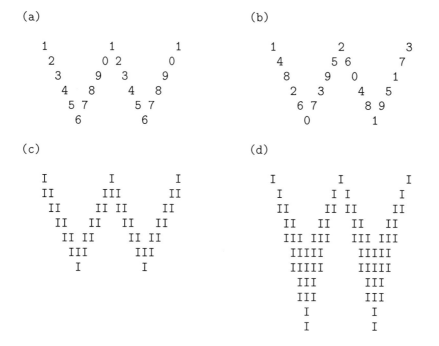

37. 參考斜式直式五言詩[165] 範例或高低起伏的數字柵欄[168] 範例，修改程式，讀入數字 n 使其可產生以下 n 個高低起伏的詩句排列：

> 3

危樓高百尺　手可摘星辰　不敢高聲語　恐驚天上人
危樓高百尺　手可摘星辰　不敢高聲語　恐驚天上人
危樓高百尺　手可摘星辰　不敢高聲語　恐驚天上人
危樓高百尺　手可摘星辰　不敢高聲語　恐驚天上人

> 4

危樓高百尺　手可摘星辰　不敢高聲語　恐驚天上人
危樓高百尺　手可摘星辰　不敢高聲語　恐驚天上人
危樓高百尺　手可摘星辰　不敢高聲語　恐驚天上人
危樓高百尺　手可摘星辰　不敢高聲語　恐驚天上人

提示：若使用斜式直式五言詩範例，可參考三眼柵欄[158]的橫向重複方式。

38. 設定《詩經‧國風‧周南‧關雎》篇為以下長字串[17]：

```
p = ( "關關雎鳩在河之洲窈窕淑女君子好逑"
      "參差荇菜左右流之窈窕淑女寤寐求之"
      "求之不得寤寐思服悠哉悠哉輾轉反側"
      "參差荇菜左右采之窈窕淑女琴瑟友之"
      "參差荇菜左右芼之窈窕淑女鐘鼓樂之" )
```

參考棋盤排列七言詩[170]，改寫程式輸出以下型式的詩句排列：

關關雎鳩在河之洲　窈窕淑女君子好逑
參差荇菜左右流之　窈窕淑女寤寐求之
求之不得寤寐思服　悠哉悠哉輾轉反側
參差荇菜左右采之　窈窕淑女琴瑟友之
參差荇菜左右芼之　窈窕淑女鐘鼓樂之

39. 設定李白六言詩春夏秋冬四景為以下字串，字串包含標點符號：

```
p = ( "門對鶴溪流水，雲連雁宕仙家。誰解幽人幽意，慣看山鳥山花。"
      "竹簟高人睡覺，水亭野客狂登。簾外薰風燕語，庭前綠樹蟬鳴。"
      "昨夜西風忽轉，驚看雁度平林。詩興正當幽寂，推敲韻落寒幀。"
      "凍筆新詩懶寫，寒爐美酒時溫。醉看墨花月白，恍疑雪落前村。" )
```

撰寫程式，輸出不含標點符號的春夏秋冬四景詩句排列如下：

```
凍筆新詩懶寫    昨夜西風忽轉    竹簟高人睡覺    門對鶴溪流水
寒爐美酒時溫    驚看雁度平林    水亭野客狂登    雲連雁宕仙家
醉看墨花月白    詩興正當幽寂    簾外薰風燕語    誰解幽人幽意
恍疑雪落前村    推敲韻落寒幀    庭前綠樹蟬鳴    慣看山鳥山花
```

提示：可先用程式取出未含標點符號的詩句字串。

40. 設定崔顥的《黃鶴樓》七言律詩為字串：

```
poem = ( "昔人已乘黃鶴去，此地空餘黃鶴樓。"
         "黃鶴一去不復返，白雲千載空悠悠。"
         "晴川歷歷漢陽樹，芳草萋萋鸚鵡洲。"
         "日暮鄉關何處是，煙波江上使人愁。" )
```

撰寫程式輸出以下詩句排列方式：

```
何日　漢晴　不黃　黃昔
處暮　陽川　復鶴　鶴人
是鄉　樹歷　返一　去已
關　　　歷　　去　　乘

使煙　鸚芳　空白　黃此
人波　鵡草　悠雲　鶴地
愁江　洲萋　悠千　樓空
上　　　萋　　載　　餘
```

提示：使用四層迴圈[122]，字串下標以四個迴圈的迭代變數表示。

41. 將唐朝王翰的《涼州詞》一詩存入字串：

```
poem = ( "葡萄美酒夜光杯，欲飲琵琶馬上催。"
         "醉臥沙場君莫笑，古來征戰幾人回。" )
```

撰寫程式輸出以下詩句排列成酒杯形式：

```
古醉　　　　　　欲葡
來臥　　　　　　飲萄
　征沙　　　　琵美
　戰場　　琵酒
　　幾君馬夜
　　人莫上光
　　回笑催杯
```

42. 將唐朝崔護的《題都城南莊》七言絕句存入字串：

poem = ("去年今日此門中，人面桃花相映紅。"
         "人面不知何處去，桃花依舊笑春風。")

撰寫程式輸出以下詩句排列成門形：

```
    桃人人去
    花面  面年
    依不    桃今
    舊知      花日
    笑何      相此
    春處      映門
    風去      紅中
```

提示：每句的前三個字與後四個字要分開處理。

43. 設定李商隱的《登樂遊原》五言絕句為字串：

poem = "向晚意不適，驅車登古原。夕陽無限好，只是近黃昏。"

輸入縱向方塊列數，印出以下排列圖案：

```
> 3

黃黃黃　只只只　無無無　原原原　車車車　不不不　向向向
黃　黃　只　只　無　無　原　原　車　車　不　不　向　向
黃黃黃　只只只　無無無　原原原　車車車　不不不　向向向

昏昏昏　是是是　限限限　夕夕夕　登登登　適適適　晚晚晚
昏　昏　是　是　限　限　夕　夕　登　登　適　適　晚　晚
昏昏昏　是是是　限限限　夕夕夕　登登登　適適適　晚晚晚

　近近近　好好好　陽陽陽　古古古　驅驅驅　意意意
　近　近　好　好　陽　陽　古　古　驅　驅　意　意
　近近近　好好好　陽陽陽　古古古　驅驅驅　意意意
```

44. 設定三字經的前 32 句為字串：

poem = ("人之初，性本善。性相近，習相遠。苟不教，性乃遷。"
         "教之道，貴以專。昔孟母，擇鄰處。子不學，斷機杼。"
         "竇燕山，有義方。教五子，名俱揚。養不教，父之過。"
         "教不嚴，師之惰。子不學，非所宜。幼不學，老何為。"
         "玉不琢，不成器。人不學，不知義。為人子，方少時。"
         "親師友，習禮儀。")

輸入數字 n，將三字經以直排由右向左列印 n 排，每排三個字，然後往下再由右向左列印，直到字串結束，輸出如下：

> 12

```
--------------------------------
斷 子 擇 昔 貴 教 性 苟 習 性 性 人
機 不 鄰 孟 以 之 乃 不 相 相 本 之
杼 學 處 母 專 道 遷 教 遠 近 善 初

老 幼 非 子 師 教 父 養 名 教 有 寶
何 不 所 不 之 不 之 不 俱 五 義 燕
為 學 宜 學 惰 嚴 過 教 揚 子 方 山

** ** ** ** 習 親 方 為 不 人 不 玉
** ** ** ** 禮 師 少 知 不 成 不
** ** ** ** 儀 友 時 子 義 學 器 琢
--------------------------------
```

> 16

```
----------------------------------------
名 教 有 寶 斷 子 擇 昔 貴 教 性 苟 習 性 性 人
俱 五 義 燕 機 不 鄰 孟 以 之 乃 不 相 相 本 之
揚 子 方 山 杼 學 處 母 專 道 遷 教 遠 近 善 初

習 親 方 為 不 人 不 玉 老 幼 非 子 師 教 父 養
禮 師 少 人 知 不 成 不 何 不 所 不 之 不 之 不
儀 友 時 子 義 學 器 琢 為 學 宜 學 惰 嚴 過 教
----------------------------------------
```

45. 使用上一題的三字經字串，撰寫程式，將三字經的文字列印成以下由右向左的直向排列三角區塊，各三角區塊的文字呈現斜向排列：

```
不不玉    父不養    擇孟昔    性之人
 成琢      之教      鄰母      本初
  器        過        處        善

不不人    師不教    斷不子    習相性
 知學      之嚴      機學      相近
  義        惰        杼        遠

方人為    非不子    有燕寶    性不苟
 少子      所學      義山      乃教
  時        宜        方        遷

習師親    老不幼    名五教    貴之教
 禮友      何學      俱子      以道
  儀        為        揚        專
```

提示：參考斜向排列數字[119]範例的數學公式。

46. 參考上題，修改程式使得三角區塊也是斜向排列，輸入 w 控制第一排橫向三角區塊的數量。

```
> 4                                    > 5

有燕竇  貴之教  習相性  性之人      非不子  有燕竇  貴之教  習相性  性之人
 義山    以道    相近    本初        所學    義山    以道    相近    本初
  方      專      遠      善          宜      方      專      遠      善

        名五教  擇孟昔  性不苟      老不幼  名五教  擇孟昔  性不苟
         俱子    鄰母    乃教        何學    俱子    鄰母    乃教
          揚      處      遷          為      揚      處      遷

                父不養  斷不子      不不玉  父不養  斷不子
                 之教    機學        成琢    之教    機學
                  過      杼          器      過      杼

                        師不教      不不人  師不教
                         之嚴        知學    之嚴
                          惰          義      惰

                                            方人為
                                             少子
                                              時
```

提示：可用四層迴圈迭代，同時重複應用斜向排列數字[119]的數學公式用以計算字串下標。

47. 設定《詩經・鄭風・子衿》為以下字串：

```
poem = (  "青青子衿，悠悠我心。縱我不往，子寧不嗣音？"
          "青青子佩，悠悠我思。縱我不往，子寧不來？"
          "挑兮達兮，在城闕兮。一日不見，如三月兮。" )
```

撰寫程式輸出以下排列詩句：

```
達挑    子青    子青
兮兮    佩青    衿青

闕在    我悠    我悠
兮城    思悠    心悠

不一    不縱    不縱
見日    往我    往我

月如    不子    嗣子
兮三    來寧    音寧
                不
```

提示：可使用四層迴圈，但對最右列最下方的字要特殊處理。

48. 將古詩十九首之十《迢迢牽牛星》設定為以下字串：

```
poem = ( "迢迢牽牛星，皎皎河漢女。纖纖擢素手，札札弄機杼。"
         "終日不成章，泣涕零如雨。河漢清且淺，相去復幾許。"
         "盈盈一水間，脈脈不得語。" )
```

撰寫程式讀入直行詩句數 n，將詩句排列成直行型式，每行有 n 個詩句，
且直行詩句間有縱線相隔。

> 1

```
| 不脈 | 一盈 | 復相 | 清河 | 零泣 | 不終 | 弄札 | 擢纖 | 河皎 | 牽迢 |
| 得脈 | 水盈 | 幾去 | 且漢 | 如涕 | 成日 | 機札 | 素纖 | 漢皎 | 牛迢 |
| 語  | 間  | 許  | 淺  | 雨  | 章  | 杼  | 手  | 女  | 星  |
```

> 2

```
| 一盈 | 清河 | 不終 | 擢纖 | 牽迢 |
| 水盈 | 且漢 | 成日 | 素纖 | 牛迢 |
| 間  | 淺  | 章  | 手  | 星  |
|    |    |    |    |    |
| 不脈 | 復相 | 零泣 | 弄札 | 河皎 |
| 得脈 | 幾去 | 如涕 | 機札 | 漢皎 |
| 語  | 許  | 雨  | 杼  | 女  |
```

> 3

```
| 不脈 | 清河 | 弄札 | 牽迢 |
| 得脈 | 且漢 | 機札 | 牛迢 |
| 語  | 淺  | 杼  | 星  |
|    |    |    |    |
|    | 復相 | 不終 | 河皎 |
|    | 幾去 | 成日 | 漢皎 |
|    | 許  | 章  | 女  |
|    |    |    |    |
|    | 一盈 | 零泣 | 擢纖 |
|    | 水盈 | 如涕 | 素纖 |
|    | 間  | 雨  | 手  |
```

第六章：串列

前言

串列資料型別(list)可用來儲存許多同屬性的數據資料，這些資料可以都是同一種型別，也可以是不同型別。串列可設定成一維串列、二維串列或更多維度。串列個別元素可透過整數下標來存取，一維串列需用一個下標，二維串列則需兩個下標。在程式設計上，串列經常與迴圈配合使用，迴圈的迭代變數經常被當成串列下標用來取得串列內個別元素，多層迴圈的層數通常等於多維串列的維度。當程式問題使用到串列型別時，串列的很多運算都會在迴圈內進行。

在基礎程式設計中若能善用邏輯條件式、迴圈與串列等三種基本程式語法，大概就能解決許多程式問題，這可由本章的眾多範例程式得到印證。由於串列的用途很廣，與前幾章相較，程式語法也較為複雜，較難以掌握。雖然如此，學好程式設計的重點本不在程式語法，而是學習如何解題的程式思維。其他稍加複雜的串列語法，就等時間發酵留待未來再加以學習即可。

6.1 串列

串列是由排成列的元素所組成，資料可以跨列，以中括號框住所有元素：

```
>>> a = [ 8 , 2 , 3 , -2 ]        # 四個元素
>>> b = [ 2.8 , 9 , "虎" ]        # 元素可為不同型別
>>> c = [ [2,9] , "cat" ]         # 元素也可為串列
>>> d = []                        # 空串列
>>> e , f = [ 2 ] , [ 5 , 8 ]     # e = [2] , f = [5,8]
```

串列長度為元素個數，以 len() 取得：

```
>>> a = len( [ 3 , 7 ] )          # a = 2
>>> b = [ 4 , 1 , 9 ]
>>> c = len(b)                    # c = 3

>>> d = [ [9,4] , 8 , [6] ]       # 串列長度為串列的第一層元素個數
```

```
>>> len(d)                        # 輸出 3
3

>>> e = []                        # 空串列長度為 0
>>> len(e)                        # 輸出 0
0

>>> bool(e)                       # 空串列在邏輯運算上等同假
False
>>> bool([2])                     # 長度不為 0 的串列在邏輯運算上等同真
True
```

以上末兩式中，空串列在邏輯運算[149]上等同假，其他有元素的串列皆為真。

6.2 串列下標

串列可透過整數下標取得元素，依取用方向分為正向下標與逆向下標，正向下標從首位元素由 0 起往末尾元素遞增，逆向下標則從末尾元素由 -1 起朝首位元素遞減，例如：

```
a = [ 3 , "山" , "water" , [9,2] , 8.7 , 49 ]
```

a	3	"山"	"water"	[9,2]	8.7	49
正向下標	0	1	2	3	4	5
正向元素	a[0]	a[1]	a[2]	a[3]	a[4]	a[5]
逆向下標	-6	-5	-4	-3	-2	-1
逆向元素	a[-6]	a[-5]	a[-4]	a[-3]	a[-2]	a[-1]

由上表可知，若 k 為下標，則：

- $k \geq 0$ $\implies$ a[k] 為 a 串列的第 k+1 個元素
- $k < 0$ $\implies$ a[k] 為 a 串列的倒數第 |k| 個元素

例如：

▶ a[0] ： a 串列的首位元素

▶ a[-1]： a 串列的末尾元素

▶ a[2] ： a 串列的第 3 個元素(下標為 2)

▶ a[-2]： a 串列的倒數第 2 個元素

6.3 多維串列

若某些串列元素也是串列時，串列就不是單純的一維串列。所謂二維串列是指串列的最外層元素都是一維串列，資料儲存在每個一維串列內，二維串列的長度即是一維串列的個數。二維串列可使用下標取得其內儲存的資料，使用一個下標可取得一維串列，兩個下標可取得單一元素，例如：

```
>>> a = [ [1,7,6] , [8,2] , [5,4,3,9] ]    # 二維串列的第一層串列元素可不等長

>>> a[0]                # 輸出 [1, 7, 6] 串列
>>> a[-1]               # 輸出 [5, 4, 3, 9] 串列

>>> a[0][-1]            # 輸出 6
>>> a[1][1]             # 輸出 2
>>> a[-1][0]            # 輸出 5
>>> a[-1][-1]           # 輸出 9   二維串列的最末尾元素

>>> len(a)             # 輸出 3   二維串列的首層串列數量
>>> len(a[1])          # 輸出 2 (a[1] 串列長度)
>>> len(a[-1])         # 輸出 4 (a[-1] 串列長度)
```

同樣的，三維串列是由若干個二維串列組成，使用一個下標可取得其內的二維串列，兩個下標可取得一維串列，三個下標可取得個別元素，使用上與二維串列類似，但由於有三層括號，很容易輸入錯誤，在設定上要格外小心：

```
>>> # a 為 2×2×3 三維串列
>>> a = [ [ [9,8,9] , [7,6,5] ] , [ [4,3,1] , [2,1,0] ] ]

>>> a[0]               # 輸出 [[9, 8, 9], [7, 6, 5]] 二維串列
>>> a[-1][0]           # 輸出 [4, 3, 1] 一維串列

>>> a[0][1][-1]        # 輸出 5
>>> a[-1][0][0]        # 輸出 4
>>> a[0][-1][0]        # 輸出 7

>>> len(a)             # 輸出 2
>>> len(a[0])          # 輸出 2  等同 len( [[9, 8, 9], [7, 6, 5]] )
>>> len(a[-1][0])      # 輸出 3  等同 len( [4, 3, 1] )

>>> # b 為三維串列
>>> b = [ [ [1] , [2,3] ] , [ [4,5] , [6,7,8] ] ]

>>> b[-1]              # 輸出 [[4, 5], [6, 7, 8]]   二維串列
>>> b[0][-1]           # 輸出 [2, 3] 一維串列
>>> b[0][-1][0]        # 輸出 2

>>> len(b[0])          # 輸出 2  等同 len( [[1], [2, 3]] )
>>> len(b[-1][-1])     # 輸出 3  等同 len( [6, 7, 8] )
```

6.4 下標範圍

如同字串一樣，串列可使用下標範圍[72]取得多筆元素，下標範圍是由冒號與數字交錯組成，冒號個數在 [1,2] 之間，數字個數在 [0,3] 之間，相關語法與取得的元素如下表，在表格中 a 為串列，i、j、k 皆為整數，k > 0。

語法	意義	代表的元素
a[:]	全部元素	a[0], a[1], a[2], ...
a[i:]	下標 i 之後元素	a[i], a[i+1], a[i+2], ...
a[:j]	下標 j 之前元素	a[0], a[1], ... , a[j-1]
a[i:j]	下標 ∈ [i,j)	a[i], a[i+1], ... , a[j-1]，共 j-i 個元素
a[i:j:k]	下標由 i 起每次增 k 末尾元素下標小於 j	a[i], a[i+k], a[i+2k], ... 末尾元素下標 < j
a[i:j:-k]	下標由 i 起每次減 k 末尾元素下標大於 j	a[i], a[i-k], a[i-2k], ... 末尾元素下標 > j
a[::-1]	逆轉串列	a[-1], a[-2], a[-3], ... , a[0]

⊛ 當 n > 0 時，　a[:n] 代表 a 串列的前 n 個元素。
　　　　　　　　a[-n:] 代表 a 串列的末 n 個元素。

操作範例如下：

a 串列	[9,3,4,7,8]	意義
a[:]	[9,3,4,7,8]	全部元素
a[2:]	[4,7,8]	第三個元素之後
a[:-2]	[9,3,4]	倒數第二個元素之前元素
a[:3]	[9,3,4]	前三個元素
a[-2:]	[7,8]	末兩個元素
a[1:-1]	[3,4,7]	去除頭尾的中間元素
a[1:-1:2]	[3,7]	去除頭尾的中間元素，元素下標差 2
a[::-1]	[8,7,4,3,9]	元素逆向
a[::-2]	[8,4,9]	元素逆向，元素下標差 2
a[::len(a)-1]	[9,8]	頭尾兩元素
a[::1-len(a)]	[8,9]	尾頭兩元素
a[2::-1]	[4,3,9]	逆向取前三個元素
a[:3][::-1]	[4,3,9]	同上，先取前三個元素，再逆向
a[-3:][::-1]	[8,7,4]	取後三個元素，再逆向
a[1:-1][::-1]	[7,4,3]	去除頭尾元素後，再逆向
a[::2][::-1]	[8,4,9]	跳號取元素，再逆向

上表的末四列是以複合操作方式選取串列元素。

6.5 串列基本操作

串列的使用很廣，在程式設計中經常需對串列執行一些動作，例如：增減元素、插入元素/串列、複製/合成串列等。雖然各式的操作很多，但因 Python 在語法設計上滿符合使用直覺，且語法簡單，並不會造成使用上的問題，以下為常用的基本串列操作：

- 更改單一元素：

  a = [9, 3, 4, 5, 7]

a[2] = 8	$\Longrightarrow$	[9, 3, 8, 5, 7]
a[1] = [6]	$\Longrightarrow$	[9, [6], 8, 5, 7]
a[-1] = "one"	$\Longrightarrow$	[9, [6], 8, 5, "one"]
a[-2] = [2,7]	$\Longrightarrow$	[9, [6], 8, [2,7], "one"]

- 更改多筆元素：

  a = [9, 3, 4, 5, 7]

a[:2] = [8]	$\Longrightarrow$	[8, 4, 5, 7]	前兩個元素改為 8
a[-2:] = [6,2,1]	$\Longrightarrow$	[8, 4, 6, 2, 1]	變更末尾兩元素為 6,2,1
a[1:-1] = [7,3]	$\Longrightarrow$	[8, 7, 3, 1]	變更非頭尾的中間元素
a[-2:] = []	$\Longrightarrow$	[8, 7]	去除末兩個元素
a[:] = [3,4,5]	$\Longrightarrow$	[3, 4, 5]	變更整個串列為 [3,4,5]
a[:] = []	$\Longrightarrow$	[]	變更串列為空串列，等同清空串列

需留意以上操作僅能更改**正向相鄰**的元素，以下為常見錯誤：

```
>>> a = [1, 2, 3, 4, 5]
>>> a[::2] = [6,7]          # 錯誤，元素不緊鄰
>>> a[::-1] = [6,7]         # 錯誤，元素逆向
>>> a[1:3] = 10             # 錯誤，缺中括號
```

- 末尾增加元素或串列：

  以下三種方式可達到類似效果：

  ① 使用加法指定運算子(+=)或加法運算子

```
>>> a , b = [5, 6] , [8, 9]
>>> a += [7]               # a = [5,6,7]  使用加法指定運算子
>>> a = a + b              # a = [5,6,7,8,9]  使用加法運算子
>>> a += 10                # 錯誤，不能直接加入數字
```

  ⊛ 加法指定運算子也可加入 range 或字串資料：

```
>>> a = []
>>> a += range(1,4)          # a = [1,2,3]  range 數據加入串列
>>> a += "cat"               # a = [1,2,3,'c','a','t'] 字串會分解為字元
```

⊛ 需留意加法指定運算子右側有無使用中括號的差別：

```
>>> a , b , c = [] , [] , [1, 2, 3]
>>> a += c                   # a = [1,2,3]
>>> a += [ c ]               # a = [1,2,3,[1,2,3]]

>>> b += "dog"               # b = ['d','o','g']
>>> b += [ "dog" ]           # b = ['d','o','g','dog']
```

② 使用下標範圍

```
>>> a = [5, 6]
>>> a[2:] = [7]              # a = [5,6,7]  2 為過號下標
>>> a[len(a):] = [8,9]       # a = [5,6,7,8,9]
```

③ 使用 append

```
>>> a = [5, 6]
>>> a.append(7)             # a = [5,6,7]  末尾加元素
>>> a.append([8,9])        # a = [5,6,7,[8,9]]  末尾加串列
>>> a.append(1,2)          # 錯誤，不可一次加入多個元素
```

⊛ append 僅能加入單一元素或串列於末尾

- 前端增加元素或串列：

以下兩種方式可達到類似效果：

① 使用加法運算子

```
>>> a = [4, 5]
>>> a = [3] + a             # a = [3,4,5]
>>> a = [1,2] + a           # a = [1,2,3,4,5]
```

② 使用下標範圍

```
>>> a = [4, 5]
>>> a[:0] = [3]             # a = [3,4,5]  在下標 0 之前加 [3] 串列
>>> a[:0] = [1,2]           # a = [1,2,3,4,5]  如上
```

- 插入元素/串列於某下標位置前：

以下兩種方式可達到類似效果：

① 使用下標範圍

```
>>> a = [3, 5, 9]
>>> a[1:0] = [4]           # a = [3,4,5,9]  在下標 1 之前插入
>>> a[3:0] = [6,7]         # a = [3,4,5,6,7,9]  在下標 3 之前插入
>>> a[-1:0] = [8]          # a = [3,4,5,6,7,8,9]  在末尾元素前插入 8
```

② 使用 insert

```
>>> a = [6]
>>> a.insert(0,4)            # a = [4,6]    在首位下標之前插入 4
>>> a.insert(1,5)            # a = [4,5,6]    在下標 1 之前插入 5
>>> a.insert(3,9)            # a = [4,5,6,9]    在過號下標 3 之前插入 9
>>> a.insert(-1,[7,8])       # a = [4,5,6,[7,8],9]    在末尾元素前插入 [7,8]
>>> a.insert(0,3,4)          # 錯誤，每次僅能插入一個元素或串列
>>> a.insert(0,[1,2,3])      # a = [[1,2,3],4,5,6,[7,8],9]
```

　　⊛ insert 僅能插入單一元素或串列

● 取出並移除末端元素：

```
>>> a = [2, [3,4], 5]
>>> a.pop()                  # a = [2,[3,4]]
5
>>> b = a.pop()              # a = [2]    b = [3,4]
>>> b
[3, 4]
>>> a.pop()                  # a = []
2
>>> a.pop()                  # 錯誤，無法由空串列移除資料
```

● 刪除元素：

共有四種方式可刪除元素：

① 使用下標範圍

```
>>> a = [1,2,3,4,5,6,7]
>>> a[-1:] = []              # a = [1,2,3,4,5,6]    去除末尾元素
>>> a[:2] = []               # a = [3,4,5,6]    去除前兩筆元素
>>> a[1:-1] = []             # a = [3,6]    去除非頭尾的中間所有元素
>>> a[:] = []                # a = []    清空串列
```

　　⊛ 使用 a[-1] = [] 不是去除末尾元素，而是將末尾元素改為 []

② 使用 del

```
>>> a = [1,2,3,4,5,6,7]
>>> del a[-1]                # a = [1,2,3,4,5,6]    去除末尾元素
>>> del a[:2]                # a = [3,4,5,6]    去除前兩筆元素
>>> del a[1:-1]              # a = [3,6]    去除非頭尾的中間所有元素
>>> del a[:]                 # a = []    清空串列
>>> del a                    # 移除 a 串列，a 串列就不存在了 !!!
```

　　⊛ 需留意 del a 是移除整個 a 串列，移除後 a 串列即消失了

③ 使用 pop

```
>>> a = [3,4,5,6,7]
>>> a.pop(1)                 # a = [3,5,6,7]    刪除並回傳 a[1] 數值
```

```
                    4
>>> b = a.pop(-2)                   # a = [3,5,7]  刪除 a[-2] 並設定 b = a[-2]
>>> b
                    6
```

④ 使用 remove

```
>>> a = [7,4,8,7]
>>> a.remove(7)                     # a = [4,8,7]  由前刪除第一筆資料 7，無回傳
>>> a.remove(8)                     # a = [4,7]  由前刪除第一筆資料 8，無回傳
>>> a.remove(3)                     # 錯誤，3 不存在
```

⊛ remove 所刪除的元素需在串列內，否則程式會中斷，使用前最好確
認所刪除的資料在串列內。

6.6 指定與位址

串列變數在設定時會被分配到一些記憶空間用來儲存串列元素，此記憶空間的位
址可用 id 函式取得，事實上所有型別的變數都可用 id 取得其儲存位址。

```
>>> a = [1,2,3]
>>> id(a)                           # 回傳 a 串列位址
140168820787976                     # 位址為一長串數字

>>> b = 892
>>> id(b)                           # 回傳 b 整數位址
140168823195664
```

當程式重新執行時，資料所儲存的位址會隨之調整，id 所回傳的位址也會更
動。當兩個變數的位址一樣時，即代表兩者為同一個實體，例如：

```
>>> a = [4,5]
>>> id(a)
140168820787528

>>> b = a                           # b 指定為 a
>>> id(b)                           # b 的位址與 a 相同
140168820787528

>>> id(a) == id(b)                  # 檢查 a 與 b 是否同位址？
True                                # a b 同址
```

事實上，不管是那種型別，當使用指定時，原先與後來的變數名稱都代表同一個
實體，例如：

```
>>> a = "dragon"                    # a 為字串
>>> b = a                           # b 指定為 a

>>> id(a) == id(b)                  # 檢查 a 與 b 是否同位址？
```

```
True                           # a b 同址

>>> x = 3.14                   # x 設定為浮點數 3.14
>>> y = x                      # y 指定為 x

>>> id(x) == id(y)             # 檢查 x 與 y 是否同位址？
True                           # x y 同址
```

由以上執行輸出可知，Python 的「指定」動作並沒有產生新的實體，而是讓原有的實體多了個名稱，這種空間處理方式與一些傳統程式語言不太一樣。若將儲存資料的記憶空間當成內存資料的箱子，則 x = 3.14 的資料設定動作會指示 Python 找個夠大的箱子擺放 3.14，然後在箱子外貼一張便利貼，便利貼上寫著 x 字母，id(x) 的動作即是回傳箱子所在位址。當執行 y = x 時，只是在原來 x 便利貼所貼的箱子外頭多貼一張新的 y 便利貼，所以儲存 3.14 浮點數的箱子外頭共有兩張便利貼，名稱雖異，但都可由之取得箱子內的 3.14 數值資料，浮點數的資料並沒有被複製成兩份。

由以上空間運作模式可知，若要複製一維串列，不能使用指定方式，而是要使用下標範圍來進行複製，例如：

```
>>> a = [1,2,3,4]
>>> b = a                      # b 與 a 是同個實體
>>> id(a) == id(b)             # 指定運算不產生新的串列實體
True

>>> c = a[:]                   # c 是由 a 所複製出來的新串列
>>> id(a) == id(c)             # c 與 a 為相同內容的不同實體
False
```

對已學過其他種程式語言的人來說，很容易將串列的指定運算當成複製運算，忘了此兩個串列名稱事實上代表同個串列，進而造成錯誤的執行結果。此種錯誤來自程式撰寫者對 Python 「指定」運作方式的誤解，很難找到出錯地方，需特別留意。

6.7 可更動型別與不可更動型別

Python 的型別依儲存方式區分為兩種類型，分別為「可更動型別」與「不可更動型別」，以下逐一說明：

① 可更動型別(mutable)：

變數可在原位址更動數值，例如：串列、集合、字典[d]

　　⊛ **傳統程式語言的整數、浮點數、字串等型別都為 Python 的可更動型別**

② 不可更動型別(immutable)：

變數若更動數值時會變更位址儲存，例如：整數、浮點數、字串、常串列[e]

以上兩種型別的差異在於儲存的資料是否有所更動，若變數型別為「不可更動型別」，每當變數更動數值時，Python 會另尋空間儲存新值，例如：

```
>>> x = 1000              # x 所在位址儲存 1000
>>> id(x)
140168823195664

>>> x = 100000            # x 的新位址儲存 100000
>>> id(x)                 # x 改變位址儲存
140168823195504
```

以上當 x 由 1000 更改為 100000 時，x 的位址也隨之變更，原因為整數型別為不可更動型別，Python 會另尋位址儲存變更後的數字，變數名稱如同便利貼[215]一般，也會隨之改「貼」到數字的新位址。

由此可知，對不可更動型別而言，每當變數的數據改變了，其儲存位址也隨之更動，這會拖累程式的執行效率。Python 的整數、浮點數、字串等基本型別的空間處置方式與傳統程式語言如 C 或 C++ 相當不同，這也代表著 Python 的在數值運算的執行效率永遠比不上 C 或 C++ 等程式語言。

Python 的串列型別為可更動型別，即表示更動串列元素並不會改變串列儲存位址，例如：

```
>>> a = [1,2,3,4]
>>> id(a)
140168820651848

>>> a += [5,6]            # a = [1,2,3,4,5,6]  增加末尾兩元素
>>> id(a)
140168820651848          # a 串列位址不變

>>> a[1:-1] = []          # a = [1,6]  刪除非前後的所有元素
>>> id(a)
140168820651848          # a 串列位址不變
```

---

[d]「集合」與「字典」兩型別不在本書範圍。
[e]「常串列」是一種特殊型式的串列，常串列元素一旦設定後即不得變更，此型別不在本書介紹。

6.8 串列複製

複製串列在概念上很簡單，即是將原有串列的元素逐一複製到新串列。但在實際操作層面來看，很容易造成問題，若不小心，很容易誤用。由於複製一維串列與複製二維(或以上)串列的方式有些差異，以下分開介紹：

一維串列複製：淺層複製

Python 串列的複製是屬於淺層複製，也就是複製過程中僅複製到第一層元素。若串列為一維串列，淺層複製可複製出預期的結果，串列複製後，新舊兩串列元素完全相同，互為獨立，也就是更改新/舊串列的元素，不會影響到另一個串列，以下三種淺層複製的方法都可產生相同的結果：

```
>>> a = [1,2,3]
>>> b = a[:]            # b = [1,2,3]    a b 不同址，且互為獨立
>>> c = list(a)         # c = [1,2,3]    a c 不同址，且互為獨立
>>> d = a.copy()        # d = [1,2,3]    a d 不同址，且互為獨立

>>> id(a) == id(b)
False                   # a 與 b 不同址
>>> id(a) == id(c)
False                   # a 與 c 不同址
>>> id(a) == id(d)
False                   # a 與 d 不同址

>>> a[0] = 9            # a = [9,2,3]
>>> b
[1, 2, 3]              # b 不受 a[0] 更動影響
```

淺層複製多維串列問題

使用淺層複製方式來複製多維串列，原串列的深層元素並沒有被複製，而是以分享方式給新串列，代表複製完後，新舊串列共同分享原串列的深層元素，這看起來並不是我們一般所認定的「複製」涵義。所謂的「複製」應如紙張影印一般，複製後，紙張的內容完全相同，但卻是獨立分開的兩張紙，在一張紙上塗改，不會影響到另一張紙。但 Python 的淺層複製方式卻造成資料不是完全獨立，而是**共享資料**，這代表更改一串列深層元素的數值也會連帶影響到另一串列深層元素的值，這是很奇怪的「複製」，以下為例：

```
>>> a = [ [1,2], [3,4,5] ]    # a 為二維串列，元素皆為深層元素
>>> b = a[:]                  # 將 a 複製給 b (此為淺層複製)
```

```
>>> id(a) == id(b)          # 淺層複製：兩串列不同址
False

>>> id(a[0]) == id(b[0])    # 淺層複製不複製深層元素
True                        # 造成 a[0] b[0] 兩個一維串列同址

>>> a[0][0] = 9             # 更改 a[0][0] 為 9

>>> a                       # 列印 a
[[9, 2], [3, 4, 5]]

>>> b                       # b[0][0] 也同時被影響 !!!
[[9, 2], [3, 4, 5]]         # 更改 a 串列也同時影響 b 串列
```

　　若以淺層複製方式來「複製」多維串列，由於串列會相互影響，很容易引發程式執行上的問題，且很不容易找到錯誤的根源，這是以淺層複製來複製多維串列所產生的資料共享後遺症。

多維串列複製：使用 copy 套件

為避免以淺層複製來複製多維串列所造成深層元素被共用的問題，複製多維串列最好使用外部的複製套件：copy 套件。所謂「套件」即是額外開發的 Python 程式碼，套件內通常有許多特殊功用的函式，這些函式平常或不需要，僅在程式需要時再將這些已寫好的程式碼套件加入使用。

　　使用外部套件時，通常需在程式檔案的開始使用 import 將套件加入程式碼內，例如：若需加入 copy 套件於程式中，則使用 import copy 即可。在 copy 套件內有個 deepcopy() 函式可作串列的深層複製，也就是在複製時，多維串列的深層元素也會一併複製，複製結束後，新舊兩串列的深層元素各自獨立，互不干擾。

　　在語法上，使用某 foo 套件的 bar 函式時，需將套件名稱寫在函式之前並以句點連接，例如：foo.bar()。以下為使用 copy 套件的深層複製 deepcopy() 函式的操作語法：

```
>>> import copy              # 使用 copy 套件

>>> a = [ [1,2] , [3,4,5] ]
>>> b = copy.deepcopy(a)     # 使用 copy 套件的 deepcopy() 函式複製 a 串列給 b
                            # 複製結束後，a 與 b 兩串列資料完全獨立

>>> id(a) == id(b)          # 深層複製：兩串列不同址
```

```
False
```

```
>>> id(a[0]) == id(b[0])        # 深層複製：深層元素不同址
False
```

```
>>> a[0][0] = 9                 # 更改 a[0][0] 為 9
```

```
>>> a                           # 列印 a
[[9, 2], [3, 4, 5]]
```

```
>>> b                           # b 串列不受 a 串列元素更改的影響
[[1, 2], [3, 4, 5]]
```

6.9 串列與迴圈

由於串列包含許多元素，若要取得、設定或更改串列元素，經常需透過迴圈統一
處理，迴圈的迭代變數常被當成串列下標用以取得串列元素，若要取用 n 維串
列元素，通常要將迴圈設計成 n 層迴圈的迭代機制。串列與迴圈的操作方式有
兩種，以下利用列印串列元素方式來示範基本用法：

■ 將串列長度置於 for 迴圈 range 裡：

① 一維串列

```
a = [ 3 , 5 , 9 , 6 ]

for i in range( len(a) ) :
    print( a[i] , end=" " )             # i 當成 a 串列下標使用
print()
```
輸出：
```
3 5 9 6
```

② 二維串列

```
b = [ [1], [2, 3], [4, 5, 6] ]      # b 為二維串列

for i in range( len(b) ) :          # len(b) : 3
    for j in range( len(b[i]) ) :   # b[0] b[1] b[2] 長度依次為 1,2,3
        print( b[i][j] , end=" " )
    print()
```
輸出：
```
1
2 3
4 5 6
```

③ 三維串列

```
# c 為 2×3×2 三維串列
c = [ [ [1,2], [2,3], [4,5] ] , [ [6,7], [8,9], [0,1] ] ]

for i in range( len(c) ) :                    # i 為第一維下標
    for j in range( len(c[i]) ) :             # j 為第二維下標
        print( "[" , end=" " )
        for k in range( len(c[i][j]) ) :      # k 為第三維下標
            print( c[i][j][k] , end=" " )
        print( "]" , end=" " )
    print()
```

輸出：
```
[ 1 2 ] [ 2 3 ] [ 4 5 ]
[ 6 7 ] [ 8 9 ] [ 0 1 ]
```

■ 將串列置於 for 迴圈 in 之後：

① 一維串列

```
a = [ 3 , 5 , 9 , 6 ]
for x in a :                      # 每個 x 為 a 串列的單一元素
    print( x , end=" " )
print()
```

輸出：
```
3 5 9 6
```

② 二維串列

```
b = [ [1], [2, 3], [4, 5, 6] ]    # b 為二維串列

for x in b :                      # 每個 x 代表一維串列
    for y in x :                  # 每個 y 代表單一元素
        print( y , end=" " )
    print()
```

輸出：
```
1
2 3
4 5 6
```

③ 三維串列

```
# c 為 2×3×2 三維串列
c = [ [ [1,2], [2,3], [4,5] ] , [ [6,7], [8,9], [0,1] ] ]

for x in c :                      # x 為二維串列
    for y in x :                  # y 為一維串列
        print( "[" , end=" " )
        for z in y :              # z 為個別元素
            print( z , end=" " )
        print( "]" , end=" " )
    print()
```

輸出：
```
[ 1 2 ] [ 2 3 ] [ 4 5 ]
[ 6 7 ] [ 8 9 ] [ 0 1 ]
```

⊛ 以上兩種迴圈型式可交互使用，例如：

```
b = [ [1], [2, 3], [4, 5, 6] ]        # b 為二維串列

for x in b :                          # 每個 x 代表一維串列
    for i in range(len(x)) :          # i 為下標
        print( x[i] , end=" " )
    print()
```

輸出：

```
1
2 3
4 5 6
```

使用迴圈變更串列數值

若要在迴圈內變動串列元素資料，只能使用下標方式才能保證串列的元素資料可被更動。例如以下 a 與 b 為兩個獨立但數值相同的串列，要利用迴圈將串列元素數值改為 1000，僅有使用下標方式才能順利更動數字：

```
# a 與 b 為兩個獨立但數值相同的串列
a = [ 9 , 2 , 5 , 4 ]
b = a[:]

# 迴圈 ①：讓 a 串列的每個元素改為 1000
for i in range(len(a)) : a[i] = 1000

# 列印 a 串列：[1000, 1000, 1000, 1000]
print( "a :" , a )

# 迴圈 ②：每次迭代讓 x 設定為 b 串列元素後，之後 x 設定為 1000
for x in b : x = 1000

# 列印 b 串列：[9, 2, 5, 4]
print( "b :" , b )
```

輸出：

```
a : [1000, 1000, 1000, 1000]
b : [9, 2, 5, 4]
```

以上 a b 兩串列各自使用不同的迴圈設定新值，但僅有迴圈 ① 執行 a[i] = 1000 可順利的將串列每個元素更改為 1000。迴圈 ② 執行 for x in b : x = 1000 時，迴圈在每次迭代 x 會先設定為 b 串列元素，但之後執行 x = 1000 時，由於 b 串列元素都是整數，整數型別為不可更動型別[216]，x = 1000 會讓 x 搬移到儲存整數 1000 的新位址，並不會影響原來的 b 串列元素，使得 b 串列在迴圈執行後仍保持不變。

6.10 in、not in、index

在使用串列的程式中經常需判斷某些資料是否在/不在串列之中，或者需找出某筆資料在串列中的位置，這些運算都可透過撰寫迴圈程式處理，但卻不甚便利。對這些與串列有關的基本操作，Python 提供了一些簡便用法，以下分別說明：

in 與 not in

in 用來判斷某資料是否在串列內，例如：a in b 判斷資料 a 是否在 b 串列內。 not in 則用來判斷某資料是否**不在**串列內，例如：a not in b 判斷資料 a 是否不在 b 串列內。兩者在執行後都回傳真假值，即 True/False，例如：

```
>>> a = [ 8 , 9 , 16 ]
>>> 9 in a                        # 輸出 True
>>> 3 in a                        # 輸出 False
>>> 8 not in a                    # 輸出 False

>>> "dog" in [ "ox" , "dog" ]     # 輸出 True
>>> "cat" in [ "ox" , "dog" ]     # 輸出 False
>>> "ox" not in [ "cat" , "ox" ]  # 輸出 False
```

in/not in 也可用來決定某變數是否與其他多個變數的其中之一等值/不等值，例如有 a b c d e f g 七個變數，若要檢查 a 與其他六個數都不等值，可使用 a not in [b,c,d,e,f,g] 檢查即可，這種方式可免除使用一堆條件式。例如以下兩條件式作用相同，但 ① 式比 ② 式簡潔許多而且易懂：

```
# ① 檢查 a 是否不與 b, c, d, e, f, g 的其中一個等值
if a not in [b,c,d,e,f,g] :
    print( a , "is unique" )

# ② 檢查 a 是否不與 b, c, d, e, f, g 的其中一個等值
if a!=b and a!=c and a!=d and a!=e and a!=f and a!=g :
    print( a , "is unique" )
```

若要讓 in 或 not in 模擬 c ∈ [a,b) 或 c ∉ [a,b) 等數學式子，區間範圍 [a,b) 要使用 range(a,b) 替代：

```
>>> 3 in range(1,5)              # 等同檢查數學式 3 ∈ [1,5)
True

>>> 4 not in range(2,9)          # 等同檢查數學式 4 ∉ [2,9)
False

>>> 3 in [1,5]                   # 檢查 3 是否在兩個元素的串列 [1,5] 之內
False
```

index

串列的 index 函式可用來回傳串列內某元素的下標位置，例如：b.index(a) 回傳 a 元素在 b 串列的下標，使用如下：

```
>>> b = [ 8 , 9 , 16 , 25 ]
>>> b.index(9)                   # 輸出 1 ，9 在 b 串列的下標為 1
>>> b.index(25)                  # 輸出 3 ，25 在 b 串列的下標為 3
```

若元素 a 不在 b 串列內時，則會產生錯誤訊息，程式會中斷執行。為避免程式中斷，可先使用 a in b 確認 a 是在 b 串列內，之後再去執行 b.index(a)，例如，以下程式檢查輸入的數值是否在預設串列內，如果是則列印元素下標，否則列印不在串列的訊息。

```
b = [ 8 , 9 , 16 , 2 ]
while True :
    a = int( input("> ") )
    if a in b :
        print( b.index(a) )
    else :
        print( a , "不在" , b , "串列中" )
```

in、not in、index：應用於字串

in、not in 與 index 也能用於字串上，例如：若 a 與 b 皆為字串，則 a in b 代表 a 字串是否為 b 字串的子字串，即部份字串，例如：

```
>>> "c" in "abcdef"              # 輸出 True
>>> "x" in "abcdef"              # 輸出 False
>>> "x" not in "abcdef"          # 輸出 True
>>> "bcd" in "abcdef"            # 輸出 True
>>> "acf" in "abcdef"            # 輸出 False
>>> "," in "。，：；"              # 輸出 True
```

```
>>> "abcdef".index( "de" )          # 輸出 3 ，3 為 "de" 在 "abcdef" 的下標位置
                                    # 下標由 0 起算
>>> a = "dog cat goat"
>>> b = "cat"
>>> a.index( b )                    # 輸出 4 ，4 為 "cat" 在 a 字串的下標位置
```

簡單應用範例

以下兩個範例是利用 in/not in 或 index 來處理與串列相關的程式問題，這些用法使得程式相對簡潔，否則若通通改用迴圈來替代，程式將會變得很瑣碎。

■ 數字不重複且數字和為 10 的四位數

題目　撰寫程式找出數字和為 10 且數字不重複的所有四位數

```
1027 1036 1045 1054 1063 1072 1207 1234 1243 1270
1306 1324 1342 1360 1405 1423 1432 1450 1504 1540
1603 1630 1702 1720 2017 2035 2053 2071 2107 2134
2143 2170 2305 2314 2341 2350 2413 2431 2503 2530
...
5302 5320 5401 5410 6013 6031 6103 6130 6301 6310
7012 7021 7102 7120 7201 7210
```

總個數：96

此程式範例利用四層迴圈印出所有不重複數字的四位數，且數字和為 10，在內層迴圈特別使用 in 排除重複數字。此程式如果不使用 in 而使用條件式判斷數字是否重複，程式碼將會變得相對冗長。

程式 .... nonrepeated_nums.py

```
01   # c 為滿足條件的數量
02   c = 0
03
04   for i in range(1,10) :
05
06       for j in range(10) :
07
08           # 排除相同數字，且兩數和已大於 9
09           if i == j or i+j > 9 : continue
10
11           for k in range(10) :
12
13               # 排除相同數字，且三數和已大於 10
```

```
14              if k in [i,j] or i+j+k > 10 : continue
15
16              for m in range(10) :
17
18                  # 排除相同數字，且四數和不等於 10
19                  if m in [i,j,k] or i+j+k+m != 10 : continue
20
21                  c += 1
22
23                  n = i*1000 + j*100 + k*10 + m
24
25                  # 每十個數字一列
26                  print( n , end=" " if c%10 else "\n" )
27
28  print( "\n\n總個數:" , c )
```

■ 中英數字對照查詢

題目　輸入 0 到 9 的中文/英文字輸出對照的英文/中文字

```
> six
> 六

> 九
> nine

> ten
> 資料庫沒有此數 !!!
```

　　早期的程式設計常會使用許多同長度的串列來代表相同實體的不同屬性，例如，以下程式為中英數字的對照程式，輸入中文數字，取得英文數字，輸入英文數字，取得中文數字[f]。此程式分別將中英數字存入不同的串列，但相同數字大小有著同樣下標位置。每次輸入的數字字串，都先透過 in 確認是否在某串列中，之後才用 index 取得其串列下標，然後將此下標代入另一個串列得到對應數字。

程式 ⋯⋯⋯⋯⋯⋯⋯⋯⋯⋯⋯⋯⋯⋯⋯⋯⋯⋯⋯ list_in_index.py

```
01  # 英文數字
02  eng_nums = [ "zero" , "one" , "two" , "three" , "four" ,
03               "five" , "six" , "seven" , "eight" , "nine" ]
```

---

[f]Python 有提供字典(dict)資料型別專門處理這類問題，不過這不在本書的範圍之內。

```
04
05     # 中文數字
06     ch_nums = "零一二三四五六七八九"
07
08     while True :
09
10         sno = input("> ")
11
12         if sno in eng_nums :
13             # sno 為英文數字
14             k = eng_nums.index(sno)
15             print( ">" , ch_nums[k] )
16
17         elif sno in ch_nums :
18             # sno 為中文數字
19             # 直接使用由 index 回傳的下標
20             print( ">" , eng_nums[ch_nums.index(sno)] )
21
22         else :
23             print( "> 資料庫沒有此數 !!!" )
24
25         print()
```

6.11 字串與串列互轉型別

在程式設計上，字串與串列有時需互轉型別，若要將字串轉型為串列，字串內的
個別字元會被分解成字元串列，語法如下：

```
>>> a = "goat"
>>> b = list(a)              # b = ['g', 'o', 'a', 't']

>>> c = "天上人間"
>>> d = list(c)              # d = ['天', '上', '人', '間']
```

若要讓字串串列接合為單一字串，可使用 join 接合函式，操作方式如下：

```
>>> a = ['g', 'o', 'a', 't']

>>> b = "".join( a )         # 將 a 串列各個元素間以空字串接起來
                             # b = "goat"

>>> c = "--".join( a )       # 將 a 串列各個元素間以 "--" 字串接起來
                             # c = "g--o--a--t"

>>> a == "".join( list(a) )  # 右側的 a 字串先分解成字元串列，再接合起來
True
```

以上 join 前的字串被當成組成字串的分隔字串，需留意 join 函式內的參數必
須是字串串列或字串，例如：

```
>>> a = 2365
>>> b = "--".join( a )                    # 錯誤，a 不是字串或字串串列

>>> c = "--".join( str(a) )               # c = '2--3--6--5'
>>> d = "--".join( list(str(a)) )         # d = '2--3--6--5'  可不需使用 list 分解

>>> e = "*".join( "天上人間" )            # e = '天*上*人*間'
>>> print( "*".join("天上人間") )         # 直接印出  天*上*人*間
```

更改字串字元

由於字串為不可更動型別[216]，代表字串內的字元無法在原位址被更改，舉例來
說：以下 p 字串，若要將「敲」改為「推」，不能直接使用 p[7] = "推"。若
要更改字串內的字元可使用 replace 字串替代函式，replace 會產生一個替代
後的新字串，原字串不變，以下為操作方式：

```
>>> p = "鳥宿池邊樹，僧敲月下門。"
>>> p[7] = "推"                           # 錯誤，字串為不可更動型別
>>> q = p.replace("敲","推")              # q = '鳥宿池邊樹，僧推月下門。'

>>> print( p )                            # p 保持不變
鳥宿池邊樹，僧敲月下門。
```

由於 replace 函式執行後會回傳新的字串，原字串仍保持不變，若要更改原來
字串，只要重新設定即可，例如：

```
>>> date = "2019--10--12"
>>> date = date.replace('--','/')         # date = '2019/10/12'

>>> num = 1234552355
>>> num = int( str(num).replace('5','0') )    # num = 1234002300
```

6.12 串列初值設定式

在設定串列變數時除了可直接於中括號內指定串列元素資料外，也可以使用串列
初值設定式(list comprehension)來產生有規律可循的元素組合，這是 Python
所提供的一種相當便利的串列初值設定方法，應用非常廣泛，可相當程度的簡化
程式碼，經常被用在程式設計之中，以下根據串列維度分別說明其用法：

一維串列

若要一開始就決定串列長度，可使用以下方式：

```
>>> a = [ 0 ] * 99            # 99 個 0
>>> b = [ "" ] * 5           # 5 個空字串
>>> c = [ None ] * 15        # 15 個元素，None 為空值
```

以上 None 為特殊關鍵字[59]，用以代表空值。這裡特別用 None 表示串列元素值尚待決定，先暫以 None 替代。None 也可用在條件式中，例如：

```
>>> d = None                 # d 為空值
>>> if d == None : d = 1     # 如果 d 為空值則讓 d 改為整數 1
>>> if not d : d = 1         # 效果同上，None 在邏輯判斷式內等同 False
```

若要儲存有規律變化的數值於串列中，可利用以下類似數學描述的設定方式：

```
>>> a = [ i for i in range(5) ]        # a = [0,1,2,3,4]
>>> b = [ i*i for i in range(1,10) ]   # b = [1,4,9,...,81]
>>> c = [ i//3 for i in range(9) ]     # c = [0,0,0,1,1,1,2,2,2]
```

以上的語法有點像使用數學來定義集合一般，只不過此語法所產生的串列元素有著先後順序，此種設定也可在式子末尾使用條件式排除一些數，例如：

```
>>> # 等同數學 { x | x ∈ [1,21) 且 x ∉ [10,16) }
>>> # a = [1,2,3,4,5,6,7,8,9,16,17,18,19,20]
>>> a = [ x for x in range(1,21) if x not in range(10,16) ]

>>> # b = [3,5,7,13,15,17,23,25,27] , [0,30) 間數字且尾數為 [3,5,7] 的數字
>>> b = [ y for y in range(30) if y%10 in [3,5,7] ]

>>> # c = [19,28,37,46,55,64,73,82,91] , 兩位數的個別數字和為 10
>>> c = [ n for n in range(10,100) if n//10+n%10 == 10 ]

>>> # d = ['d', 'r', 'g', 'n', 'f', 'l', 'y'] , 取得子音字母
>>> d = [ x for x in "dragonfly" if x not in "aeiou" ]
```

迴圈也可以重複，先出現的視為外層迴圈，後出現的為內層迴圈，例如：

```
>>> # [10,20,30,20,40,60,30,60,90] , x 為外迴圈，y 為內迴圈
>>> a = [ x*y for x in range(1,4) for y in range(10,40,10) ]

>>> # [10,12,21,23,32,34,43,45] , 小於 50 的兩位數且十位數與個位數差 1
>>> b = [ x*10+y for x in range(1,5) for y in range(10) if abs(x-y)==1 ]
```

一維串列也可直接由 range 轉型而來，例如：

```
>>> a = list( range(5) )          # a = [0,1,2,3,4]
>>> b = list( range(10,0,-1) )    # b = [10,9,8,7,6,5,4,3,2,1]
>>> c = list( range(1,4) ) * 2    # c = [1,2,3,1,2,3]
```

在程式設計中可直接運用初值設定式的結果，不必另行設定為新串列，例如：

```
>>> # a = '1-2-3-4-5-6-7-8-9'
>>> a = "-".join( [ str(x) for x in range(1,10) ] )

>>> # b = 1122334455
>>> b = int( "".join( [ x * 2 for x in str(12345) ] ) )

>>> # 印出英文單字 compassionateness 的母音個數：7
>>> print( len( [ x for x in "compassionateness" if x in "aeiou" ] ) )

>>> # 印出：09:03:25
>>> print( ":".join( [ "{:0>2}".format(x) for x in [9,3,25] ] ) )
```

最後一式將 [9,3,25] 三個數分別使用 format[19] 作格式化輸出，之後再將三個格式化後的字串用 ":" 合併起來後才印出來。以上每個式子都包括若干個連續運算步驟，這種運用方式讓程式簡化許多，同時程式也變得相當靈活。運用串列的初值設定式讓這一切都變得相當自然，這是 Python 串列型別的一大特色。

| 多維串列 |

二維或二維以上串列也可使用同樣方式設定初值，例如：

```
>>> # a 為 5×3 二維串列，儲存值尚未確定
>>> a = [ [ None ]*3 for i in range(5) ]

>>> # b = [ [1], [2,2], [3,3,3] ]   下三角二維串列
>>> b = [ [ i+1 ]*(i+1) for i in range(3) ]

>>> # c = [ [1,2,3], [2,1,2], [3,2,1] ]   3×3 對稱二維串列
>>> c = [ [ abs(i-j)+1 for j in range(3) ] for i in range(3) ]

>>> # d = [ ['a', 'aa', 'aaa'], ['b', 'bb', 'bbb'], ['c', 'cc', 'ccc'] ]
>>> d = [ [ x*y for y in range(1,4) ] for x in "abc" ]

>>> # e 為 u×v×w 三維串列
>>> # [ [ [1,1], [2,2] ], [ [3,3], [4,4] ], [ [5,5], [6,6] ] ]
>>> u, v, w = 3, 2, 2
>>> e = [ [ [ i*v+j+1 ]*w for j in range(v) ] for i in range(u) ]

>>> # f 為 2×2×2 三維串列
>>> # [ [['A1u', 'A1v'], ['A2u', 'A2v']], [['B1u', 'B1v'], ['B2u', 'B2v']] ]
>>> f = [ [ [ x+y+z for z in "uv" ] for y in "12" ] for x in "AB" ]
```

以上 a、b 使用單層迴圈產生二維串列，c、d 使用雙層迴圈建構二維串列，e 與 f 分別使用雙層與三層迴圈來設定三維串列。使用越多層迴圈，元素設定的

自由度越大,但也越顯複雜。需留意,多維串列的維度是由末尾迴圈向前數,例如 e 串列維度是由末尾迴圈往前數即 u×v×w,而 f 串列的維度則由末尾數來的三個字串長度控制。

複製多維串列

串列初值設定可用來複製多維串列,且不會產生串列元素共享[217]問題,以下是用來複製二維串列的方法:

```
>>> a = [ [1] , [2,3] , [4,5,6] ]
>>> b = [ x[:] for x in a ]          # x 為一維串列,使用 x[:] 淺層複製
>>> id(a[0]) == id(b[0])             # a[0] 與 b[0] 為不同實體
False
```

以上 a 為二維串列,b 的串列初值設定式中的 x 為一維串列,可使用淺層複製[217]方式來複製一維串列,複製後 a b 兩串列各自獨立。但若不用淺層複製,而使用指定方式,則新舊兩串列會共享一維串列元素,例如:

```
>>> a = [ [1] , [2,3] , [4,5,6] ]
>>> c = [ x for x in a ]             # c 串列元素指定為 a 串列對應元素
>>> id(a[0]) == id(c[0])             # a c 兩串列共享 a[0] c[0]
True
```

以上所產生的 c 不是正確的複製方式,c 串列內的每個一維串列與 a 串列內對應位置的一維串列都是同個實體。

三維串列的複製也是同一種方式,只不過複製時需用到雙層迴圈,以下為複製方式:

```
>>> a = [ [ [1,2], [3,4] ] , [ [5,6], [7,8] ] ]  # a 為三維串列
>>> b = [ [ x[:] for x in y ] for y in a ]       # y 為二維串列, x 為一維串列

>>> id(a[0][0]) == id(b[0][0])                    # a[0][0]  b[0][0] 為不同實體
False
```

需留意淺層複製僅能用在複製一維串列。

6.13 串列與函式

串列常需透過一些函式以快速完成一些基本操作,以下為一些常用在串列的函式。在以下的函式操作範例中,可看到函式與串列初值設定式合併使用,這使得一些複雜的程式步驟可縮減到數個式子即可解決,大大的簡化程式碼。

sum：計算串列元素和

sum 可用來求得一維串列的元素和，例如：

```
>>> a = [3, 2, 8]
>>> sum(a)
13
```

sum 與串列初值設定式合併使用可讓程式更加簡潔：

```
>>> b = [2, 3, 5]
>>> sum( [ x*x for x in b ] )                    # 串列元素平方和
38

>>> c = [ [2,-3], [-4,5] ]                       # c 二維串列
>>> sum( [ sum( [ abs(x) for d in c for x in d ] ) ] )   # d 一維串列，x 為元素
14                                               # 二維串列元素絕對值和
```

以上計算二維串列所有元素的絕對值和，若以傳統方式撰寫，要改成以下方式：

```
c = [ [2,-3], [-4,5] ]
s = 0
for d in c :
    for x in d :
        s += abs(x)
print( s )
```

兩者相較，使用串列初值設定式可讓程式碼簡化許多。

max，min：計算串列元素最大或最小值

max 與 min 可分別計算串列的最大值與最小值，例如：

```
>>> a = [23, 18, 37, -5, 3]
>>> max(a)
37
>>> min(a)
-5
>>> min( [ x*x for x in a ] )        # a 串列中最小的平方數值
9
>>> min( [ x for x in a if x>0 ] )   # a 串列中最小的正數
3
```

找出字串串列中的最長/最短字串長：

```
>>> b = ["dog", "goat", "ox", "dragon", "horse"]
>>> max( [ len(x) for x in b ] )
6

>>> # 找出 b 字串第一個字元不是母音的最短字串
>>> min( [ len(x) for x in b if x[0] not in "aeiou" ] )
3
```

sorted：對串列排序

sorted 為排序函式，預設以由小到大方式排序[g]，執行後回傳排序後的新串列，但原始串列仍保持不變。

```
>>> a = [32, 78, 4, 29, 10]
>>> sorted( a )                    # 回傳由小到大排序的串列
[4, 10, 29, 32, 78]

>>> b = sorted( a , reverse=True )  # b 為逆向排序後的新串列，即由大到小
>>> b
[78, 32, 29, 10, 4]

>>> a                              # sorted 排列後的原串列仍保持不變
[32, 78, 4, 29, 10]
```

由於 sorted 回傳一新串列，在實務上可在其後直接使用下標範圍[210]取得元素藉以簡化運算式：

```
>>> sorted(a)[1:-1]                # 取出 sorted 排序後的串列中間元素
[10, 29, 32]

>>> sum( sorted(a)[-3:] )          # a 串列前三大元素和
139

>>> sorted(a)[::-1]               # 另一種型式的逆向排序
[78, 32, 29, 10, 4]
```

以上最後一個式子是先順向由小到大排序，再逆向排列元素藉以達到逆向排序的效果。sorted 函式所回傳的新串列可直接用在迴圈的 in 之後，例如：

```
>>> a = [9, 3, 1, 7, 8]
>>> for x in sorted(a) : print(x)    # 印出 1 3 7 8 9 五列

>>> print( ",".join( sorted(a) ) )   # 錯誤，sorted(a) 不是字串

>>> 利用串列初值設定將排序後數字轉為字串，印出：1,3,7,8,9
>>> print( ",".join( [ str(x) for x in sorted(a) ] ) )
```

以上末式由於 join 函式僅能處理字串或字串串列，所以需讓 sorted 函式的回傳資料使用初值設定式讓資料逐一轉為字串，之後才接合成字串。此一簡短式子包含五個運算步驟：排序、迴圈取值、由數字轉型為字串、字串合併、列印字串。其中的關鍵是使用了串列初值設定式，這種操作方式讓程式設計變得非常靈活，撰寫程式如同頭腦體操，這也是 Python 程式語言廣受喜歡的原因之一。

---

[g]sorted 也可由使用者自行設定排序標準，但內容已超出本書設定範圍，在此略過。

6.14 隨機函數套件

機率模擬問題經常需使用到亂數函式，所謂亂數函式即是函式可產生一些看似隨機沒有規律可循的數字。若在程式中需產生亂數，可使用 random 隨機函數套件，在程式中輸入 import random 或 from random import * 其中之一即可將 random 套件內的函式併入程式中使用。兩種的差別在於當使用 random 套件內的函式時，前者需將套件名稱寫在函式之前，之間以句號連接，後者則可直接使用函式名稱，雖較為方便，但需留意程式中不得有與 random 套件內函式同名的稱呼，否則會造成程式的新名稱覆蓋套件已有的名稱，以致無法順利使用套件函式，以下為 random 套件內常用到的函式與一些操作例子：

- randint(a,b)：產生介於 [a,b] 之間的隨機整數

  擲骰子：擲出三個骰子後印出總點數

  ```
  from random import *                  # 可直接使用 random 套件函式名稱

  # 產生三個介於 [1,6] 之間的亂數然後印出其和
  print( sum( [ randint(1,6) for i in range(3) ] ) )
  ```

  輸出：

  ```
  13
  ```

- random()：產生介於 [0,1) 之間隨機浮點數

  設定三原色強度：設定 r、g、b 強度，都介於 [0,1) 之間

  ```
  import random

  r , g , b = [ random.random() for i in range(3) ]

  # 輸出數字
  print( "紅:{:>6.4f}  綠:{:>6.4f}  藍:{:>6.4f}".format( r , g , b ) )
  ```

  輸出：

  ```
  紅:0.9296  綠:0.7241  藍:0.0130
  ```

- uniform(a,b)：產生介於 [a,b] 之間隨機浮點數

  設定加權數：產生三個介於 [0,0.5] 之間且和為 1 的加權數

```
import random

while True :
    # 先設定兩個介於 [0,0.5] 之間的加權數
    w1, w2 = [ random.uniform(0,0.5) for i in range(2) ]

    # 計算第三個加權數 w3
    w3 = 1 - w1 - w2

    # w3 在 [0,0.5] 之間才跳離迴圈
    if 0 <= w3 <= 0.5 : break

# 輸出加權數
print( "{:>5.3f} {:>5.3f} {:>5.3f}".format(w1,w2,w3) )
```

輸出 :

```
0.314 0.472 0.214
```

- randrange(a,b,s)：產生一個在 range(a,b,s) 內的隨機整數

中文五位數 ：產生三組五位數的中文數字，首位需為奇數

```
from random import *                        # 可直接使用 random 套件函式名稱

nums = "壹貳參肆伍陸柒捌玖零"
m = len(nums)

for k in range(3) :

    # 首位數與其他數分開處理
    no = [ randrange(m) if i else randrange(0,m,2) for i in range(5) ]

    # 輸出合併後的中文數字
    print( k+1 , "".join( [ nums[i] for i in no ] ) )
```

輸出 :

```
1 柒貳柒壹參
2 柒伍伍捌捌
3 壹零參壹肆
```

- choice(c)：由 c 序列(串列或字串)隨機取出一個元素，但 c 不變

袋中取球模擬 ：由袋中取球，每次取完後球仍放回袋中，共取五次

```
import random

balls = "黑白紅黃藍"
```

```
# outs 為字串串列包含 5 個球
outs = [ random.choice(balls) for i in range(5) ]

print( " , ".join(outs) )                    # 使用字串串列合併[226]
```

輸出：

```
藍 , 白 , 藍 , 黑 , 紅
```

● shuffle(c)：打亂 c 序列(串列或字串)順序

大樂透中獎模擬：取出六個號碼介於 [1,49] 之間

```
from random import *                          # 可直接使用 random 套件函式名稱

lottery = list(range(1,50))                   # 大樂透號碼球 [1,49]

shuffle( lottery )                            # 打亂 lottery 串列

for x in sorted(lottery[:6]) :                # 取出前六個號碼由小到大排序
    print( x , end=" " )
print()
```

輸出：

```
3 4 13 27 39 44
```

import A as B：簡化 A 套件名稱為 B

過長的套件名稱在使用上很容易因字母數量過多而造成輸入錯誤，此時可使用 import A as B 語法型式以新名稱 B 取代原套件名稱 A 藉以簡化輸入。例如以下使用簡化名稱 rd 取代原來 random 套件名稱，如此程式中所有需使用 random 套件名稱的時機都可用 rd 替代。

```
import random as rd                           # 以 rd 取代 random 套件名稱

dices = [ rd.randint(1,6) for i in range(3) ] # 使用 rd.randint(1,6) 簡化
                                              # 原有 random.randint(1,6) 用法
print( sum(dices) )
```

6.15 簡單操作範例

以下範例都是一些簡單操作型題目，在程式設計中只利用到一些基本串列語法，各個程式碼都很簡潔，短短數列程式就能完成程式設計，這是使用 Python 程式語言設計程式的特色之一。為了避免冗長的資料輸入，許多範例的串列都是以亂數函式來設定其初值。

以下多數例子都可使用串列初值設定式[227]來簡化程式碼，建議初學者多加習練，才能於程式設計中寫出具有 Python 風格的程式。以下範例僅在前幾個程式使用迴圈來設定串列，之後則改用初值設定式來設計程式，以供讀者比較其間程式碼的差異。

■ 星號橫條圖

題目 撰寫程式，讀入數字 n 建構一存有 n 個介於 [1,9] 間的亂數串列，將串列數值排列成以下的星號橫條圖：

```
> 5                              > 6

9 | * * * * * * * * *            3 | * * *
1 | *                           1 | *
2 | * *                         7 | * * * * * * *
2 | * *                         6 | * * * * * *
5 | * * * * *                   8 | * * * * * * * *
                                3 | * * *
```

程式 ·· `hbar.py`

```python
01    import random as rd
02
03    n = int( input("> ") )
04
05    # nums : n 個介於 [1,9] 的亂數
06    nums = [ rd.randint(1,9) for i in range(n) ]
07
08    print()
09    for x in nums :
10        print( x , "|" , '*' * x )
```

說明

用亂數套件產生 nums 串列數據，元素皆為個位數，之後使用迴圈迭代取得串列元素數值並以字串複製方式產生對應的星號數量。

■ 計算內積

題目　撰寫程式，讀入數字 n 產生兩整數串列各有 n 個介於 [0,3] 的
　　　亂數，計算兩串列的內積。

> 5   > 6

xs : [0, 2, 0, 2, 0]   xs : [0, 1, 1, 3, 3, 2]
ys : [0, 2, 1, 3, 3]   ys : [3, 3, 0, 3, 2, 3]

> 內積 = 10   > 內積 = 24

程式　・・・・・・・・・・・・・・・・・・・・・・・・・・・・・・・・　sum_product.py

```
01   import random as rd
02
03   n = int( input("> ") )
04
05   # 數字區間 [a,b]
06   a , b =  0 , 3
07
08   # 設定兩等長串列的初值
09   xs = [ rd.randint(a,b) for i in range(n) ]
10   ys = [ rd.randint(a,b) for i in range(n) ]
11
12   # 列印兩串列
13   print( "\n" + "xs :" , xs )
14   print( "ys :" , ys , end="\n\n" )
15
16   # 計算內積
17   s = 0
18   for i in range(n) : s += xs[i] * ys[i]
19
20   print( "> 內積 =" , s )
```

說明

　　分別使用初值設定式設定兩個等長串列，再使用迴圈計算在串列相對位
置的數字乘積和，即內積。本程式也可使用以下方式印出內積，直接替代末
尾四列的程式碼。

```
print( "> 內積 =" , sum( [ xs[i]*ys[i] for i in range(n) ] ) )
```

■ 最大相鄰數距離

題目　撰寫程式讀入三個數 n、a、b，以亂數建構有 n 個整數的串列，
　　　數值都在 [a,b] 之間，找出此串列任兩鄰數間的最大距離：

```
n , a , b> 5 , 1 , 20

nums = [8, 4, 13, 13, 17]

> 相鄰數最大距離為 9
```

程式 ·· `max_dis.py`

```
01    import random as rd
02
03    n , a , b = eval( input("n , a , b> ") )
04
05    # nums 儲存 n 個介於 [a,b] 的整數
06    nums = [ rd.randint(a,b) for x in range(n) ]
07
08    print( "\n" + "nums =" , nums , end="\n\n" )
09
10    maxdis = 0
11    for i in range(n-1) :
12
13        # 計算兩數距離
14        d = abs( nums[i] - nums[i+1] )
15
16        # 重設最大距離
17        if maxdis < d : maxdis = d
18
19    print( "> 相鄰數最大距離為" , maxdis )
```

說明

　　程式首先產生 n 筆資料後存於 nums 串列，之後使用 i 迴圈迭代 n-1 次，逐一計算 nums[i] 與 nums[i+1] 之間的距離，並使用條件式比較更新 maxdis 數值，程式直接了當。但此種寫法有些繁瑣，在程式中 10-17 列用來計算並更新 maxdis 的式子可直接使用以下的初值設定式取代，這樣的程式較具有 Python 程式的風格。

```
maxdis = max( [ abs( nums[i] - nums[i+1] ) for i in range(n-1) ] )
```

■ 乘積運算式

題目　撰寫程式依次產生五個串列，每個串列各有 [3,5] 個整數，數值介於 [2,9] 之間，列印各串列元素的乘法運算式如下：

```
1: 2 x 8 x 8 = 128
2: 4 x 4 x 5 = 80
3: 9 x 9 x 2 x 3 = 486
4: 2 x 9 x 7 x 5 x 3 = 1890
5: 9 x 7 x 4 x 5 = 1260
```

程式 .... products.py

```
01   import random as rd
02
03   for k in range(5) :
04
05       print( k+1 , end=": " )
06
07       # 數字個數
08       n = rd.randint(3,5)
09
10       # nums 儲存 n 個介於 [2,9] 整數
11       nums = [ rd.randint(2,9) for i in range(n) ]
12
13       # p 儲存數字乘積
14       p = 1
15       for x in nums : p *= x
16
17       # 列印乘積式子
18       for i in range(n) :
19           print( nums[i] , end=" x " if i < n-1 else " = " )
20
21       # 列印乘積
22       print( p )
```

說明

　　本程式在產生串列數值後，隨即計算乘積，最後使用迴圈印出乘法運算式。程式在第 19 列利用倒裝條件式檢查迴圈的迭代變數 i 是否為串列的最後一個下標，若是則設定 end 字串為 " = " 否則為 " x "，這是在運算式中使用倒裝條件式的好時機，可讓程式碼變得簡潔。此外本程式的末五列式子可改寫成以下一列：

```
print( " x ".join( [ str(x) for x in nums ] ) , "=" , p )
```

這是使用第 229 頁的串列輸出用法。

■ 相同數字的數量

題目　　撰寫程式，讀入數字 n 建構一整數串列有 n 個介於 [1,5] 之間的亂數，找出相同數字的個數，輸出如下：

> 10

nums = [2, 5, 2, 4, 2, 1, 5, 1, 4, 3]

> 1 : 2 個

```
> 2 : 3 個
> 3 : 1 個
> 4 : 2 個
> 5 : 2 個
```

程式 ·· count_no.py

```
01    import random as rd
02
03    n = int( input("> ") )
04
05    a , b = 1 , 5
06
07    # nums : n 個介於 [a,b] 的整數
08    nums = [ rd.randint(a,b) for i in range(n) ]
09
10    print( "\n" + "nums =" , nums , end="\n\n" )
11
12    for x in range(a,b+1) :
13
14        # 逐一比對數字 x 在 nums 串列的出現次數
15        c = 0
16        for y in nums :
17            if x == y : c += 1
18
19        print( '>' , x , ':' , c , '個' )
```

說明

　　程式建構 nums 串列後隨即使用迴圈逐一比對迭代變數 x 在 nums 串列出現的次數，然後印出比對結果。在程式中的 15-17 三列式子可用以下式子替代：

```
# 利用初值設定式在 x==y 滿足時才產生串列元素，然後回傳串列長度
c = len( [ 1 for y in nums if x==y ] )
```

這是當迭代變數 x 與 nums 串列元素 y 相同時，才在新串列產生整數 1，當新串列產生後，隨即計算串列長度，此值即為 c 值，這種寫法比使用三列式子來得簡潔且漂亮。此外也可將初值設定式直接放入程式最後的列印式子中，如此連 c 變數都可省略。

■ 串列交集

題目　　撰寫程式，產生兩個串列各有五個一位數，串列數字不重複，找出交集數字，並由小排到大。

```
> a : 7 1 3 4 2
> b : 9 8 1 3 2
> c : 1 2 3
```

程式 ·································· list_intersection.py

```
01    import random as rd
02
03    # nums [1,2,3,..,9]
04    nums = list(range(1,10))
05
06    # 打亂 nums， a 為前五個數
07    rd.shuffle(nums)
08    a = nums[:5]
09
10    # 再次打亂 nums， b 為前五個數
11    rd.shuffle(nums)
12    b = nums[:5]
13
14    # 列印 a 串列
15    print( "> a :" , " ".join( [ str(x) for x in a ] ) )
16
17    # 列印 b 串列
18    print( "> b :" , " ".join( [ str(x) for x in b ] ) )
19
20    # c 為在 a 且也在 b 的元素，且由小到大排序
21    c = sorted( [ x for x in a if x in b ] )
22
23    # 列印 c 交集串列
24    print( "> c :" , " ".join( [ str(x) for x in c ] ) )
```

說明

本題利用隨機套件的 shuffle 函式[235]將存有 1 到 9 的九個數字串列次序打亂兩次，取出前五個數字分別設定為 a 與 b 兩串列，然後直接使用串列初值設定式印出由小排到大的交集串列。程式末尾部份可將 21 與 24 兩列式子合併在一起，省略 c 串列的設定：

```
print( "> c :" ,
       " ".join( [ str(y) for y in sorted( [x for x in a if x in b] ) ] ) )
```

以上一個式子總共執行了五個步驟：(1) 取得交集串列 (2) sorted 排序 (3) str 轉型 (4) join 合併 (5) print 列印。

■ 前後平均數的差值

題目　撰寫程式隨意產生 20 個在 [0,100] 之間數字，由大到小排列，計算此 20 個數字的前 25% 數字平均數與後 25% 數字平均數與其差值，輸出如下：

> 前 25% : 99 93 93 75 72
平均　 : 86.4

> 後 25% : 35 35 16 11 1
平均　 : 19.6

> 相差　 : 66.8

程式　‧‧ avg_diff.py

```python
01   import random as rd
02
03   # n : 20 筆資料
04   n = 20
05
06   # m : n 的 25% 數量
07   m = n//4
08
09   # 取 n 筆亂數後隨即由大到小排序
10   snums = sorted( [ rd.randint(1,100) for i in range(n) ] )[::-1]
11
12   # 計算前、後 25% 平均數
13   avg1 = sum( snums[:m] ) / m
14   avg2 = sum( snums[-m:] ) / m
15
16   # 輸出
17   print( "> 前 25% :" , " ".join( [ str(x) for x in snums[:m] ] ) )
18   print( "  平均　 :" , "{:<4.1f}".format( avg1 ) , end="\n\n" )
19
20   print( "> 後 25% :" , " ".join( [ str(x) for x in snums[-m:] ] ) )
21   print( "  平均　 :" , "{:<4.1f}".format( avg2 ) , end="\n\n" )
22
23   print( "> 相差　 :" , "{:<4.1f}".format( avg1 - avg2 ) )
```

說明

　　產生 20 筆數據後隨即排序，排序時特別在 sorted 函式後使用 [::-1] 使得串列改為逆向排列，造成原來由小到大排列的串列變成由大到小排列。接下來設定下標範圍分別取得前 25% 與後 25% 的數字串列，並立即計算平均數。本程式因同時使用多個串列初值設定式讓整個程式顯得相當的乾淨俐落，程式末尾的一些列印式子使用浮點數格式輸出語法用來控制小數點後的輸出位數，詳細可參考第 20 頁的說明。

■ 驗證連續數字

題目 　打亂存有 1 到 5 的整數串列，取出前三個元素，驗證是否為連續數字。

```
1: 1 2 5 --> 不是連續數字
2: 2 3 4 --> 連續數字
3: 1 4 5 --> 不是連續數字
4: 2 4 5 --> 不是連續數字
5: 3 4 5 --> 連續數字
```

程式 ・・・・・・・・・・・・・・・・・・・・・・・・・・・・・・・・・・・・・ cnums.py

```python
01    import random as rd
02
03    # n  ：取出的數字個數
04    # [a,b] ：數字範圍
05    n , a , b = 3 , 1 , 5
06
07    # nums  ：[a,b] 之間序列
08    nums = list(range(a,b+1))
09
10    for k in range(5) :
11
12        # 打亂序列
13        rd.shuffle(nums)
14
15        # cnums ：取出打亂後的 nums 序列的前 n 個數字後再排序
16        cnums = sorted( nums[:n] )
17
18        # 列印結果
19        print( k+1 , " ".join( [ str(x) for x in cnums ] ) , sep=": " ,
20              end=" " )
21
22        # 新串列只有在 cnums 的相鄰數相差 1 才有新元素，no 為其長度
23        no = len( [ 1 for i in range(n-1) if cnums[i+1]-cnums[i]==1 ] )
24
25        print( "--> " + ( "" if no == n-1 else "不是" ) + "連續數字" )
```

說明

　　本題將 1 到 5 的數字序列打亂後取出前 n(=3) 個數，由小到大排序，然後判斷此三數是否為連續數。本程式的重點在第 23 列，此式子計算新串列的元素個數並將其值設定為 no，新串列僅在相鄰數字相差為 1 才有新元素。在末尾式子中的條件式檢查 no 是否為 n-1，這是用來判斷取出的數字串列是否為連續數。本題的程式步驟直接了當，很容易理解。但若改用 C 或 C++ 等傳統程式語言來設計，撰寫出來的程式會複雜許多。

■ 楊輝三角形

題目 讀入整數 n ，印出 n 列的楊輝三角形數字。

```
> 5

1
1   1
1   2   1
1   3   3   1
1   4   6   4   1
```

程式 .... yang_triangle.py

```
01   n = int( input("> ") )
02
03   # 列印 n 列
04   for k in range(n) :
05
06       p2 = []
07
08       # 設定 p2 串列
09       for i in range(k+1) :
10
11           x = 1 if i in [0,k] else p1[i-1] + p1[i]
12           p2 += [ x ]
13
14       # 列印 p2 串列
15       print( " ".join( [ "{:>3}".format(x) for x in p2 ] ) )
16
17       # p2 指定為 p1 串列
18       p1 = p2
```

說明

　　楊輝三角形又稱巴斯卡三角形，各列數字規則為首尾兩數為 1，中間數為上一列同位置與前一位置的數字和，換成公式為：

$$p2[i] = \begin{cases} 1 & i \text{ 為首尾兩位置下標} \\ p1[i-1] + p1[i] & i \text{ 為中間位置下標} \end{cases}$$

p1、p2 為前後兩串列，p2 比 p1 多一個數值。每建構新的 p2 串列後，隨即印出串列，末尾讓 p1 設定為 p2 然後繼續迭代。在以上程式碼中的 6-12 列可用初值設定式簡化成一列，整個程式在去除空列與註解後僅需四列即能完成，程式如下：

```
01    n = int( input("> ") )
02
03    # 列印 n 列
04    for k in range(n) :
05
06        # 設定 p 串列
07        p = [ 1 if i in [0,k] else p[i-1]+p[i] for i in range(k+1) ]
08
09        # 列印 p 串列
10        print( " ".join( [ "{:>3}".format(x) for x in p ] ) )
```

■ 數字比對：幾 A 幾 B

題目　比對兩個數字不重複的四位數，若數字在同位置相同得一 A，若在不同位置相同得一 B，撰寫程式產生五組數字，並印出比對結果。

```
> 3647 4650 : 1A1B
> 4028 7318 : 1A0B
> 9674 5274 : 2A0B
> 6957 5129 : 0A2B
> 9764 6502 : 0A1B
```

```
01    import random as rd
02
03    ns = list( range(0,10) )
04
05    m = 4
06    for i in range(5) :
07
08        # 第一個四位數
09        rd.shuffle(ns)
10        n1 = ns[:m] if ns[0] else ns[1:m+1]
11
12        # 第二個四位數
13        rd.shuffle(ns)
14        n2 = ns[:m] if ns[0] else ns[1:m+1]
15
16        # 計算同位置數字相同的個數：幾 A
17        a = 0
18        for k in range(m) :
19            if n1[k] == n2[k] : a += 1
20
21        # 計算不同位置數字相同的個數：幾 B
```

```
22          b = 0
23          for k in range(m) :
24              if n1[k] != n2[k] and n1[k] in n2 : b += 1
25
26          # 輸出結果
27          print( ">" , "".join( [ str(x) for x in n1 ] ) ,
28                 "".join( [ str(x) for x in n2 ] ) ,
29                 ":" , "{:}A{:}B".format(a,b) )
```

說明

為產生兩個數字不重複的四位數，首先打亂 0 到 9 的 ns 序列，取出前四個數成新的序列，同時要確認千位數不為 0。接下來依規則計算同位置數字相同的個數，不同位置數字相同的個數，分別將數值存於 a 與 b 兩數，最後印出結果。在程式的 16-24 列計算 a 與 b 兩數的式子可改用以下初值設定式求得：

```
# a：同位置且數字相同的個數
a = len( [ 1 for k in range(m) if n1[k] == n2[k] ] )

# b：不同位置數字相同的個數
b = len( [ 1 for k in range(m) if n1[k] != n2[k] and n1[k] in n2 ] )
```

由本節中的程式範例可知，若能在程式設計中靈活運用串列初值設定式，程式將會變得相對簡潔，同時開發程式過程也會覺得很有成就感。初學者如果還不能活用初值設定式，可先將程式設計成迴圈型式，然後再加以改寫，如此就會慢慢地熟悉這些用法，未來自然能順手寫出一個充滿 Python 風格的程式。

6.16 串列範例

以下程式範例使用串列來完成程式設計，與前一節相較程式問題稍加複雜，但程式的執行步驟仍是直接了當，且只使用基本的串列語法。至於較難的應用題目，將留待下一章再加以介紹。

■ 找出數學運算式：窮舉法

[題目] 以下英文字母各代表不同數字，撰寫程式找出以下數學運算式：

```
    F O R T Y
        T E N
  +     T E N
  -------------
    S I X T Y
```

[想法]

　　以上的數學運算式共有十個字母，分別代表十個不同數字，理論上可使用十層迴圈，讓各層迴圈的迭代變數依次代表不同字母數字，各迴圈由 0 到 9 迭代變化，讓程式將所有可能的數字組合全部測試了一遍，如此一定能找到答案。這樣程式設計方法稱為窮舉法[178]，應用此概念，程式的迴圈迭代架構大致可寫成以下型式：

```
for F in range(10) :                        # 第一層迴圈
    ...
    for O in range(10) :                     # 第二層迴圈
        ...
        for R in range(10) :                 # 第三層迴圈
            ...
            for T in range(10) :             # 第四層迴圈
                ...
                ...
                for X in range(10) :         # 第十層迴圈
```

以上十層迴圈總共迭代 10^{10} 次，極度浪費計算機的運算資源，是一種非常缺乏效率的程式設計方法，整個程式運算步驟需完全加以改寫才能快速找到數字組合。

　　由於不同字母代表不同數字，為了增進效率，若在迭代過程中提早過濾已出現過的數字，直接跳過換下個數字，即可省下許多運算步驟。字母數字共有十個，若使用第五章範例[178]程式的處理方式，逐一檢查數字是否重複的判斷式將會相當冗長，例如：若要檢查 X 字母數字是否與其他字母數字相同，如果是則提早跳過相同數字的迴圈運算，程式大概要寫成以下方式：

```
if ( X==F or X==O or X==R or X==T or X==Y or X==E or
    X==N or X==S or X==I ) : continue
```

以上的條件判斷式相當冗長，容易輸入錯誤。這種情況剛好是使用 in 運算子[222]的最好時機，條件判斷式可簡化成以下式子：

```
if X in [ F , O , R , T , Y , E , N , S , I ] : continue
```

　　為了簡化整個程式碼，避免使用十層迴圈架構，本程式改以雙層迴圈來設計。外層迴圈於 [10234,98765] 五位數區間迭代，直接將迴圈迭代變數設定為 forty，在迴圈內先利用初值設定式將 forty 數字分解為串列，然後再依次設定為 F、O、R、T、Y 等五個字母數字。內層迴圈迭代 [1,98] 之間數字，取得 E 與 N 兩字母數字，之後計算 ten 與 sixty 兩數字。有了這三個數字，之後就只要檢查字母數字是否有重複出現，若有則提早跳過重複數字，如此即可很快找到正確的數學運算式。在以下程式中，使用了許多 in 運算子式子用來檢查是否有重複的數字出現，這是相當簡單且好用的語法，讓程式清晰易懂，便於日後的程式維護。

程式 ‥‥‥‥‥‥‥‥‥‥‥‥‥‥‥‥‥‥‥‥‥‥‥‥‥‥‥‥‥ forty.py

```
01   for forty in range(10234,98766) :
02
03       # 分解為數字串列：ns = [ F , O , R , T , Y ]
04       ns = [ int(k) for k in str(forty) ]
05
06       # forty 數字分別指定為個別變數
07       F , O , R , T , Y = ns
08
09       # 跳過重複出現的數字
10       if O in ns[:1]  or  R in ns[:2]  or  T in ns[:3]  or  Y in ns[:4] :
11           continue
12
13       for no in range(1,99) :
14
15           E , N = no//10 , no%10
16
17           # 跳過重複出現的數字
18           if E == N  or  E in ns  or  N in ns : continue
19
20           # 計算 ten 與 sixty 數字
21           ten = T * 100 + no
22           sixty = forty + 2 * ten
23
```

```
24          if sixty >= 100000 : continue
25
26          # sixty 分別指定為個別變數
27          S , I , X , t , y = [ int(k) for k in str(sixty) ]
28
29          if t != T or y != Y : continue
30
31          # ns2 = [ F , O , R , T , Y , E , N , S , I ]
32          ns2 = ns + [ E , N , S , I ]
33
34          # 跳過重複出現的數字
35          if S in ns2[:7]  or  I in ns2[:8]  or  X in ns2 : continue
36
37          # 列印運算式
38          print( "{:>7}\n{:>7}\n+{:>6}\n{:}\n{:>7}".format( forty, ten,
39                                                            ten, '-'*7,
40                                                            sixty) )
```

本範例純粹用來當成程式設計的練習題，實際上此題的數學運算式完全可以用數學推導出來，且會比程式設計快上許多。這也代表著有時候在動手寫程式之前，先對程式問題仔細思考，或許只要推導一下就可找到答案，此時連程式設計都可省去，以上程式執行後輸出：

```
  29786
    850
+   850
-------
  31486
```

■ 最大的相鄰球號碼差距

題目 42 個號碼球，取出 6 顆球，由小排到大，找出相鄰號碼球間有
著最大號碼差距的球組，將其全部印出來，用程式模擬五次，輸出
如下：

```
1 ： 4 20 23 30 35 40
> 最大的相鄰球號碼差距: 16 , 共 1 組: [4,20]

2 ： 10 13 24 28 38 40
> 最大的相鄰球號碼差距: 11 , 共 1 組: [13,24]

3 ： 10 14 20 21 26 36
> 最大的相鄰球號碼差距: 10 , 共 1 組: [26,36]

4 ： 2 4 10 22 27 39
> 最大的相鄰球號碼差距: 12 , 共 2 組: [10,22] [27,39]

5 ： 3 5 13 21 23 26
> 最大的相鄰球號碼差距: 8 , 共 2 組: [5,13] [13,21]
```

說明

　　串列用來儲存許多同質性資料，在程式設計中經常需用到不同的串列來
儲存各式資料組合。以本程式問題為例，簡單分析可知至少需用到三個串
列：首先需有一個串列用來儲存 42 顆球的號碼，第二個串列用來儲存取出
6 顆球的號碼，第三個串列用來儲存兩相鄰球號碼的差距，6 顆球只有 5
個數字差。這三個串列接續影響，不互為獨立。例如：第一個號碼球串列經
過打亂後，取出前 6 個號碼再經過排序才設定為第二個串列，第三個串列
則需使用迴圈迭代第二個串列 6 顆球中的前 5 顆球，計算相鄰球的號碼差
值，基本的程式步驟如下：

```python
import random as rd

# [1,42] 連號球串列
balls = list(range(1,42))

# 打亂
rd.shuffle(balls)

# outs 串列：取出 balls 串列的前六個球後排序
outs = sorted( balls(:6) )

# dists 串列：計算相鄰球的號碼差距
dists = [ outs[k+1] - outs[k] for k in range(5) ]
```

　　有了 dists 串列儲存相鄰球間的號碼差距資料，才能用來找出最大號碼差距。若 dists[k] 為最大號碼差距，即代表 outs[k] 與 outs[k+1] 兩相鄰球有最大的號碼差距，只要記錄下標 k 即可取得球號碼。由於最大的相鄰球號碼差距可能不只一個，可能有若干個相鄰球組。此時需使用另一個串列儲存所有可能的下標 k，每找到同樣大的號碼差距時，將新下標 k 加於新串列之後，以下為相關的程式步驟：

```python
# 設定初始最大的相鄰球號碼差距為 0
max_dist = 0

# 儲存下標 k 使得 outs[k] 與 outs[k+1] 有最大的號碼差距
outs_index = []

# 迭代所有差距，k 同時為 outs 與 dists 兩串列的下標
for k in range(5) :

    if max_dist < dists[k] :
        # 找到更大的號碼差距：同時更新 max_dist 與 outs_index
        max_dist = dists[k]
        outs_index = [ k ]

    elif max_dist == dists[k] :
        # 找到同樣的號碼差距：增加新下標於 outs_index
        outs_index += [ k ]
```

將以上兩個程式組合在一起，再加上輸出結果的式子，程式就完成了。

程式 ··· max_distance.py

```python
01  import random as rd
02
03  # n：執行次數
04  # m：球數
05  n , m = 5 , 6
06
07  balls = list(range(1,42))
08
09  for i in range(n) :
10
11      # 打亂
12      rd.shuffle(balls)
13
14      # 取出 m 顆球後排序
15      outs = sorted( balls[:m] )
16
17      # 計算相鄰球的號碼差距
```

```
18      dists = [ outs[k+1] - outs[k] for k in range(m-1) ]
19
20      # 設定初始最大的相鄰球號碼差距為 0
21      max_dist = 0
22
23      # 儲存下標 k 使得 outs[k] 與 outs[k+1] 有最大的號碼差距
24      outs_index = []
25
26      # 共有 m-1 個號碼差距
27      for k in range(m-1) :
28
29          if max_dist < dists[k] :
30              # 找到更大的號碼差距：同時更新 max_dist 與 outs_index
31              max_dist = dists[k]
32              outs_index = [ k ]
33
34          elif max_dist == dists[k] :
35              # 找到同樣的號碼差距：增加新下標於 outs_index
36              outs_index += [ k ]
37
38      print( i+1 , ":" , " ".join( str(x) for x in outs ) )
39      print( "> 最大的相鄰球號碼差距:" , max_dist , ', 共',
40             len(outs_index) , '組:' , end=" " )
41
42      # 輸出號碼球組合
43      for k in outs_index :
44          print( "[{:},{:}]".format( outs[k] , outs[k+1] ) , end=" " )
45
46      print("\n")
```

■ 矩陣乘以向量

題目　撰寫程式模擬矩陣乘以向量運算，輸入兩數 m 與 n 控制矩陣與
向量大小，使用 [0,1] 整數亂數設定矩陣與向量元素值。

```
> m , n = 4 , 3                      > m , n = 3 , 5

> mat :                              > mat :
[ 1 0 0 ]                            [ 1 0 0 0 1 ]
[ 1 1 0 ]                            [ 0 1 1 0 0 ]
[ 0 1 1 ]                            [ 0 1 0 1 0 ]
[ 1 0 1 ]
                                     > vec :
> vec :                              [ 0 0 1 1 0 ]
[ 1 0 1 ]
                                     > product :
> product :                          [ 0 1 1 ]
[ 1 1 1 2 ]
```

想法

在數學上，m×n 的 M 矩陣乘上 n 個元素的行向量 a 可得到 m 個元素
的行向量 b，數學公式如下：

$$b_i = \sum_{j=0}^{n-1} M_{ij} \times a_j \quad \forall\, i \in [0,m-1]$$

在程式上，可先用串列初值設定式分別產生 m×n 的 mat 矩陣與 n 個元素
的 a 向量，同時也要分配足夠的空間給 b 向量，以上的乘法公式換成程式
語法為：

```
b = [ None ]*m
for i in range(m) :
    b[i] = sum( [ mat[i][j] * a[j] for j in range(n) ] )
```

這種程式寫法與數學公式幾乎一樣，程式剩下的部份即是列印矩陣與向量等
式子。

程式 ·· matxarray.py

```
01    from random import *
02
03    m , n = eval( input("> m , n = ") )
04
05    # mat：mxn 矩陣
06    mat = [ [ randint(0,1) for c in range(n) ] for r in range(m) ]
```

```
07
08      # a：n 個元素向量
09      a = [ randint(0,1) for r in range(n) ]
10
11      # b：可儲存 m 個元素向量
12      b = [ None ] * m
13
14      # mat 矩陣乘 a 向量後取和
15      for i in range(m) :
16          b[i] = sum( [ mat[i][j] * a[j] for j in range(n) ] )
17
18
19      # 列印 mat 矩陣
20      print( "\n> mat :" )
21      for vec in mat :
22          print( "[" , " ".join( [ str(x) for x in vec ] ) , "]" )
23      print()
24
25      # 列印 a 向量
26      print( "> vec :" )
27      print( "[" , " ".join( [ str(x) for x in a ] ) , "]\n" )
28
29      # 列印 b 向量
30      print( "> product :" )
31      print( "[" , " ".join( [ str(x) for x in b ] ) , "]\n" )
```

■ 由下三角二維串列產生對稱矩陣

題目　由下三角二維串列造出對稱矩陣：

```
> 4                    > 5
1                      1
0 0                    0 0
1 0 0                  0 1 0
1 1 1 0                1 0 0 1
                       1 1 0 1 0

1 0 1 1
0 0 0 1                1 0 0 1 1
1 0 0 1                0 0 1 0 1
1 1 1 0                0 1 0 0 0
                       1 0 0 1 1
                       1 1 0 1 0
```

想法

此例的下三角二維串列的元素個數由 1 起隨列遞增，初始大概可寫成以下版本一型式：

```
# 版本一
mat1 = [ [ randint(0,1) ]*(r+1) for r in range(n) ]
```

但以上初值設定型式會讓每一列各個元素值都一樣，並不會隨行更改，這種數據型式與需求不符。由於下三角二維串列的每個元素都是獨立的亂數，需使用雙迴圈的初值設定來產生各個元素，程式如下：

```
# 版本二
mat1 = [ [ randint(0,1) for c in range(r+1) ] for r in range(n) ]
```

由於對稱矩陣的行列長度一樣，可先使用初值設定式定義矩陣為 n×n 且內存 None， 然後觀察 mat1 下三角二維串列與 mat2 對稱矩陣的元素關係後，再來設定對稱矩陣各元素的數值，以下為 mat1 與 mat2 兩矩陣元素的關係圖示：

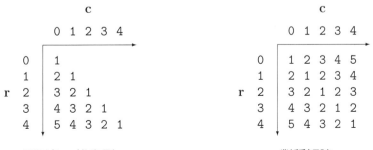

下三角二維串列：mat1　　　　　　　對稱矩陣：mat2

上圖右側矩陣與左側串列元素間的對應關係可寫成以下數學式子：

$$\text{mat2[r][c]} = \begin{cases} \text{mat1[r][c]} & r \geq c \\ \text{mat1[c][r]} & r < c \end{cases}$$

以程式表示：

```
# 版本一
mat2 = [ [ None ]*n for r in range(n) ]

for r in range(n) :
    for c in range(n) :
        if r >= c :
            mat2[r][c] = mat1[r][c]
        else :
            mat2[r][c] = mat1[c][r]
```

以上末尾四列條件式可用倒裝條件式簡寫為：

```
mat2[r][c] = mat1[r][c] if r >= c else mat1[c][r]
```

事實上，以上共七列的程式碼可更進一步以初值設定式簡化為以下型式：

```
# 版本二
mat2 = [ [ mat1[r][c] if r>=c else mat1[c][r] for c in range(n) ]
                                              for r in range(n) ]
```

由此可知 Python 程式語法的簡化能力是多麼驚人，但若要熟練到能隨手寫出，經常練習是必要的。

程式 ·· `lower2sym.py`

```
01    from random import *
02
03    while True :
04
05        n = int( input("> ") )
06
07        # 亂數設定下三角矩陣
08        mat1 = [ [ randint(0,1) for c in range(r+1) ] for r in range(n) ]
09
10        # 初值設定式：取代以下的冗長版
11        mat2 = [ [ mat1[r][c] if r>=c else mat1[c][r] for c in range(n) ]
12                                                      for r in range(n) ]
13
14        '''
15        # 冗長版本：
16
```

```
17          # 先設定 nxn 的矩陣，預設值皆為 None
18          mat2 = [ [ None ]*n for r in range(n) ]
19
20          for r in range(n) :
21              for c in range(n) :
22                  if r >= c :
23                      # 下三角 r >= c
24                      mat2[r][c] = mat1[r][c]
25                  else :
26                      # 上三角 c > c
27                      mat2[r][c] = mat1[c][r]
28          '''
29
30          # 列印下三角二維串列
31          for arr in mat1 :
32              for x in arr : print( x , end=" " )
33              print()
34
35          print()
36
37          # 列印對稱矩陣
38          for arr in mat2 :
39              for x in arr : print( x , end=" " )
40              print()
41
42          print()
```

在以上程式碼中，第 14 列與第 28 列各有三個單引號，其作用是用來將這兩個成對的三個單引號之間的程式碼註解起來，這是 Python 專門用來註解一整段文字的方法。這裡三個單引號也可換成三個雙引號，但仍需保留成對。此外需留意這種跨列註解的第一個三引號仍需滿足程式的縮排規定，否則會引起程式錯誤。

■ 方塊亂數矩陣

題目　有一大矩陣包含 2×2 方塊矩陣，每一方塊矩陣皆為 3×3 矩陣，假設每一方塊內存相同亂數，亂數介於 [1,9] 之間，撰寫程式，列印大矩陣資料。

```
2 2 2 8 8 8
2 2 2 8 8 8
2 2 2 8 8 8
5 5 5 6 6 6
5 5 5 6 6 6
5 5 5 6 6 6
```

想法

本題可參考第四章的數字方塊[132]，將大矩陣切割為 2×2 的方陣矩陣，每個方塊為 3×3 小矩陣，如右圖。若讓 m 代表大矩陣每邊有 2 個方塊，n 代表方塊每邊有 3 個元素，如此整個大矩陣為 (m×n)×(m×n)。

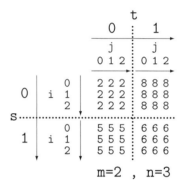

此題的程式設計重點首先要分配足夠空間來儲存大矩陣所有元素，由於大矩陣有 (m×n)×(m×n) 元素，可直接利用串列初值設定寫成以下型式：

```
mat = [ [None]*(m*n) for i in range(m*n) ]
```

此外大矩陣有 m×m 個方陣，每個方陣所有的元素都等值，因此可定義一 m×m 矩陣內存每個方陣的亂數初值：

```
from random import *
vals = [ [ randint(1,9) for t in range(m) ] for s in range(m) ]
```

建構了大矩陣空間與方陣亂數初值矩陣後，需將方陣數值對應到大矩陣的各個位置上，也就是需推導元素在大矩陣的下標 (p,q) 與第 (s,t) 個方陣內下標 (i,j) 的關係，此可由簡單數學推導得到以下公式：

$$p = s×n + i \quad s∈[0,m-1] , i∈[0,n-1]$$
$$q = t×n + j \quad t∈[0,m-1] , j∈[0,n-1]$$

有了以上的初值設定與大矩陣與方塊的下標關係式，撰寫程式使用迴圈由外
而內依次使用 s、i、t、j 等四層迴圈後，程式的主體結構就完成了。

程式 ··· block_mat.py

```python
01    from random import *
02
03    # m 方塊數    n 方塊大小
04    m , n = 2 , 3
05
06    # 定義大矩陣空間
07    mat = [ [None]*(m*n) for i in range(m*n) ]
08
09    # 每個方塊矩陣內存的亂數
10    vals = [ [ randint(1,9) for t in range(m) ] for s in range(m) ]
11
12
13    # 縱向：方塊下標
14    for s in range(m) :
15
16        # 縱向：方塊內下標
17        for i in range(n) :
18
19            # 橫向：方塊下標
20            for t in range(m) :
21
22                # 橫向：方塊內下標
23                for j in range(n) :
24
25                    # p , q 為大矩陣下標
26                    p , q = s*n+i , t*n+j
27
28                    mat[p][q] = vals[s][t]
29
30
31    # 大矩陣的縱向
32    for p in range(m*n) :
33
34        # 大矩陣的橫向
35        for q in range(m*n) :
36
37            print( mat[p][q] , end=" " )
38
39        print()
```

■ 金字塔數字方陣

題目   金字塔數字方陣：輸入方塊長度 n，產生 n×n 方陣，方陣由外向內儲存遞增的數字。

```
> 6                         > 7

1 1 1 1 1 1                 1 1 1 1 1 1 1
1 2 2 2 2 1                 1 2 2 2 2 2 1
1 2 3 3 2 1                 1 2 3 3 3 2 1
1 2 3 3 2 1                 1 2 3 4 3 2 1
1 2 2 2 2 1                 1 2 3 3 3 2 1
1 1 1 1 1 1                 1 2 2 2 2 2 1
                            1 1 1 1 1 1 1
```

想法

此題當 n 為奇數時方陣有對稱中心點，但若為偶數，並沒有對稱中心點，無法使用第二章的絕對值[37]用法來設定矩陣。觀察此題，若將數字當成高度，可發現方形的數字分佈如同金字塔由外向內以方塊內縮方式向上堆高，這個性質可利用以下層層堆疊的方式來模擬。

首先讓整個方塊 n×n 區域都設為 0，然後由左上角位置起讓整個方塊內的元素都加 1，設定完後著沿對角線走一步，此時新的方塊邊長就少 2，接下來再讓此方塊所有元素加 1，重複此過程直到新的方塊邊長小於 1 為止，整個過程如下圖：

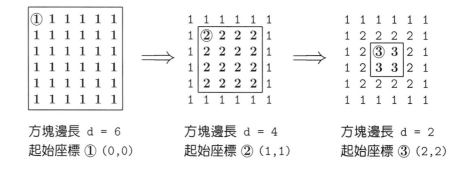

方塊邊長 d = 6   方塊邊長 d = 4   方塊邊長 d = 2
起始座標 ① (0,0)   起始座標 ② (1,1)   起始座標 ③ (2,2)

以上步驟最重要的地方就在要知道如何使用雙重迴圈遞增方塊內所有的數字，這只要設定方塊的起點位置 (k,k)，k 由 0 遞增與邊長 d 即能很快寫成程式，以下為程式碼：

程式 ·· `pyramid.py`

```
01    while True :
02
03        n = int( input("> ") )
04
05        # 矩陣初值皆設定 0
06        mat = [ [0]*n for i in range(n) ]
07
08        # k：起始座標位置   d：方塊邊長
09        k , d = 0 , n
10
11        # 當方塊長大於 0，重複迭代
12        while d > 0 :
13
14            # 讓方塊內所有數加 1
15            for i in range(d) :
16                for j in range(d) :
17                    mat[k+i][k+j] += 1
18
19            # 起點位置增加 1
20            k += 1
21
22            # 方塊長度遞減 2
23            d -= 2
24
25        # 列印矩陣
26        print()
27        for vec in mat :
28            print( " ".join( [ str(x) for x in vec ] ) )
29
30        print()
```

6.17 結語

相較於前幾章內容，本章的串列語法稍加複雜，需用較多的篇幅加以介紹，在學習上也要耗費較多的時間操作練習才能熟悉。一般來說，迴圈、邏輯式子、串列操作是基礎程式設計課程中最重要的學習內容，但只要熟練這三種程式語法就足以解決許多複雜的程式問題。本章僅介紹如何使用基本的串列操作來解決一些簡單的程式問題，較複雜的程式問題就留待下一章加以介紹。

6.18 練習題

以下的練習題多為簡單的串列語法應用，請多加練習藉以熟悉串列相關語法的操作。

1. 使用亂數產生一個介於 20 到 30 位數的數字，撰寫程式將各個數字出現的次數印出來。

```
> 9401112226015478864989570627

 0   1   2   3   4   5   6   7   8   9
--- --- --- --- --- --- --- --- --- ---
 3   4   4   0   3   2   3   3   3   3
```

2. 使用亂數隨機產生介於 [20,30] 個英文小寫字母，撰寫程式將各個字母出現的次數印出來。

```
> zmqlxkglrgxoznjefietkzejzr

a b c d e f g h i j k l m n o p q r s t u v w x y z
0 0 0 0 3 1 2 0 1 2 2 2 1 1 1 0 1 2 0 1 0 0 0 2 0 4
```

3. 撰寫程式，輸入阿拉伯數字回傳對照中文數字，若輸入中文數字，回傳其阿拉伯數字。

```
> 2380124
二三八零一二四

> 三四九零五六
349056
```

4. 五人參加兩項競賽，各項成績在 [1,9] 之間，撰寫程式利用亂數套件產生成績，然後將成績用以下的橫條圖呈現：

```
* * * * * * |8 A 7| * * * * * *
        * * * |3 B 4| * * * *
* * * * * * * * |9 C 9| * * * * * * * *
    * * * * * |6 D 3| * * *
        * * * |4 E 2| * *
```

5. 某班學生有 50 人，使用亂數產生 [1,100] 學生成績存入串列內，撰寫程式印出以下成績區間人數的橫條圖：

```
 0 - 20 | * * * * * * * * * * * * 12
21 - 40 | * * * * * * * 7
41 - 60 | * * * * * * * * * * 10
61 - 80 | * * * * * * * * * * * * 12
81 -100 | * * * * * * * * * 9
```

6. 用亂數產生十筆成績分數介於 [1,100] 之間，分數由大到小排列，逐一計算前二到前五名的平均成績，撰寫程式列印以下結果：

```
成績: 92 89 88 81 77 70 15 12 10 7

> 第 1 名成績 : 92
> 前 2 名平均成績 : 90.5
> 前 3 名平均成績 : 89.7
> 前 4 名平均成績 : 87.5
> 前 5 名平均成績 : 85.4
```

7. 由 20 個號碼球，編號由 1 到 20，任選 5 個球，選出的球號碼不能有相鄰號碼，請撰寫程式模擬產生 6 組號碼球，輸出時依球號碼由小到大排列：

```
1 : 2 8 11 15 17
2 : 3 6 8 10 15
3 : 2 4 6 14 20
4 : 5 11 13 15 19
5 : 4 6 8 12 16
6 : 2 6 15 17 19
```

8. 撰寫程式讀入兩數 n 與 m，產生一串列共 n×m 個一位數。由串列起始每次取出 n 個數字列印加法運算式如下：

```
n , m> 3 , 5

nums : [4, 3, 6, 2, 7, 1, 9, 5, 7, 2, 5, 8, 2, 1, 3]

1> 4 + 3 + 6 + 2 + 7 = 22
2> 1 + 9 + 5 + 7 + 2 = 24
3> 5 + 8 + 2 + 1 + 3 = 19
```

9. 隨意產生 4 到 6 個個位數存於串列，撰寫程式將數字印成以下加法算式與分步加法算式：

```
> 8 + 5 + 3 + 6 = 22              > 3 + 6 + 8 + 1 + 6 + 2 = 26

1:  8 + 5 = 13                   1:  3 + 6 = 9
2: 13 + 3 = 16                   2:  9 + 8 = 17
3: 16 + 6 = 22                   3: 17 + 1 = 18
                                 4: 18 + 6 = 24
                                 5: 24 + 2 = 26
```

10. 同上題條件，印出加減交錯的運算式：

```
> 3 - 5 + 9 - 9 = -2             > 8 - 2 + 4 - 8 + 3 - 9 = -4

1:   3 - 5 = -2                  1:   8 - 2 = 6
2:  -2 + 9 = 7                   2:   6 + 4 = 10
3:   7 - 9 = -2                  3:  10 - 8 = 2
                                 4:   2 + 3 = 5
                                 5:   5 - 9 = -4
```

11. 參考楊輝三角形[244]範例，撰寫程式，讀入數字 n 印出楊輝鑽石。

```
> 4                              > 5
```

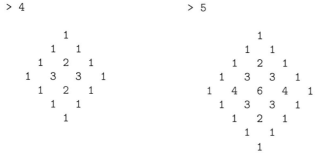

12. 同上題輸入，印出楊輝漏斗。

```
> 4                              > 5
```

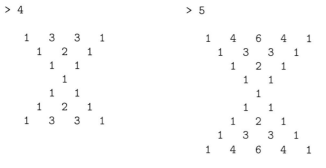

13. 撰寫程式，讀入數字 n 產生一串列有 n 個整數介於 [10,30] 之間，計算串列的相鄰數距離成新串列，輸出後取代原串列，重複執行直到串列僅剩一個元素為止，以下為某次執行的輸出結果：

```
         > 5
          17   19   21   22   26
           2    2    1    4
           0   -1    3
          -1    4
           5
```

14. 以下為高速公路某些出口的里程數：

城市	臺北	桃園	新竹	臺中	嘉義	臺南	高雄
里程	25	49	95	178	264	327	373

撰寫程式印出各出口間的距離表如下：

```
        臺北  桃園  新竹  臺中  嘉義  臺南  高雄
臺北      0    24    70   153   239   302   348
桃園     24     0    46   129   215   278   324
新竹     70    46     0    83   169   232   278
臺中    153   129    83     0    86   149   195
嘉義    239   215   169    86     0    63   109
臺南    302   278   232   149    63     0    46
高雄    348   324   278   195   109    46     0
```

15. 撰寫程式產生兩亂數，位數介於 [2,5] 位，讓乘數為兩數的較小數，撰寫程式印出直式相乘過程：

```
            6441                      62575
    x        502              x         568
    ---------                 ----------
           12882                     500600
        32205                      375450
    ---------                   312875
         3233382                 ----------
                                  35542600
```

提示：可用字串儲存乘數。

16. 撰寫程式隨意產生 3 到 5 個整數串列，每個整數位數在 [1,4] 位數之間，計算數字和，印成直式加法運算式。

```
          1667                      3947
           741                         4
             7                      9590
    +      214                        10
    ------                   +       610
          2629                     ------
                                    14161
```

17. 撰寫程式輸入數字位數 n，n 在 [2,5] 之間，隨意產生十個 n 位數，數字的各位數由左到右要越來越大。

```
> 3
589 679 567 169 127 367 128 257 347 167

> 4
3489 2378 3468 4569 1234 4589 4678 1589 4689 1369
```

提示：各位數的數字差都要是正數。

18. 隨意產生八個等差數字串列，每個串列有 4 到 6 個數字，等差串列的起始數為個位數，公差在 [-3,3] 之間，不包含零。撰寫程式用亂數決定是否隨意更動其中串列中的某數，並檢查新串列的數值是否仍為等差數列。

```
1> 2, 0, -2, -5 --> 不是等差數列 !!
2> 6, 8, 10, 12, 15, 16 --> 不是等差數列 !!
3> 2, 3, 4, 5, 6, 7 --> 等差數列
4> 4, 6, 9, 10, 12 --> 不是等差數列 !!
5> 8, 6, 4, 2, 0 --> 等差數列
6> 2, 5, 8, 11 --> 等差數列
7> 4, 5, 6, 7 --> 等差數列
8> 5, 2, 0, -4, -7 --> 不是等差數列 !!
```

19. 有十間房子在一條道路上，每間房子位於 [1,100] 之間的座標位置。輸入一距離 n，撰寫程式找出每間房子在此距離內的「鄰居」數量，並印出擁有最多鄰居數量的房子位置，輸出以下方式：

```
鄰居距離> 20
房子位置  33  41  47  53  66  68  75  85  88  96
鄰居數量   2   3   4   4   5   4   4   5   3   2
最多鄰居的房子位置  66  85

鄰居距離> 15
房子位置   2  13  20  34  52  76  83  91  94  97
鄰居數量   1   2   2   1   0   1   4   3   3   3
最多鄰居的房子位置  83
```

20. 撰寫程式讀入數字 n 產生五個 n 位數數字，判斷數字內的各位數數字是否有重複，輸出如下：

```
> 4                         > 5

3652 --> 數字不重複          81792 --> 數字不重複
4533 --> 數字重複            92425 --> 數字重複
4275 --> 數字不重複          58038 --> 數字重複
9369 --> 數字重複            79134 --> 數字不重複
9101 --> 數字重複            64837 --> 數字不重複
```

21. 參考數字比對[245]範例，撰寫程式，讀入數字 n 使用亂數產生 n 個數字不重複的四位數，然後由第二個數起逐一跟第一個數字比對，印出比對結果。

```
> 5                              > 6

  4271                             2406
> 4901 : 2A0B                    > 1698 : 0A1B
> 8672 : 1A1B                    > 1628 : 0A2B
> 5126 : 0A2B                    > 7936 : 1A0B
> 4537 : 1A1B                    > 4638 : 0A2B
                                 > 9468 : 1A1B
```

22. 同上題，但產生六個數字不重複的四位數，由第二個數起分別跟第一個數字比對，印出五個比對結果。然後將所有的四位數由小到大逐一比對，找出滿足所有比對結果的數字，將數字印出來。

```
  7250                             1842
> 2587 : 0A3B                    > 8135 : 0A2B
> 7035 : 1A2B                    > 4286 : 0A3B
> 4815 : 0A1B                    > 2683 : 0A2B
> 8641 : 0A0B                    > 4190 : 0A2B
> 9523 : 0A2B                    > 4621 : 0A3B

以下數字滿足以上所有比對結果：      以下數字滿足以上所有比對結果：
> 5072 7250                      > 1468 1842 1864 6418 6814
```

23. 參考數字比對[245]範例，撰寫程式產生十個數字，位數數字不重複，找出兩兩數字的比對結果，印成下表：

```
        7081  4687  5063  3815  5780  1285  9371  8502  4706  4927
7081    ****  1A1B  1A0B  0A2B  1A2B  1A1B  1A1B  0A2B  0A2B  0A1B
4687    1A1B  ****  0A1B  0A1B  1A1B  1A0B  0A1B  0A1B  1A2B  2A0B
5063    1A0B  0A1B  ****  0A2B  1A1B  0A1B  0A1B  0A2B  0A2B  0A0B
3815    0A2B  0A1B  0A2B  ****  0A2B  1A2B  0A2B  0A2B  0A0B  0A0B
5780    1A2B  1A1B  1A1B  0A2B  ****  1A1B  0A1B  0A3B  1A1B  0A1B
1285    1A1B  1A0B  0A1B  1A2B  1A1B  ****  0A1B  0A3B  0A0B  0A1B
9371    1A1B  0A1B  0A1B  0A2B  0A1B  0A1B  ****  0A0B  0A1B  0A2B
8502    0A2B  0A1B  0A2B  0A2B  0A3B  0A3B  0A0B  ****  1A0B  0A1B
4706    0A2B  1A2B  0A2B  0A0B  1A1B  0A0B  0A1B  1A0B  ****  1A1B
4927    0A1B  2A0B  0A0B  0A0B  0A1B  0A1B  0A2B  0A1B  1A1B  ****
```

24. 利用數字比對[245]方式來比對兩兩數字是否相近，找出其中最相近的數字組合。這裡的「相近」是利用數字比對結果 aAbB 來決定，首先比較 a+b 之和、再比較 a 值、最後比較 b 值，依三者數字的大小來決定兩數是否「相近」。修改上題程式在印出比對表格後，連帶輸出最相近的數字組合。

```
        7081   4687   5063   3815   5780   1285   9371   8502   4706   4927
7081    ****   1A1B   1A0B   0A2B   1A2B   1A1B   1A1B   0A2B   0A2B   0A1B
4687    1A1B   ****   0A1B   0A1B   1A1B   1A0B   0A1B   0A1B   1A2B   2A0B
5063    1A0B   0A1B   ****   0A2B   1A1B   0A1B   0A1B   0A2B   0A2B   0A0B
3815    0A2B   0A1B   0A2B   ****   0A2B   1A2B   0A2B   0A2B   0A0B   0A0B
5780    1A2B   1A1B   1A1B   0A2B   ****   1A1B   0A1B   0A3B   1A1B   0A1B
1285    1A1B   1A0B   0A1B   1A2B   1A1B   ****   0A1B   0A3B   0A0B   0A1B
9371    1A1B   0A1B   0A1B   0A2B   0A1B   0A1B   ****   0A0B   0A1B   0A2B
8502    0A2B   0A1B   0A2B   0A2B   0A3B   0A3B   0A0B   ****   1A0B   0A1B
4706    0A2B   1A2B   0A2B   0A0B   1A1B   0A0B   0A1B   1A0B   ****   1A1B
4927    0A1B   2A0B   0A0B   0A0B   0A1B   0A1B   0A2B   0A1B   1A1B   ****
```

> 最相近的數字組合:
```
1 : 7081 5780 --> 1A2B
2 : 4687 4706 --> 1A2B
3 : 3815 1285 --> 1A2B
```

提示：可參考號碼球組[250]範例程式，本程式問題的找尋最相近的數字組合過程與號碼球組程式決定最大的相鄰球號碼差距過程相似。

25. 使用亂數控制某粒子左右移動的距離，假設粒子剛開始在原點，產生 10 亂數介於 [-5,5] 之間，不含數字 0，正數向右，負數向左，撰寫程式，分別計算此粒子**穿過**原點的次數，以下為兩次執行的輸出結果：

```
移動距離 =  -2   3  -4  -4   5   4  -1   3  -4   5
粒子位置 =  -2   1  -3  -7  -2   2   1   4   0   5
穿過原點次數 =  3

移動距離 =  -4   2   3   4  -1  -4  -3  -4  -4   2
粒子位置 =  -4  -2   1   5   4   0  -3  -7 -11  -9
穿過原點次數 =  2
```

請留意，粒子走到原點不等於穿過原點。

26. 產生一個串列有 50 個介於 [0,1] 整數，撰寫程式在串列中找出數字 1 連續出現超過 1 次以上情況，印出各次的起始下標與連續出現的次數，輸出如下：

```
   | 0 1 2 3 4 5 6 7 8 9            | 0 1 2 3 4 5 6 7 8 9
------------------------------   ------------------------------
 0 | 1 0 0 1 1 1 0 1 0 1          0 | 0 1 1 1 0 0 1 0 1 0
10 | 1 1 1 1 0 1 0 1 1 0         10 | 1 1 1 0 1 1 1 0 1 1
20 | 1 0 0 0 0 0 1 1 0 0         20 | 0 0 0 1 1 0 1 1 1 1
30 | 0 1 1 0 0 0 1 1 1 1         30 | 1 1 1 0 1 1 1 0 1 1
40 | 0 1 0 0 0 0 0 0 1 0         40 | 1 0 0 1 1 0 0 1 0 1

下標:  3  9 17 26 31 36         下標:  1 10 14 18 23 26 34 38 43
次數:  3  5  2  2  2  4         次數:  3  3  3  2  2  7  3  3  2
```

27. 以下英文字母各代表不同數字，撰寫程式找出以下數學運算式：

```
          F I V E
            T W O
    +       O N E
    -------------
        E I G H T
```

提示：程式只要使用三層迴圈，答案共有六組解，且由簡單數字分析可知被加數為 90xx。

28. 以下每個方格代表一個在 [1,9] 之間的整數，且數字不重複，撰寫程式將以下數學算式找出來（答案有兩組）。

```
    □ □ □ □ □
  −   □ □ □ □
    3 3 3 3 3
```

提示：可使用雙層迴圈結構，被減數在 34xxx 到 43xxx 之間。

29. 同上題條件，撰寫程式求得以下的分數加法算式，各分數的分子皆為一位數，分母為兩位數。為避免項數重新排列後仍得一樣的算式，撰寫程式時，僅列印分數的分母是由小到大排列的算式組合：

$$\frac{□}{□□} + \frac{□}{□□} + \frac{□}{□□} = 1$$

提示：將等號左側的三個分數加法運算改用分母通分再加以運算，藉以避免來自分子除以分母的浮點數運算所造成的截去誤差[15]影響。

30. 以下九個方格可填入 1 到 9 之間的整數，且數字不重複，撰寫程式利用窮舉法將每個方塊的數值算出來：

```
    □ × □ − □ = 30
    ×   +   ×
    □ − □ + □ = 0
    ÷   ×   +
    □ + □ × □ = 13
    ‖   ‖   ‖
    3   44  44
```

31. 參考矩陣乘以向量[253]範例，更改輸出格式為以下型式：

```
> m , n = 3 , 5                          > m , n = 5 , 7

[ 1 1 1 0 1 ]   [ 1 ]   [ 3 ]           [ 1 1 1 1 1 1 1 ]   [ 0 ]   [ 3 ]
[ 1 1 1 0 0 ] x [ 0 ] = [ 2 ]           [ 1 1 0 1 0 0 1 ]   [ 0 ]   [ 2 ]
[ 0 1 0 1 1 ]   [ 1 ]   [ 2 ]           [ 1 0 0 0 1 0 1 ] x [ 0 ] = [ 2 ]
                [ 1 ]                   [ 0 0 1 1 0 1 1 ]   [ 1 ]   [ 2 ]
                [ 1 ]                   [ 0 1 0 0 0 0 1 ]   [ 1 ]   [ 1 ]
                                                            [ 0 ]
                                                            [ 1 ]
```

32. 參考金字塔數字方陣[260]範例，將數字改為遞減：

```
> 6                          > 7

3 3 3 3 3 3                  4 4 4 4 4 4 4
3 2 2 2 2 3                  4 3 3 3 3 3 4
3 2 1 1 2 3                  4 3 2 2 2 3 4
3 2 1 1 2 3                  4 3 2 1 2 3 4
3 2 2 2 2 3                  4 3 2 2 2 3 4
3 3 3 3 3 3                  4 3 3 3 3 3 4
                            4 4 4 4 4 4 4
```

33. 設定曹操《短歌行》的前四句為字串串列如下：

poem = ["對酒當歌" , "人生幾何" , "譬如朝露" , "去日苦多"]

撰寫程式印出以下詩句排列圖案：

```
去去去去去去去   譬譬譬譬譬譬譬   人人人人人人人   對對對對對對對
去日日日日日去   譬如如如如如譬   人生生生生生人   對酒酒酒酒酒對
去日苦苦苦日去   譬如朝朝朝如譬   人生幾幾幾生人   對酒當當當酒對
去日苦多苦日去   譬如朝露朝如譬   人生幾何幾生人   對酒當歌當酒對
去日苦苦苦日去   譬如朝朝朝如譬   人生幾幾幾生人   對酒當當當酒對
去日日日日日去   譬如如如如如譬   人生生生生生人   對酒酒酒酒酒對
去去去去去去去   譬譬譬譬譬譬譬   人人人人人人人   對對對對對對對
```

提示：參考遞增數字矩陣[260]範例。

34. 輸入偶數 n，將 n×n 方塊平分成四塊，每塊底層的數字介於 [1,4] 之間，以亂數設定，撰寫程式個別產生每塊金字塔數字方塊：

```
> 6                          > 8

4 4 4 2 2 2                  1 1 1 1 2 2 2 2
4 5 4 2 3 2                  1 2 2 1 2 3 3 2
4 4 4 2 2 2                  1 2 2 1 2 3 3 2
3 3 3 4 4 4                  1 1 1 1 2 2 2 2
3 4 3 4 5 4                  2 2 2 2 4 4 4 4
3 3 3 4 4 4                  2 3 3 2 4 5 5 4
                            2 3 3 2 4 5 5 4
                            2 2 2 2 4 4 4 4
```

第七章：串列應用

前言

串列用來儲存多筆相關資料，普遍用於一般的程式設計中。有別於上一章單純直接的程式操作例子，本章特別挑選了一些串列的應用範例，這些程式題目都有些難度，無法在看完題目後即能動手撰寫，初學者往往會不知如何下手，腦筋空白毫無頭緒。在此情況下，最好靜下心來改由紙筆作業入手，先在紙上將程式問題的一些資料以數字或變數符號代替，仔細觀察變化，利用「數學思維」推導其間的關係，藉以找到解題步驟。有了解法，就可利用 Python 的程式語法轉為程式碼，程式設計方能完成。

本書雖然僅僅介紹最常用的程式語法，但只要熟練了，這些語法就足以用來實作許多程式問題。初學者學習程式設計不能侷限於程式語法，反而是要學習在面對程式問題時，懂得如何尋思構想，找到問題的解題步驟，這才是研習本章程式範例的重點。

7.1 應用範例

以下的每一道程式題目都在挑戰你在遇到困難的程式問題時該如何構想，如何運用「數學思維」解決程式問題，如何藉由紙上作業推導相關式子，找出數字與程式變數間的關聯。程式問題本是變化多端，難以預測難易，若在設計程式前能運用數學思維切入問題，靜心推導，往往能找到完成程式問題的關鍵步驟，之後再動手撰寫程式時會順暢許多。

各個範例問題都很有趣味，請在理解後自行撰寫，才能清楚掌握到範例問題中程式碼實作的諸多細節，深化學習效果。此外本章末尾習題多與範例問題有所相關，建議多加習練，藉以加強數學思維的運用能力，爾後面對各種程式問題時自能從容應付，無所畏懼。

■ 數字直條圖

題目　撰寫程式，輸入正數，以直條圖表示各個數字：

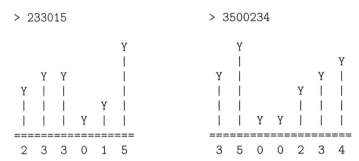

```
  > 233015                        > 3500234

                  Y                            Y
                  |                            |              Y
            Y  Y  |                      Y  |              |
         Y  |  |  |                      |  |           Y  |  |
         |  |  |     Y  |               |  |           |  |  |
         |  |  |  Y  |  |               |  |  Y  Y  |  |  |
         ================             =====================
         2  3  3  0  1  5             3  5  0  0  2  3  4
```

想法

　　觀察輸出圖形可知每條直線的長度剛好為對應數字大小，如此可在圖形中的縱向由上而下標上高度，以上方右圖為例：

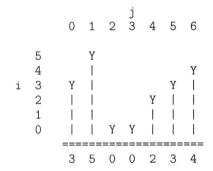

```
                    j
           0  1  2  3  4  5  6

       5         Y
       4         |                    Y
   i   3    Y  |           Y  |
       2    |  |        Y  |  |
       1    |  |        |  |  |
       0    |  |  Y  Y  |  |  |
           =====================
           3  5  0  0  2  3  4
```

由圖可知，左側高度 i 由輸入數的最高的位數數字 5 遞減到 0。若每條線的長度為 x，則每條線所列印的字元 w 可歸納成以下簡單數學條件式：

$$w = \begin{cases} \text{" "} & i > x \\ \text{"Y"} & i = x \\ \text{"|"} & i < x \end{cases}$$

有了以上關係，就很容易使用條件式來表示。除此之外，也要由輸入的數字求得各線條的長度與最長線條長度，這可由以下簡單式子即可取得：

① 由輸入數字字串 snum，取得各個位數的數字 nums：

　　　`nums = [ int(n) for n in snum ]`

　　以上 n 為數字字元，使用 int(n) 將其轉成整數。

② 取得輸入數字所有位數的最大數字：

```
maxn = max(nums)
```

如此直條圖的全部結構就有了，加上雙迴圈就可將整個直條圖列印出來。以下為整個程式碼：

程式 .... num_bar.py

```
01    while True :
02
03        snum = input("> ")
04
05        # 分解成位數數字串列
06        nums = [ int(m) for m in snum ]
07
08        # 最大數字
09        maxn = max(nums)
10
11        # 由高而下比較後再輸出
12        for i in range(maxn,-1,-1) :
13
14            # 取出各個位數
15            for x in nums :
16
17                if i > x :
18                    w = " "
19                elif i == x :
20                    w = "Y"
21                else :
22                    w = "|"
23
24                print( " {:} ".format(w) , end="" )
25
26            print()
27
28        # 輸出一排等號線
29        print( "==="*(len(nums)) )
30
31        # 輸出各位數數字
32        for x in nums : print( "{:>2} ".format(x) , end="" )
33
34        print()
```

■ 分解數字為垂直數字和

題目	撰寫程式，輸入正數，依位數由高到低分解，列印成直行排列的數字組合：

```
> 3215                          > 345023

1000 100 10 1                   100000 10000 1000 10 1
1000 100    1                   100000 10000 1000 10 1
1000        1                   100000 10000 1000    1
            1                          10000 1000
            1                                1000
```

想法

　　本題輸出看似簡單，但若沒有掌握到關鍵解法，往往無從下手。觀察輸出可察覺到各欄位輸出的數字是根據原始數字的各位數而來。若將數字的輸出看成二維矩陣，則 3215 的輸出為 5×4 矩陣（五列四行），五列是因 3215 的最大數字為 5，四行是因 3215 為四位數。同樣的 345023 需要 5×6 的矩陣儲存空間。

　　若讓輸入的數字字串為 snum，使用以下式子就可將數字字串分解成由各個位數組成的數字串列：

```
nums = [ int(x) for x in snum ]
```

有了以上數字串列，矩陣的列數即為 max(nums)，行數則是 len(snum)。由於原始輸出的每一個欄位數字都是 1、10、100、1000 等數字，為簡化儲存起見，可先改存數字所對應的位數，以 345023 為例，左側表格為原始輸出數據矩陣，右側表格為簡化的**對應位數**矩陣：

			nums			
	3	4	5	0	2	3
			j			
	0	1	2	3	4	5
0	100000	10000	1000	0	10	1
1	100000	10000	1000	0	10	1
i 2	100000	10000	1000	0	0	1
3	0	10000	1000	0	0	0
4	0	0	1000	0	0	0

⟺

			nums			
	3	4	5	0	2	3
			j			
	0	1	2	3	4	5
0	6	5	4	0	2	1
1	6	5	4	0	2	1
i 2	6	5	4	0	0	1
3	0	5	4	0	0	0
4	0	0	4	0	0	0

列數 m=5 行數 n=6　　　　　　　　　列數 m=5 行數 n=6

觀察以上右側表格 (i,j) 位置與 nums 所對照的數字，欄位的非零數據為 n-j，且僅存在當 i < nums[j] 條件滿足時，換成程式語法則為：

```
# 預設右側位數表格為 mxn 二維串列
nos = [ [ 0 ] * n for i in range(m) ]

# 雙層迴圈
for i in range(m) :
    for j in range(n) :
        if i < nums[j] : nos[i][j] = n-j
```

有了右側的表格，我們需要將之轉為左側的輸出表格。觀察右側表格欄位可知，5 代表五位數的 10000，以程式語法表示可寫成 10**(5-1)。若欄位數據為 0，代表此欄位無數字。但在列印矩陣時為了讓數據排列整齊，需要輸出與同行最上面數字一樣多個空格。例如 5 下方的 0，在列印時要輸出 " "*5 個空格。若第一列的數字為 0，在列印時就可直接跳過，以上的說明步驟可寫成：

```
# 雙層迴圈
for i in range(m) :
    for j in range(n) :

        # 跳過第一列元素為 0 的情況
        if nos[0][j] == 0 : continue

        if nos[i][j] :
            # 列印非零數字
            print( 10 ** ( nos[i][j] - 1 ) , end=" " )
        else :
            # 列印對應空格
            print( " " * nos[0][j] , end=" " )

    print()
```

將以上所有的程式片段整合在一起就可完成本題的程式設計。

程式 ·· num_decompose.py

```
01   while True :
02
03       snum = input("> ")
04
05       # 分解為數字
06       nums = [ int(x) for x in snum ]
07
```

```
08          # m 列數,  n 行數
09          m = max(nums)
10          n = len( snum )
11
12          # nos 為 mxn 的二維串列,初值為 0
13          nos = [ [ 0 ] * n for i in range(m) ]
14
15          # 設定 nos 儲存的數字位數
16          for i in range(m) :
17              for j in range(n) :
18                  if i < nums[j] : nos[i][j] = n - j
19
20          # 列印 nos 二維串列
21          for i in range(m) :
22              for j in range(n) :
23
24                  # 跳過第一列為 0 的情況
25                  if nos[0][j] == 0 : continue
26
27                  if nos[i][j] :
28                      print( 10 ** (nos[i][j]-1) , end=" " )
29                  else :
30                      print( " " * nos[0][j] , end=" " )
31
32          # 換列
33          print()
```

　　此題再次印證在紙上標記數字與符號的重要性,雖然在標記數字或符號過程時,常會覺得毫不重要或是浪費精力,但許多程式問題的突破靈感往往是從中得來,這需經常的練習才能抓到竅門。

■ 螺旋遞增數字

題目　設計程式讀入方塊長 n，印出螺旋向內的遞增數字。

```
> 6                          > 7
  1  2  3  4  5  6            1  2  3  4  5  6  7
 20 21 22 23 24  7          24 25 26 27 28 29  8
 19 32 33 34 25  8          23 40 49 42 43 30  9
 18 31 36 35 26  9          22 39 48  0 44 31 10
 17 30 29 28 27 10          21 38 47 46 45 32 11
 16 15 14 13 12 11          20 37 36 35 34 33 12
                            19 18 17 16 15 14 13
```

想法

　　初學者有時候看到一些程式問題時，雖可立即看到規則變化，但經常無法將這些規則轉為程式語法表達出來，本題就是典型的一例。由輸出可見數字的排列規則是由左上角順時鐘螺旋向內，但所得到的也僅是如此，之後就無法接續下去。沒有想法，就無法寫成程式。

　　此時最好的思考方式仍是透過紙上作業，想到什麼寫什麼，多用代數符號替代，參差著一些圖形，試著透過簡單數學描述問題，如此經常會在偶然中，看出解題的關鍵步驟，然後再連接起來，整個解題步驟就可完成。解題過程如同警探偵辦過程一樣，都是試著由許多片段互不關聯的資料，經過整理合併與聯想來尋找解答。

　　本題可先在紙上畫出一個二維方格，由左上角依順時鐘順序逐一寫入遞增數字。在填入數字的過程中，可能就會聯想到需要設定一個 n×n 二維空間來儲存這些數字，同時可能發現到應如何填入數字，例如觀察圖形，數字 1 由 ■ 開始，然後在四周畫上四個箭頭 → ↓ ← ↑， 依照四個方向循環行進，每當走到 ▼、◄、▲、► 等位置時就要改換下個方向。

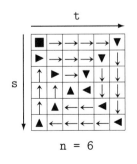

n = 6

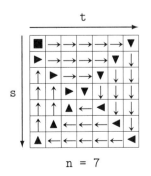

n = 7

以上螺旋圖的四個循環方向可用變數 dir 來表示，以 0 1 2 3 分別代表 → ↓ ← ↑。四個方向的行進方式可用 ds 與 dt 兩串列分別代表在 s 與 t 方向的移動距離。向→走一步等同 dt 為 1，ds 不動。向↓走一步即是 ds 為 1，dt 不變，四個方向的 ds 與 dt 數值可整理成下表：

方向	→	↓	←	↑
dir	0	1	2	3
ds	0	1	0	-1
dt	1	0	-1	0

當填入的數字落到三角形位置時，就要轉彎改用下個方向，也就是要調整 dir 的數值，如此程式設計的重點就是要找出所有三角形的幾何位置。仔細觀察三角形在上圖的位置分佈，利用簡單的國中數學可推導出所有三角形都落在以下三個條件之中：

① s + t == n-1

② s >= m and s == t $\qquad m = \lceil \dfrac{n}{2} \rceil$

③ s < m and s == t+1

以上 $\lceil x \rceil$ 為上取整函數(ceiling function)，用來計算大於或等於輸入數 x 的最靠近整數，即 $\lceil 3.3 \rceil = 4$、$\lceil 4 \rceil = 4$、$\lceil -1.2 \rceil = -1$。上取整函數可使用在 math 套件內的 ceil 函式求得數值，例如：

```
import math                      # import 套件用法可參考第 218 或 233 頁
print( math.ceil(3.3) )          # 輸出 4
print( math.ceil(4) )            # 輸出 4
print( math.ceil(-1.2) )         # 輸出 -1
```

有了以上關鍵的轉彎條件，換成程式碼就只是簡單的語法替換而已。

程式 ·· rotating.py

```
01    import math
02
03    # 設定 s 與 t 兩方向的四個變化向量
04    ds = [ 0 , 1 , 0 , -1 ]
05    dt = [ 1 , 0 , -1 , 0 ]
06
07    # 方向個數
08    dn = len(ds)
09
10    while True :
```

```
11
12          n = int( input("> ") )
13
14          # 使用 math 套件的上取整函式
15          m = math.ceil(n/2)
16
17          # 設定 nxn 儲存空間
18          vals = [ [0]*n for i in range(n) ]
19
20          # dir 起始方向, (s,t) 起始位置
21          dir , s , t = 0 , 0 , 0
22
23          for k in range(n*n) :
24
25              # 填入數值
26              vals[s][t] = k+1
27
28              # 移動到新位置
29              s += ds[dir]
30              t += dt[dir]
31
32              # 檢查是否要變換到新方向
33              if ( ( s+t == n-1 ) or
34                   ( s >= m and s == t ) or ( s < m and s == t+1 ) ) :
35                  dir += 1
36                  if dir == dn : dir = 0
37
38          # 列印所有數字
39          for i in range(n) :
40              for j in range(n) :
41                  print( "{:>3}".format(vals[i][j]) , end="" )
42
43          print()
```

由本題程式的推導可知，程式設計並不是全憑天份，經常是有跡可循，這些跡象常常可利用數學知識、概念或技巧將其描述出來。有了數學式子就有規則，就能改用相關的程式語法表達出來。這種學寫程式的方法只要多加練習即能逐漸掌握要領，程式設計能力也會隨之提昇。

■ 新詩直式排列

題目 將余光中的《鄉愁》存成以下的字串串列：

```
p = [ "小時候" , "鄉愁是一枚小小的郵票" , "我在這頭" , "母親在那頭" ,
      "長大後" , "鄉愁是一張窄窄的船票" , "我在這頭" , "新娘在那頭" ,
      "後來啊" , "鄉愁是一方矮矮的墳墓" , "我在外頭" , "母親在裡頭" ,
      "而現在" , "鄉愁是一灣淺淺的海峽" , "我在這頭" , "大陸在那頭" ]
```

將此詩由右向左以直排印出來，並以每四句增加一空行隔開：

大陸在那頭
我在這頭
鄉愁是一灣淺淺的海峽
而現在

母親在裡頭
我在外頭
鄉愁是一方矮矮的墳墓
後來啊

新娘在那頭
我在這頭
鄉愁是一張窄窄的船票
長大後

母親在那頭
我在這頭
鄉愁是一枚小小的郵票
小時候

想法

　　程式問題往往只給需要的結果，並不透露程式該如何設計，這往往造成許多初學者儘管學了一堆程式語法仍不知如何下手寫程式。面對這樣的問題，最好的方式即是由紙上作業開始，先將結果抄寫在紙上，試著使用數字或符號替代其間的資料，由中察看符號間有無關係，多利用數學推導，或許可由中導出解題過程，完成後再進入程式撰寫階段。

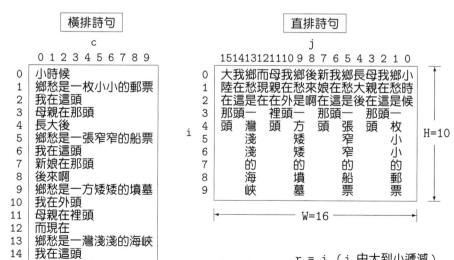

下標對應關係：$r = j$（j 由大到小遞減）
$c = i$

以本題為例，原始串列詩句可排列成以上的左圖，而程式需輸出的詩句則在右圖(先不理會每四列之間的空行)，分別將各列各行寫上數字，並標出替代的符號，例如左圖的列行分別標為 r 與 c，右圖的列行則標為 i 與 j，參考左右兩詩句的數字變化，可立即看出，右圖的行逆向遞減的 j 等同左圖的列 r，而右圖的列 i 等同左圖的行 c。上圖右側為矩形區域，寬度 W 相當於左側詩句的數量，高度 H 為整個詩句中最長句的字數，這可使用以下兩個簡單式子得到：

```
W = len(p)
H = max( [ len(x) for x in p ] )
```

列印右上圖的矩形區域可利用雙重迴圈：外層 i 迴圈，內層 j 迴圈將整個區域的每一格走過一次，內層 j 迴圈由大到小逆向迭代，每次使用 r = j, c = i 公式取得原始 p 串列的字，但需留意此公式僅能用在當 c 小於對列應列的字元數，即 c < len(p[r])，因在右側矩形區域有些位置 (i,j) 只是空格，沒有對應字，這些 (i,j) 位置所對應的左側 (r,c) 位置也不存在任何字，如此列印右圖矩形區域的程式可寫成以下型式：

```
for i in range(H) :                      # i 垂直方向

    for j in range(W-1,-1,-1) :          # j 水平方向，由大向小迭代

        r , c = j , i
        if c < len(p[r]) :
            print( p[r][c] , end=" " )
        else :
            print( "  " , end=" " )       # 一個中文字等同兩個空格寬

    print()
```

將以上兩部份程式合併一起，程式就幾乎完成了，此外以上共佔四列的條件式也可簡化成一列如下：

```
        print( p[r][c] if c < len(p[r]) else "  " , end=" " )
```

接下來需處理由右向左每四行的空白行，對照輸出與以上右圖可知，空行出現在 j 為 4、8、12 等位置右側，只要增加一個條件式加以處理即可。

由此例可知在程式設計階段如果多用一些數學思維[9]推導程式問題，將會降低大量的程式來回除錯時間，程式的開發速度也將大幅提昇，這是必然的結果。

程式 ·· `hv_poem.py`

```python
01   p = [ "小時候" , "鄉愁是一枚小小的郵票" , "我在這頭" , "母親在那頭" ,
02         "長大後" , "鄉愁是一張窄窄的船票" , "我在這頭" , "新娘在那頭" ,
03         "後來啊" , "鄉愁是一方矮矮的墳墓" , "我在外頭" , "母親在裡頭" ,
04         "而現在" , "鄉愁是一灣淺淺的海峽" , "我在這頭" , "大陸在那頭" ]
05
06   # W 詩句長度
07   W = len(p)
08
09   # H 最長句的字數
10   H = max( [ len(x) for x in p ] )
11
12   # 直向
13   for i in range(H) :
14
15       # 橫向
16       for j in range(W-1,-1,-1) :
17
18           r , c = j , i
19
20           print( p[r][c] if c < len(p[r]) else "　" , end="　" )
21
22           # 每四行增加一空行
23           if j%4 == 0 : print( end="　" )
24
25       print()
```

■ 羅馬數字

題目 古羅馬人使用字母符號來代表以下兩類基本數字：

首數一字母符號： I = 1 ， X = 10 ， C = 100 ， M = 1000
首數五字母符號： V = 5 ， L = 50 ， D = 500

字母所代表的數字由小到大分別為 I < V < X < L < C < D < M，L 比 X 大一級，C 比 X 大兩級，M 比 C 大兩級。其他數字則由這些基本字母符號組合而成[h]，以下為字母符號組合規則：

(1) 字母符號若由大到小排列，最終代表數字以加法求得
   MCLVI = 1000 + 100 + 50 + 5 + 1 = 1156

(2) 當首數一字母在較大且兩級以內的字母符號前時，數字為大數減去小數
   XL = 50 - 10 = 40   （X 與 L 數量差一級）
   XC = 100 - 10 = 90 （X 與 C 數量差兩級）
   XD = 錯誤組合   （X 與 D 數量差三級）

(3) 首數一字母符號最多可重複 3 次，首數五字母符號僅能使用 1 次
   MMM = 3000 ， MDLXX = 1570 ， CC = 200 ， III = 3

若要由阿拉伯數字轉為羅馬數字，首先將數字分解為各個位數的數字和，然後再使用同等大小的字母符號組合即可，例如：

(1) 49 = 40 + 9 = (50 - 10) + (10 - 1)
       = XLIX

(2) 963 = 900 + 60 + 3 = (1000 - 100) + (50 + 10) + (1 + 1 + 1)
       = CMLXIII

(3) 748 = 700 + 40 + 8
       = (500 + 100 + 100) + (50 - 10) + (5 + 1 + 1 + 1)
       = DCCXLVIII

請利用以上規則，撰寫程式印出 1000 以下所有羅馬數字。

1 = I	38 = XXXVIII	231 = CCXXXI
2 = II	39 = XXXIX	232 = CCXXXII
3 = III	40 = XL	233 = CCXXXIII
4 = IV	41 = XLI	234 = CCXXXIV
5 = V	42 = XLII	235 = CCXXXV
6 = VI	...	...
7 = VII	97 = XCVII	995 = CMXCV
8 = VIII	98 = XCVIII	996 = CMXCVI
9 = IX	99 = XCIX	997 = CMXCVII
10 = X	100 = C	998 = CMXCVIII
...	...	999 = CMXCIX

---

[h]一千以上的字母符號不同於英文字母，在此忽略。

想法

　　程式問題並不像考試卷的數學題目一樣會有很清楚的陳述，經常是零亂瑣碎，不會在文字間告知程式設計步驟該如何進行。但不管程式題目如何變化，設計程式的首要工作即是要由程式問題中看出規則，由中推導可行的解法，如此才能改以程式語法完成程式設計。

　　由以上羅馬數字的說明可知，若要由阿拉伯數字轉成羅馬數字，首先就要分解數字成各個位數數字的數字和，然後根據位數數字使用適當的羅馬字母替代，可先製表如下：

數字位數	使用字母組			阿拉伯數字與羅馬數字								
個位數	I	V	X	1	2	3	4	5	6	7	8	9
	1	5	10	I	II	III	IV	V	VI	VII	VIII	IX
十位數	X	L	C	10	20	30	40	50	60	70	80	90
	10	50	100	X	XX	XXX	XL	L	LX	LXX	LXXX	XC
百位數	C	D	M	100	200	300	400	500	600	700	800	900
	100	500	1000	C	CC	CCC	CD	D	DC	DCC	DCCC	CM

羅 馬 數 字 ：一 到 三 位 數

如上表，936 等同 900 + 30 + 6 分別對照 CM XXX VI 三個羅馬字母組，合併起來則為 936 = CMXXXVI。

　　觀察表格最右邊欄位可知位數數字可區分為以下四種數字排列方式：

- [0,3]： 0 到 3 個首數一字母符號
- 4　　　： 首數一字母符號加上大一級的首數五字母符號
- [5,8]： 一個首數五字母符號加上 0 到 3 個小一級的首數一字母符號
- 9　　　： 首數一字母符號加上大二級的首數一字母符號

位數若為個位數，使用的羅馬字母組合為 I、V、X。若為十位數，使用 X、L、C。若為百位數，則使用 C、D、M。有了以上的規則，轉成程式就簡單多了。

　　此例在撰寫程式前的紙上作業很重要，沒有以上的分析歸納，程式是無法憑空寫出來的。事前的分析越詳細，寫出來的程式越不會有漏洞，程式開發時間也會越短。

程式 .... roman_num.py

```
01    # 一千以下的數
02    for num in range(1,1000) :
03
04        # 分解數字為位數串列
05        nums = [ int(k) for k in str(num) ]
06
07        # 羅馬數字
08        rno = ""
09
10        # 由高位數迭代到低位數
11        for j in range(len(nums)) :
12
13            # x 為位數數字, m 為對應的位數
14            x = nums[j]
15            m = len(nums) - j
16
17            if m == 1 :
18                # x 為個位數數字
19                if x < 4 :
20                    rno += "I"*x
21                elif x == 4 :
22                    rno += "IV"
23                elif x < 9 :
24                    rno += "V" + "I"*(x-5)
25                else :
26                    rno += "IX"
27
28            elif m == 2 :
29                # x 為十位數數字
30                if x < 4 :
31                    rno += "X"*x
32                elif x == 4 :
33                    rno += "XL"
34                elif x < 9 :
35                    rno += "L" + "X"*(x-5)
36                else :
37                    rno += "XC"
38
39            elif m == 3 :
40                # x 為百位數數字
41                if x < 4 :
42                    rno += "C"*x
43                elif x == 4 :
44                    rno += "CD"
45                elif x < 9 :
46                    rno += "D" + "C"*(x-5)
47                else :
```

```
48                    rno += "CM"
49
50        print( num , "=" , rno )
```

　　以上程式碼中 17-48 列之間的三個條件式似乎有些規則，若將各個位數的字母另外存成羅馬字母串列，然後直接根據所處理的位數取得對照的羅馬字母，如此一來程式就可以簡化成以下型式。一般來說，初學者通常無法直接將程式寫成簡化版本，這需要一些練習。但當你有能力自行撰寫出來，能將複雜的程式問題改以簡短的程式表示，你將會發現程式設計的樂趣，認知到為何程式設計令許多人著迷。

程式：簡化版 ⋯⋯⋯⋯⋯⋯⋯⋯⋯⋯⋯⋯⋯⋯⋯⋯ `roman_num2.py`

```
01    # 前三位數(個百千)的基本羅馬字母組：
02    roman = [ "IVX" , "XLC" , "CDM" ]
03
04    # 一千以下數字
05    for num in range(1,1000) :
06
07        # 分解數字為位數串列
08        nums = [ int(k) for k in str(num) ]
09
10        # 羅馬數字
11        rno = ""
12
13        # 由高位數迭代到低位數
14        for j in range(len(nums)) :
15
16            # x 為位數數字，k 為羅馬字母組下標
17            x = nums[j]
18            k = len(nums) - j - 1
19
20            # x 依區分四個條件處理：[0,3], 4, [5,8], 9
21            if x < 4 :
22                rno += roman[k][0] * x
23            elif x == 4 :
24                rno += roman[k][0] + roman[k][1]
25            elif x < 9 :
26                rno += roman[k][1] + roman[k][0] * (x-5)
27            else :
28                rno += roman[k][0] + roman[k][2]
29
30        print( num , "=" , rno )
```

■ 機率模擬：羊與車子

題目　某猜獎節目中，來賓可由三扇門中任選一扇門打開取得門後的獎品，三扇門中有一扇門後有一輛車子，其餘的門後則各有一隻羊。猜獎遊戲開始時，來賓先選定一扇門，然後主持人將剩餘兩扇門中有羊的一扇門打開，接下來問來賓是否要改變心意，改換剩下的一扇門。撰寫程式驗證當來賓改換門後，得到車子的機率將會由原來不更換門的 $\frac{1}{3}$ 增加到 $\frac{2}{3}$。

想法

　　所謂機率就是某事件出現的比率，在程式設計上，機率問題可利用計算機的高速運算來模擬。以此為例，如果來賓連續參加猜獎節目十萬次，每次都選擇更換門，將十萬次猜獎活動所得到的車子總數除以參加次數，即為換門後取得車子的機率。由於是程式模擬，模擬結果與亂數函式的品質有關，每次執行不見得都會得到同樣答案，只是一個近似值，無法與使用數學所求得的解相比。但當機率問題複雜時，有時候程式模擬可較快得到估算值。

程式碼的撰寫步驟與猜獎節目的進行順序一致：

　　① 以亂數設定車子所在的門號碼

　　② 以亂數設定來賓初始選取的門號碼

　　③ 以亂數找出主持人可打開的門號碼(門後有羊)

　　④ 找出來賓可改選的門號碼

　　⑤ 若改選的門號碼與車子所在的門號碼相同，取得的車子數量加一

以上步驟重複執行，將所得到的車子數量除以執行次數即為事件的機率。由於計算出來的機率與數學所推估的解 $\frac{2}{3}$ 接近，可知程式的模擬無誤。

　　程式碼第 22 列使用 not in 來找出主持人所要選取的門，程式如下：

```
if opened_door not in [ guest_door , car_door ] : break
```

其效果等同以下使用 and 連接一起的條件式：

```
if ( opened_door != guest_door and
     opened_door != car_door ) : break
```

當 not in 之後的串列資料越多時，同等效果的條件式就會越長越繁瑣，兩者相比，使用 not in 運算子是相對簡潔許多。

程式 .... goat.py

```
01   from random import *
02
03   # total 總猜獎次數    dno 門數量
04   total , dno = 50000 , 3
05
06   # 猜到的車子數量
07   car_no = 0
08
09   # 連續參加 50000 次猜獎節目
10   for i in range(total) :
11
12       # (1) 設定車子所在的門
13       car_door = randint(1,dno)
14
15       # (2) 來賓選的門
16       guest_door = randint(1,dno)
17
18       # (3) 亂數選出主持人可打開門的其中之一
19       while True :
20           opened_door = randint(1,dno)
21           # 主持人可開啟的門不能在 [ 來賓選的門，有車子的門 ] 之中
22           if opened_door not in [ guest_door , car_door ] : break
23
24       # (4) 剩下可改選的門
25       while True :
26           remaining_door = randint(1,dno)
27           # 剩下可改選的門不能在 [ 來賓選的門，主持人開啟的門 ] 之中
28           if remaining_door not in [ guest_door , opened_door ] : break
29
30       # (5) 剩下的門剛好是有車子的門
31       if remaining_door == car_door : car_no += 1
32
33   # 計算取得車子的機率
34   print( "> 換門後得到車子的機率 : " , car_no / total )
```

本題程式執行後得到：

> 換門後得到車子的機率： 0.66694

本題如果將門的數量由 3 改為其他數字，程式的模擬情境隨即變換。事實上，由於計算機的超高運算速度，當前許多領域的研發項目已逐漸改用電腦程式來模擬，使用程式模擬的好處是如果變換程式內的某些變數初值，馬上就可由電腦運算獲得不同模擬情境的執行結果，很多時候可因此導致意外的發現，突破已有理論的預測，研究工作者往往可由中獲得啟發，進而推昇研究領域的創新。

■ 彈珠臺機率模擬

題目　以下彈珠臺共有五個入口，彈珠隨機由某個入口進入，在經過四層滾輪後落入底層的字母欄位。若彈珠在滾動過程已撞到兩側牆壁時，彈珠會直接落入在兩側的字母欄位。撰寫程式模擬彈珠落入底層機率由左到右分別為 $\frac{9}{40}$、$\frac{7}{40}$、$\frac{8}{40}$、$\frac{7}{40}$、$\frac{9}{40}$。

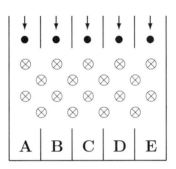

想法

用程式模擬彈珠臺機率問題，重點在要知道彈珠的橫向位置，仔細觀察彈珠臺可知彈珠在橫向可能出現的位置總共有九個，如右圖。若以字母 A 位置為 0，則底層的五個字母位置與上方入口位置由左向右分別為 0、2、4、6、8，彈珠滾動的所有可能位置在 [0,8] 之間。

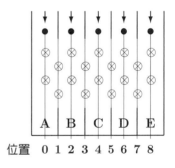

以程式模擬機率問題時，一般作法都是使用迴圈大量重複迭代，以此為例，可讓彈珠的數量為非常大的數，然後最後檢查在各個字母位置的彈珠數量為多少，兩者相除後即是各位置的機率。撰寫程式時，可依彈珠的位置一層一層模擬。每次迭代時，先使用亂數函數產生 [0,4] 數字，將其乘上 2，即是上方入口五個可能位置。接下來模擬撞到每一層滾輪彈珠位置的變化情況，每當彈珠撞到滾輪時，彈珠的新位置會增加或減少一個橫向位置，此時可透過亂數產生 [0,1] 兩數來決定向左或向右滾，這可使用條件式處理。當彈珠提早撞到左右兩側時，也就是位置小於 0 時或大於 8 時，直接讓在兩側字母位置的彈珠數量加一即可，然後使用 continue 讓程式提早進入下一次迭代。如此撰寫對應程式一層一層模擬，最後彈珠會落在包含 0

的偶數位置，將其除上 2 就是儲存字母位置彈珠數的下標，最後將在此下標位置的球數加一即可完成一次迭代。

由於此題各字母位置的機率分佈經數學推算後的分母為 40，所以特別將運算後機率調整為 40 以利驗證程式是否正確。同時也讓總模擬次數設定為 40 的倍數，藉以避免因模擬次數不均勻額外造成的模擬誤差。

程式 ·· pinball.py

```
01    from random import *
02
03    # N 五個入口， den 為經數學推算後機率的分母
04    N , den = 5 , 40
05
06    # minp , maxp 底層左右邊位置
07    minp , maxp = 0 , 2*(N-1)
08
09    # 總滾球數量
10    total_balls = den * 250
11
12    # 字母欄位的球數
13    balls = [ 0 ] * N
14
15    # 總共模擬 10000 次
16    for k in range(total_balls) :
17
18        # 起始落下位置
19        p = randint(0,N-1) * 2
20
21        # 第一層滾輪
22        p += 1 if randint(0,1) else -1
23
24        # 檢查是否撞到左右兩側牆壁，
25        # 如是則直接落入兩側字母欄位，並提前進入下一次迭代
26        if p < minp :
27            balls[0] += 1
28            continue
29        elif p > maxp :
30            balls[-1] += 1
31            continue
32
33        # 第二層滾輪
34        p += 1 if randint(0,1) else -1
35
36        # 第三層滾輪
37        p += 1 if randint(0,1) else -1
```

```
38
39        # 檢查是否撞到左右兩側牆壁，
40        # 如是則直接落入兩側字母欄位，並提前進入下一次迭代
41        if p < minp :
42            balls[0] += 1
43            continue
44        elif p > maxp :
45            balls[-1] += 1
46            continue
47
48        # 第四層滾輪
49        p += 1 if randint(0,1) else -1
50
51        # 某字母欄位的球數增加
52        balls[p//2] += 1
53
54
55  # 列印各欄位字母：
56  for x in "ABCDE" :
57      # x 使用 5 格置中對齊
58      print( "{:^5}".format(x) , end=" " )
59  print()
60
61  # 列印各字母位置機率
62  for no in balls :
63      y = int(den*no/total_balls+0.5)
64      print( "{:>2}/{:>2}".format(y,den)   , end = " " )
65  print()
```

本題程式執行後得到：

```
  A     B     C     D     E
9/40  7/40  8/40  7/40  9/40
```

　　由於彈珠臺有四層滾輪，在程式設計時需一層一層的處理，但由彈珠臺的滾輪分佈可知，由上而下每兩層滾輪的處理方式都是相同，如此可修改程式增加一層迴圈每次處理兩層滾輪，藉以簡化程式碼。此外如此也可讓程式經過小幅修改就能模擬 6 層、8 層、10 層等彈珠臺的機率問題。例如以下版本二的彈珠臺程式即是模擬八層彈珠臺機率問題，見右圖。

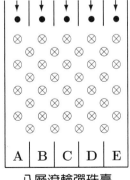

八層滾輪彈珠臺

程式：版本二 ⋯⋯⋯⋯⋯⋯⋯⋯⋯⋯⋯⋯⋯⋯⋯ pinball2.py

```
01    from random import *
02
03    # N 五個入口
04    N = 5
05
06    # 彈珠臺共有 8 層滾輪
07    # den 為經數學推算後機率的分母
08    den = 640
09
10    # minp , maxp 底層左右邊位置
11    minp , maxp = 0 , 2*(N-1)
12
13    # 總滾球數量
14    total_balls = den * 500
15
16    # 字母欄位的球數
17    balls = [ 0 ] * N
18
19    # 總共模擬 10000 次
20    for k in range(total_balls) :
21
22        # 起始落下位置
23        p = randint(0,N-1) * 2
24
25        # 預設旗幟值為假：與以下 break 搭配使用
26        hit_wall = False
27
28        # 每次處理兩層滾輪，執行 4 次即彈珠臺有 8 層滾輪
29        for i in range(4) :
30
31            # 單數層滾輪
32            p += 1 if randint(0,1) else -1
33
34            # 撞到兩側，更改旗幟需提早離開迭代
35            if p < minp or p > maxp :
36                hit_wall = True
37                break
38
39            # 偶數層滾輪
40            p += 1 if randint(0,1) else -1
41
42
43        # 是否撞到兩側牆壁
44        if hit_wall :
45            if p < minp :
46                balls[0] += 1
47            else :
```

```
48              balls[-1] += 1
49       else :
50           # 正常落入字母欄位
51           balls[p//2] += 1
52
53
54   # 列印各欄位字母：
55   for x in "ABCDE" :
56       # x 使用 5 格置中對齊
57       print( "{:^7}".format(x) , end=" " )
58   print()
59
60   # 列印各字母位置機率
61   for no in balls :
62       y = int(den*no/total_balls+0.5)
63       print( "{:>3}/{:>3}".format(y,den)  , end = " " )
64   print()
```

以上程式碼 29–40 列為新增的 for 迴圈，每次迭代可處理兩層滾輪，當彈珠撞到奇數層的五個滾輪後，隨即要檢查是否會撞到兩側牆壁，若是則要使用 break 提早跳離 for 迴圈，同時在跳離前設定 hit_wall 為真，使得其可用來作後續的處理，本題程式執行後得到：

$$\begin{array}{ccccc} A & B & C & D & E \\ 176/640 & 90/640 & 109/640 & 90/640 & 175/640 \end{array}$$

請留意，以上數據為程式模擬的結果，不見得每次執行都與數學理論值完全一樣。由數學理論推導，八層滾輪彈珠臺的機率分佈由左到右分別為：$\frac{175}{640}$、$\frac{90}{640}$、$\frac{110}{640}$、$\frac{90}{640}$、$\frac{175}{640}$。

■ 撲克牌牌組機率模擬

題目　撰寫程式模擬撲克牌發牌，驗證任取五張牌的各種牌面組合機率，
　　　程式輸出如下：

	模擬	理論
散牌	：0.5010920	0.5012000
一對	：0.4227950	0.4226000
兩對	：0.0475260	0.0475000
三條	：0.0210340	0.0211000
順子	：0.0038990	0.0039250
同花	：0.0019200	0.0019650
葫蘆	：0.0014660	0.0014400
四條	：0.0002490	0.0002400
同花順	：0.0000170	0.0000138
同花大順	：0.0000020	0.0000015

想法

　　五張撲克牌的各種牌面組合機率都可使用組合數學計算得到，本題特
別改用程式模擬以為初學者習練程式設計的參考。由於撲克牌共有 52 張
牌，為分別各張牌面，可用 0 到 51 之間共 52 個整數代替。這種設定方
式的好處是每張撲克牌的點數 [1,13] 可用數字除以 13 後取餘數再加 1
得到，撲克牌的四種花色 [0,3] 可用數字除以 4 後取餘數得到，以程式表
示如下：

```
import random
no = random.randint(0,51)      # 取一張撲克牌，介於 [0,51] 之間
rank = no%13 + 1               # 牌面點數 [1,13]
suit = no%4                    # 牌面花色 [0,3]
```

若要由一副有 52 張的撲克牌中任取五張牌，一般的作法是對整齊排好的撲
克牌洗牌，然後取出前五張。換成程式語法即是先將 [0,51] 之間的 52 個
數字依次存入串列內，將之打亂[235]，再取出串列的前五個數字，對應的程式
步驟如下：

```
import random
deck = list(range(52))         # 串列存 [0,51] 等 52 個數
random.shuffle(deck)           # 打亂牌組串列
cards = deck[:5]               # 取出前五張牌
```

　　有了五張紙牌後，接下來要判斷牌面組合。撲克牌的牌面組合可區分為
點數組合、花色組合、混合組合、以上皆非等四大組合，說明如下：

① 點數組合：一對、兩對、三條、葫蘆、四條、順子

② 花色組合：同花

③ 混合組合：同花順、同花大順（10、J、Q、K、A）

④ 以上皆非：散牌

以上點數組合比較五張牌的牌面點數，花色組合比較五張牌的花色，混合組合同時比較兩種組合。如此可使用兩個串列分別儲存五張牌的牌面點數與牌面花色，這會使得程式比較容易處理。以下使用串列初值設定式分別儲存牌面點數與牌面花色，請留意兩個串列都個別經過由小到大的排序處理：

```
# 點數：由小到大排序
ranks = sorted( [ x%13 + 1 for x in cards ] )

# 花色：由小到大排序
suits = sorted( [ x%4 for x in cards ] )
```

假設現有五張牌，其中有兩張 7、一張 3、一張 10、一張 8，則 ranks = [3,7,7,8,10]，但如何判斷以上牌組為一對的組合？一個簡單的方法即是使用一個可存 14 個整數的串列用來記錄各個點數出現的張數，假設此串列名稱為 nums，兩張 7 點代表 nums[7]=2，一張 3 代表 nums[3]=1，其他依此類推，將此牌組存入 nums 後變為 [0,0,0,1,0,0,0,2,1,0,1,0,0,0]。如此可發現 nums 串列有一個 2 代表牌組只有一個一對，三個 1 代表三個單張牌。若牌組為葫蘆牌組，例如：ranks 為 [4,4,4,11,11]，存入 nums 後，nums 為 [0,0,0,0,3,0,0,0,0,0,0,2,0,0]。

由於 nums 串列儲存各個點數的張數，為了判斷牌組為一對、兩對、三條等等不同型式的牌面組合，可將 nums 由小到大排序，也就是張數大的點數都會在串列末尾，如此即可根據排序後的 nums 倒數兩個元素數值判斷各種牌面組合，列表如下：

排序後的 nums 末兩個元素數值		牌面組合
nums[-1]	nums[-2]	
2	1	一對
2	2	兩對
3	1	三條
3	2	葫蘆
4	1	四條
1	1	順子、同花、同花順、同花大順、散牌

以上最後一列包含五種不同牌面組合，其中同花牌組代表每張牌有著相同的花色，換成程式即要確認 suits 串列的頭尾數值要相同，即 suits[0] 是否等於 suits[-1]。順子為連續點數牌組，可區分為兩種，第一種為點數介於 [1,13] 之間的連續牌組，另一種順子牌組是以 10 為最小點數的大順牌組，即 10、11、12、13、A。前者要檢查 ranks[-1]-ranks[0] 是否為 4，例如：7、8、9、10、11。後者則要檢查第一張為 A，第二張為 10，也就是 ranks[0]=1，ranks[1]=10，牌面點數依次為 1、10、11、12、13，請留意以上所有的處理步驟都假設 ranks 與 suits 兩串列已經過排序處理。

若牌組有相同花色又是順子，則可能為同花順與同花大順，散牌即是非同花也非順子的牌組。在程式設計上，可先檢查牌組是否有相同花色，若是再依次檢查是否為同花順、同花大順、同花。若不是則檢查是否僅為順子，若都不是則為散牌。

以下的程式撰寫方式依循著以上各個說明步驟，整個程式碼約用了一半空間定義各種條件式子用以界定十種不同的牌面組合。為了比對程式模擬的正確性，程式特別將各種牌面組合的理論值也一併印出來。最後本程式雖然執行了一百萬次，花費相當多的計算機執行時間，但這個執行次數仍不到一次完整的 $C_5^{52}(= 2598960)$ 牌組總數，造成機率越小的牌面組合模擬越不準。

程式 .... cards.py

```
001    import random
002
003    # 模擬次數
004    total = 1000000
005
006    # NO：52 張牌
007    # N1，N2：13 張數字，4 種花色
008    CNO，N1，N2 = 52，13，4
009
010    # p1：一對，p2：兩對，p3：三條，p4：葫蘆
011    p1，p2，p3，p4 = 0.4226，0.0475，0.0211，0.00144，
012
013    # p5：四條，p6：順子，p7：同花，p8：散牌
014    p5，p6，p7，p8 = 0.00024，0.003925，0.001965，0.5012
015
016    # p9：同花順，p10：同花大順
```

```
017    p9 , p10 = 0.00001385 , 0.00000154
018
019    n1 = n2 = n3 = n4 = n5 = n6 = n7 = n8 = n9 = n10 = 0
020
021    # deck [0,51]
022    deck = list(range(CNO))
023
024    for i in range(total) :
025
026        # 洗牌
027        random.shuffle(deck)
028
029        # 取前五張存 cards
030        cards = deck[:5]
031
032        # 點數在 [1,13]，由小排到大
033        ranks = sorted( [ x%N1+1 for x in cards ] )
034
035        # 花色在 [0,3]，由小排到大
036        suits = sorted( [ x%N2 for x in cards ] )
037
038        # nums：各點數張數
039        nums = [0]*(N1+1)
040        for n in ranks : nums[n] += 1
041
042        # 張數由小排到大
043        nums = sorted(nums)
044
045        # 檢查各牌組機率
046        if nums[-1] == 2 and nums[-2] == 1 :
047            # 一對
048            n1 += 1
049
050        elif nums[-1] == 2 and nums[-2] == 2 :
051            # 兩對
052            n2 += 1
053
054        elif nums[-1] == 3 and nums[-2] == 1 :
055            # 三條
056            n3 += 1
057
058        elif nums[-1] == 3 and nums[-2] == 2 :
059            # 葫蘆
060            n4 += 1
061
062        elif nums[-1] == 4 :
063            # 四條
064            n5 += 1
```

```
065
066        else :
067             # 單張組合
068
069             if suits[0] == suits[-1] :
070                 # 同花
071
072                 if ranks[-1]-ranks[0] == 4 :
073                     # 同花順
074                     n9 += 1
075                 elif ranks[0]==1 and ranks[1]==10 :
076                     # 同花大順
077                     n10 += 1
078                 else :
079                     # 非順子的同花
080                     n7 += 1
081             else :
082                 # 非同花
083
084                 if ( ranks[-1]-ranks[0] == 4 or
085                     ( ranks[0]==1 and ranks[1]==10 ) ) :
086                     # 順子
087                     n6 += 1
088                 else :
089                     # 散牌
090                     n8 += 1
091
092     print( "            {:^8}  {:^8}".format("模擬","理論") )
093     print( "散牌   :{:<10.7f}  {:<10.7f}".format(n8/total,p8) )
094     print( "一對   :{:<10.7f}  {:<10.7f}".format(n1/total,p1) )
095     print( "兩對   :{:<10.7f}  {:<10.7f}".format(n2/total,p2) )
096     print( "三條   :{:<10.7f}  {:<10.7f}".format(n3/total,p3) )
097     print( "順子   :{:<10.7f}  {:<10.7f}".format(n6/total,p6) )
098     print( "同花   :{:<10.7f}  {:<10.7f}".format(n7/total,p7) )
099     print( "葫蘆   :{:<10.7f}  {:<10.7f}".format(n4/total,p4) )
100     print( "四條   :{:<10.7f}  {:<10.7f}".format(n5/total,p5) )
101     print( "同花順 :{:<10.7f}  {:<10.7f}".format(n9/total,p9) )
102     print( "同花大順:{:<10.7f}  {:<10.7f}".format(n10/total,p10) )
```

■ 數字點陣圖

題目　設計程式讀入數字，印出此數字的點陣圖案如下：

```
> 9876543210

9999 8888 7777 6666 5555 4  4 3333 2222  11     00
9  9 8  8     7 6     5     4  4    3     2 111  0  0
9999 8888    7 6666 5555 4444  333 2222  11     0  0
   9 8  8 7   6  6     5     4     3 2     11     0  0
9999 8888 7   6666 5555     4 3333 2222 1111   00
```

想法

　　第五章的「中」字點陣圖[175]範例是透過一堆數學式子來設定點陣圖形，這種方式會因字不同而需在程式中直接修改條件式，處理上相當麻煩，也不是一個普遍可行的方法，在此特別介紹一種簡便方法來產生文字的點陣圖。

　　首先將字的點陣圖直接標在格網上，如下圖的「央」為 8×7 的點陣圖，接下來將點陣圖的每一個黑點以數字 1 代替，非黑點以 0 代替，8×7 的點陣圖代表共有八列，每一列有 7 個由 0 與 1 構成的二進位數字。由於每 4 個二進位數字可組成 1 個十六進位數字[15]，7 個二進位數由右邊起算可組成 2 個十六進位數字。

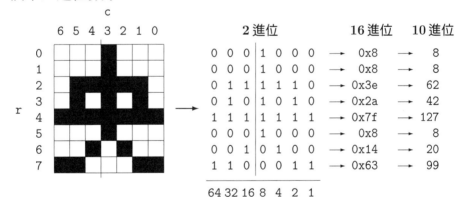

　　由上圖可知，一列點陣圖可用一個數字代替，「央」的 8×7 點陣圖共有八列，合計要 8 個數字，換成 Python 程式語法為：

```
# 十六進位數表示
bitmap = [ 0x8 , 0x8 , 0x3e , 0x2a , 0x7f , 0x8 , 0x14 , 0x63 ]

# 十進位數表示
bitmap = [ 8 , 8 , 62 , 42 , 127 , 8 , 20 , 99 ]
```

以上點陣數據可以使用十六進位數字或十進位數字表示，但若直接觀察點陣圖各列點陣資訊，可由右向左每四個位元為一組直接取得一個十六進位數，不需經過繁複進位換算轉為十進位數。在設定文字的點陣資料上，使用十六進位數字遠比使用十進位數字來得簡單許多。

有了點陣圖每一列代表數據後，我們需知如何從此數據求得其對應二進位的位元，不同的位元列印不同的字元，例如位元為 0 則印空格，為 1 則印資料(如星號)，如此就可將整個文字的點陣圖印出來：

```
0x8   0 0 0 1 0 0 0           ⌄ ⌄ ⌄ * ⌄ ⌄ ⌄
0x8   0 0 0 1 0 0 0           ⌄ ⌄ ⌄ * ⌄ ⌄ ⌄
0x3e  0 1 1 1 1 1 0           ⌄ * * * * * ⌄
0x2a  0 1 0 1 0 1 0    →      ⌄ * ⌄ * ⌄ * ⌄
0x7f  1 1 1 1 1 1 1           * * * * * * *
0x8   0 0 0 1 0 0 0           ⌄ ⌄ ⌄ * ⌄ ⌄ ⌄
0x14  0 0 1 0 1 0 0           ⌄ ⌄ * ⌄ * ⌄ ⌄
0x63  1 1 0 0 0 1 1           * * ⌄ ⌄ ⌄ * *
```

由於數字在計算機中都轉以二進位方式儲存，若要取得整數中某位元資料，可藉用 `<<` 或 `>>` 位元左右移動運算子的協助，以下為使用方式：

① `a << n`：將 a 儲存的位元資料整個向左移動 n 個位置，等同 $a \times 2^n$

② `a >> n`：將 a 儲存的位元資料整個向右移動 n 個位置，等同 $a // 2^n$

例如：

$$5 << 2 \implies 101_2 << 2 \implies 10100_2 \implies 16+4 \implies 20$$

$$5 >> 1 \implies 101_2 >> 1 \implies 10_2 \implies 2$$

以上 $5 = 1 \times 2^2 + 0 \times 2^1 + 1 \times 2^0$ 二進位表示為 101_2，右移一位得 10_2 等同 $1 \times 2^1 + 0 \times 2^0$，即為 2。

如果將某數字 a 以位元右移運算子向右移動 n 個位元位置，之後再將數字除以 2 後取其餘數(餘數不是 0 就是 1)，則此餘數剛好就是數字 a 由右向左數來第 n+1 個位元數值，以 $a = 13 (=1101_2)$ 為例：

位元右移					除以 2 後的餘數
a >> 3	$\implies$	$1101_2 >> 3$	$\implies$	$1_2 \implies$	1 ($\underline{1}101_2$)
a >> 2	$\implies$	$1101_2 >> 2$	$\implies$	$11_2 \implies$	1 ($1\underline{1}01_2$)
a >> 1	$\implies$	$1101_2 >> 1$	$\implies$	$110_2 \implies$	0 ($11\underline{0}1_2$)
a >> 0	$\implies$	$1101_2 >> 0$	$\implies$	$1101_2 \implies$	1 ($110\underline{1}_2$)

以上數字 a 從上而下由右移 3 個位元逐漸遞減到 0 個，觀察最右行餘數的變化可知：a 的位元資料 1101_2 剛好是最右行餘數**由上向下**的順序，將以上步驟改用程式語法可表示為以下式子：

```
a = 13
for i in range(3,-1,-1) :        # 逆向迭代
    print( ( a >> i )% 2 )
```

將「央」的點陣資料代入以上的位元運算，使用雙迴圈即可將「央」的點陣
圖案以星號表示出來：

```
# 「央」點陣資料：共八列
bitmap = [ 0x8 , 0x8 , 0x3e , 0x2a , 0x7f , 0x8 , 0x14 , 0x63 ]

# 八列七行
R , C = 8 , 7                                    *
                                                 *
for i in range(R) :                          * * * * *
    for j in range(C-1,-1,-1) :                *   *   *
        if ( bitmap[i]>>j )%2 :              * * * * * * *
            print( "*" , end=" " )                 *
        else :                                    *   *
            print( " " , end=" " )              * *       * *
    print()
```

本題每個數字的點陣圖為 5×4，圖形為：

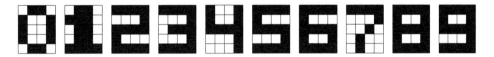

觀察以上各個數字的點陣圖分佈，可立即將各個數字所對應的點陣數據以十
六進位數字表示出來。 由於阿拉伯數字共有十個數，每個數的點陣圖有五
列，十個數字點陣數據資料僅需 10×5 的二維串列儲存空間。綜合以上觀
念，整個過程可寫成以下簡短的程式碼：

程式 .... num_bitmap.py

```
01   # 設定 0 到 9 的點陣資料
02   bitmap = [ [0x6,0x9,0x9,0x9,0x6] , [0x6,0xe,0x6,0x6,0xf] ,
03            [0xf,0x1,0xf,0x8,0xf] , [0xf,0x1,0x7,0x1,0xf] ,
04            [0x9,0x9,0xf,0x1,0x1] , [0xf,0x8,0xf,0x1,0xf] ,
05            [0xf,0x8,0xf,0x9,0xf] , [0xf,0x1,0x2,0x4,0x4] ,
06            [0xf,0x9,0xf,0x9,0xf] , [0xf,0x9,0xf,0x1,0xf] ]
07
08   # 每個數字點陣數為 R 列 C 行
09   R , C = 5 , 4
10
11   while True :
```

```
12
13          # 讀入數字字串
14          snum = input("> ")
15
16          # ns 數字位數
17          ns = len(snum)
18
19          # 每一列
20          for r in range(R) :
21
22              # 每一個數字
23              for k in range(ns) :
24
25                  # 要印出數字
26                  n = int(snum[k])
27
28                  # 數字的每一行(由左向右)
29                  for c in range(C-1,-1,-1) :
30
31                      if ( bitmap[n][r] >> c )%2 :
32                          print( n , end="" )
33                      else :
34                          print( " " , end="" )
35
36                  print( " " , end = "" )
37
38          print()
```

　　本程式若扣除空列與註解，程式不到 20 列，但卻可產生複雜的數字點陣圖。其實只要了解關鍵解法，這些基礎程式問題都可很快的迎刃而解。本章末尾有許多點陣圖形程式題目，都需用數學思維才能找到解題方法，請多加練習，藉以訓練程式設計能力。

■「中大」雙重點陣圖

題目　定義「中」與「大」兩字各為 5×5 的點陣圖，撰寫程式產生以下「中」字有「中」，「大」字有「大」的雙重點陣圖案：

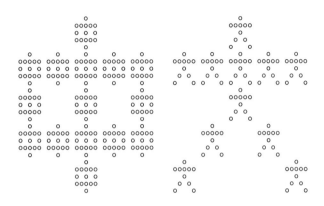

想法

　　本題是一道看似複雜，但卻很簡單的程式問題。解題的關鍵仍在紙筆作業，只要先在紙上畫出圖案，設定變數代表圖點，然後仔細觀察圖點關係，利用數學推導就能找出解題的關鍵步驟。

　　由於「中」與「大」都是 5×5 點陣圖案，「中」與「大」兩字的每一個**大點**內有同個字的小點陣圖案，每個字可用不同的變數符號分別代表大、小兩點的縱向與橫向數字，例如：s 與 t 代表大點的縱向與橫向，r 與 c 代表小點的縱向與橫向，同時使用符號 k 代表兩個中文字，分別在圖形的左方與上方標示數字與對應的變數，如此可畫出以下圖形：

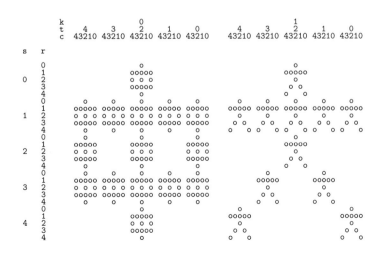

在以上圖形中的五個變數剛好是五層迴圈的迭代變數，由程式的輸出順序可知：當 s 走一步，r 會走完一圈；r 走一步，k 走完一圈；k 走一步，t 逆向走完一圈；t 走一步，c 逆向走完一圈。五層迴圈的排列順序由外而內分別為 s、r、k、t、c。s 與 t 兩迭代變數控制大點陣輸出，r 與 c 兩迭代變數控制小點陣輸出，k 為輸出點陣字的下標，當 k 為 0 時，代表「中」，k 為 1 時，代表「大」。根據前一題數字點陣題的說明[300]，橫向的 t 與 c 兩數值都由大到小逆向排列。此外觀察輸出圖案可知，當 c 迴圈結束時，末尾要加一個空格；當 t 迴圈結束時末尾要另外加三個空格；最後當 k 迴圈結束時要使用 print() 加以換列。

本題所謂的雙重點陣圖是指每個中文字的**大點**輸出同個字的點陣圖案，以「中」字有「中」為例，「中」的大點陣圖案由 s 與 t 控制，小點陣圖案由 r 與 c 控制。觀察輸出圖形，每個輸出位置不是 'o' 就是 '␣'，字母 'o' 是**大點**之下的小點，代表字母 'o' 僅有在大點條件與小點條件同時滿足的情況才會出現。若讓 ncu 儲存「中央」兩字的點陣資料，參考上題的程式碼[301]，本題程式大概可寫成以下形式：

```
# 「中大」兩字點陣串列
ncu = [ [0x4,0x1f,0x15,0x1f,0x4] , [0x4,0x1f,0x4,0xa,0x11] ]

# 五層迴圈：
for s in ...
    for r in ...
        for k in ...
            for t in ...
                for c in ...

                    # 判斷是否「大點」、「小點」兩條件同時滿足
                    if (ncu[k][s] >> t)%2 and (ncu[k][r] >> c)%2 :
                        print( 'o' , end="" )
                    else :
                        print( ' ' , end="" )

                print( end=" " )     # c 迴圈結束：加一個空格
            print( end="   " )       # t 迴圈結束：加三個空格
        print()                      # k 迴圈結束：換列
```

在以上程式的條件式，當 (ncu[k][s]>>t)%2 為 1 時，是**大點**的滿足條件；當 (ncu[k][r]>>c)%2 為 1 時，則是**小點**的滿足條件，兩者同時滿足才輸出字母 'o'，否則輸出空格。稍加修改以上的程式碼即可完成以下的程式：

```
程式 ·············································· ncu_dbitmap.py
01   # 「中大」兩字的點矩陣
02   ncu = [ [0x4,0x1f,0x15,0x1f,0x4] , [0x4,0x1f,0x4,0xa,0x11] ]
03
04   # R：點陣列數   C：點陣行數
05   R , C = len(ncu[0]) , 5
06
07   # 大縱向
08   for s in range(R) :
09
10       # 小縱向
11       for r in range(R) :
12
13           # 每個中文字
14           for k in range(len(ncu)) :
15
16               # 大橫向
17               for t in range(C-1,-1,-1) :
18
19                   # 小橫向
20                   for c in range(C-1,-1,-1) :
21
22                       # 檢查列印條件是否滿足
23                       if ( ncu[k][s] >> t )%2 and ( ncu[k][r] >> c )%2 :
24                           print( "o" , end="" )
25                       else :
26                           print( " " , end="" )
27
28                   # 大橫向的間距
29                   print( end=" " )
30
31               # 各字的間距
32               print( end="    " )
33
34           print()
```

　　本程式問題若直接由輸出的雙重點陣圖案來看，程式設計看似複雜，難以一下子找到切入點。若由寫出來的程式碼來看，實則相對簡單，因此這是一道看似複雜但實則簡單的程式題目。以事後重新觀察本題的程式設計過程可知，解題的關鍵在於程式設計之初是否能先由紙筆作業開始，依圖形的輸出順序設定變數符號，找出變數符號與圖形之間的關係，由之切入找到條件式，如此才能完成程式設計。**本題再次印證了紙筆作業在程式設計中的重要性，沒有紙筆作業，縱有數學思維也會淪為空想無法順利運作。**

7.2 結語

當程式需儲存大量同質性資料時，這就是使用串列的時機。Python 的串列比許多程式語言所提供的陣列好用，其中最大的特點就是：Python 在定義串列時，可直接利用初值設定式直接將串列元素的初值算出來。這個功能讓 Python 的程式設計變得相當靈活且變化多端。串列可自由增減元素，變更長度，同時也可很輕鬆取出串列內的元素組合，這些都讓串列型別變得非常方便好用。

　　本書撰寫的重點在教授如何運用數學思維來學寫程式，這裡僅介紹一些簡單的串列操作語法，稍加複雜的用法[i]都予以省略。由本章的程式範例來看，即使只是使用簡單的串列語法，也照樣能解決許多複雜的程式問題。對初學者而言，學好基礎程式設計就是要能靈活駕馭邏輯條件式、迴圈、串列三種程式語法。這些內容並不多也不難，但卻是最基本的程式語法，若無法熟練，花時間學更多的程式語法也沒有作用。

7.3 練習題

以下練習題有許多是由本章的範例衍生出來，請務必了解各範例的解題方法，熟悉程式碼並能親自撰寫出來，如此才有能力完成以下習題。初學者學寫程式的重點並不在學習許多語法，而是在學會如何思考、如何善用數學思維找出程式問題的解決方法，熟悉之道就只能靠大量的操作練習，別無他法。

1. 撰寫程式，產生介於 [10,15] 位數的亂數，印出此亂數的斜條圖如下：

```
> 7345774295
```

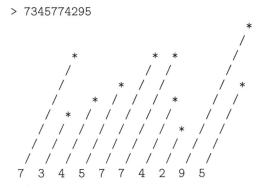

---

[i]有關 Python 程式語言更深入的介紹，可參考筆者所著的「簡明 python 學習講義」。

2. 參考數字直條圖[272]程式，改寫程式，輸出以下型式直條圖：

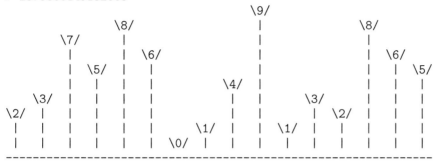

```
> 2375860149132865
                                           \9/
                            \8/             |
                \7/          |              |                        \8/
                 |           |    \6/       |                         |
                 |    \5/    |     |        |                         |    \6/
                 |     |     |     |        |                         |     |    \5/
         \3/     |     |     |     |   \4/  |         \3/             |     |     |
  \2/    |       |     |     |     |    |   |          |    \2/       |     |     |
   |     |       |     |     |     |    |   |   \1/    |     |        |     |     |
   |     |       |     |     |     |    | \0/  |       |     |  \1/   |     |     |
  ----------------------------------------------------------------------------------
```

3. 撰寫程式，讀入數字輸出以下由上而下的直條圖：

```
> 6258132                       > 705936

-0--0--0--0--0--0--0-           -0--0--0--0--0--0-
 1  1  1  1  1  1  1             1     1  1  1  1
 2  2  2  2     2  2             2     2  2  2  2
 3     3  3     3                3     3  3  3  3
 4     4  4                      4     4  4     4
 5     5  5                      5     5  5     5
 6        6                      6     6  6     6
          7                      7     7
          8                            8
                                       9
```

4. 參考垂直數字和[274]程式，想想看，如何更改程式使其可產生以下由下往上排
   列輸出：

```
> 9526                          > 46095

1000                                         10
1000                                         10
1000                                         10
1000              1                    1000  10
1000 100          1                    1000  10 1
1000 100          1              10000 1000  10 1
1000 100          1              10000 1000  10 1
1000 100 10 1                    10000 1000  10 1
1000 100 10 1                    10000 1000  10 1
```

5. 牆上掛著 n 根長度不等的掃把[193]，掃把把頭高在 [1,n] 之間，桿長為把頭
   高加上 2。撰寫程式讀入數量 n，產生 n 把掃把且隨意排列掃把順序，印
   出圖案如下：

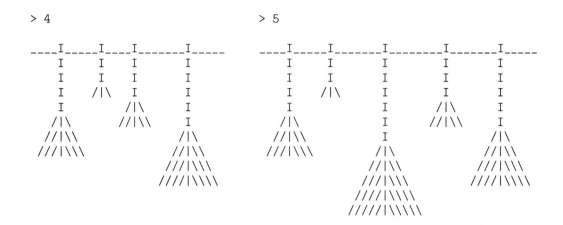

```
> 4                              > 5
____I_____I____I_____I_____  ____I_____I____I_____I_____I_____
    I     I    I        I           I     I    I        I        I
    I     I    I        I           I     I    I        I        I
    I    /|\   I        I           I    /|\   I        I        I
    I        /|\        I           I         I        /|\       I
   /|\      //|\\       I          /|\        I       //|\\      I
  //|\\    ///|\\\      I         //|\\       I      ///|\\\     I
 ///|\\\           /|\            ///|\\\            //|\\
                  //|\\                             ///|\\\
                 ///|\\\                           //|\\
                ////|\\\\                         ///|\\\
                                                 //|\\
                                                ///|\\\
                                               ////|\\\\
                                              /////|\\\\\
```

6. 參考螺旋數字[277]程式，撰寫程式讀入整數 n，產生上下排列的數字圖案：

```
> 4                              > 5
 1  8  9 16                       1 10 11 20 21
 2  7 10 15                       2  9 12 19 22
 3  6 11 14                       3  8 13 18 23
 4  5 12 13                       4  7 14 17 24
                                  5  6 15 16 25
```

7. 撰寫程式讀入整數 n，印出高度為 n 的三角螺旋數字圖案：

```
> 5                                    > 6
            5                                      6
          4 19  6                                5 24  7
        3 18 25 20  7                           4 23 34 25  8
      2 17 24 23 22 21  8                      3 22 33 36 35 26  9
    1 16 15 14 13 12 11 10  9                 2 21 32 31 30 29 28 27 10
                                             1 20 19 18 17 16 15 14 13 12 11
```

8. 撰寫程式讀入整數 n，產生邊長為 n 的鑽石螺旋數字圖案：

```
> 4                          > 5
        1                                1
    12      2                       16       2
  11    13    3                   15    17     3
10    16   14    4              14    24    18     4
  9    15    5                13    23   25   19     5
    8      6                    12    22    20    6
       7                          11    21    7
                                    10    8
                                       9
```

提示：可定義 (2n-1)×(2n-1) 方形二維串列包含整個鑽石，初值設為 0。
然後重新設定起點座標，四個方向步伐與轉彎條件。最後在列印方形串列
時，若數字為 0 則輸出三個空格，否則就用三格輸出數字。

9. 設定李煜的《浪淘沙》詞句為以下字串串列，請留意，某些字串有不等數量的空格：

```
p = [ "浪淘沙        李煜" ,
      "簾外雨潺潺 春意闌珊" ,
      "羅衾不耐五更寒" ,
      "夢裡不知身是客 一晌貪歡" ,
      "獨自莫憑欄 無限江山" ,
      "別時容易見時難" ,
      "流水落花春去也 天上人間" ]
```

撰寫程式，輸出以下的排列方式：

```
流別獨夢羅簾浪
水時自裡衾外淘
落容莫不不雨沙
花易憑知耐潺
春見欄身五潺
去時　是更
也難無客寒春李
　　限　　　意煜
　　江一　　闌
天　山晌　　珊
上　　貪
人　　歡
間
```

提示：輸出詩句時，若遇字元為空格則輸出雙空格。

10. 參考新詩直式排列[280]範例，將新詩名稱「鄉愁」加入 p 字串之前當成第一個字串元素，另外設定 poet = "余光中" 儲存詩人名字，修改程式使得每四句增加空行，整首詩可分為四段排列如下：

```
大我鄉而　母我鄉後　新我鄉長　我鄉小鄉
陸在愁現　親在愁來　娘在愁大　在愁時愁
在這是在　在外是啊　在這是後　這是候
那頭一　　裡頭一　　那頭一　　頭一
頭　彎　　頭　方　　頭　張　　　枚　余
　　淺　　　　矮　　　　窄　　我小光
　　淺　　　　矮　　　　窄　在小中
　　的　　　　的　　　　的　這的
　　海　　　　墳　　　　船　頭郵
　　峽　　　　墓　　　　票　　票
```

提示：參考前一題 p 字串串列中首位字串元素的儲存方式。

11. 同上題詩句，但輸出成傾斜排列型式如下：

鄉愁　　余光中

小時候
　鄉愁是一枚小小的郵票
　　我在這頭
　　　母親在那頭

長大後
　鄉愁是一張窄窄的船票
　　我在這頭
　　　新娘在那頭

後來啊
　鄉愁是一方矮矮的墳墓
　　我在外頭
　　　母親在裡頭

而現在
　鄉愁是一灣淺淺的海峽
　　我在這頭
　　　大陸在那頭

注意：詩人名字要貼齊輸出的最下列。

12. 將蘇東坡的《念奴嬌》存成以下字串：

```
poem = ( "大江東去，浪淘盡，千古風流人物。"
         "故壘西邊，人道是，三國周郎赤壁。"
         "亂石崩雲，驚濤裂岸，捲起千堆雪。"
         "江山如畫，一時多少豪傑。"
         "遙想公瑾當年，小喬初嫁了，雄姿英發。"
         "羽扇綸巾，談笑間，檣櫓灰飛湮滅。"
         "故國神遊，多情應笑我，早生華髮。"
         "人間如夢，一尊還酹江月。" )
```

撰寫程式，以句號斷行，並將逗點改用空格替代，連同詞牌名與詩人名字輸出成以下直行排列方式：

念奴嬌　　　　　　　　　　蘇軾

大江東去　浪淘盡　千古風流人物
故壘西邊　人道是　三國周郎赤壁
亂石崩雲　驚濤裂岸　捲起千堆雪
江山如畫　一時多少豪傑
遙想公瑾當年　小喬初嫁了　雄姿英發
羽扇綸巾　談笑間　檣櫓灰飛湮滅
故國神遊　多情應笑我　早生華髮
人間如夢　一尊還酹江月

13. 參考方塊亂數矩陣[258]範例，若讓 m 代表矩陣有 m×m 個方塊，n 代表每個方塊有 n×n 個數字，修改程式使得產生的方塊矩陣呈現對稱，且將 m , n 改為輸入值，使用 m , n = eval(input("> m , n = "))。輸入時 m 與 n 之間需有逗點[21]隔開。以下為兩個輸出範例，左邊 (m,n) = (3,2)，右邊 (m,n) = (4,2)。

```
> m , n = 3 , 2              > m , n = 4 , 2

   9 9 6 6 3 3               6 6 7 7 4 4 9 9
   9 9 6 6 3 3               6 6 7 7 4 4 9 9
   6 6 7 7 5 5               7 7 8 8 6 6 5 5
   6 6 7 7 5 5               7 7 8 8 6 6 5 5
   3 3 5 5 6 6               4 4 6 6 8 8 1 1
   3 3 5 5 6 6               4 4 6 6 8 8 1 1
                             9 9 5 5 1 1 1 1
                             9 9 5 5 1 1 1 1
```

14. 同上題的輸入方式，m 代表矩陣有 m×m 個方塊，n 代表每塊有 n×n 個數字，撰寫程式設定矩陣數字皆為兩位數，同方塊數字的個位數相同，但十位數是以亂數設定。此外每個方塊的個位數也以亂數設定。以下為某次輸出的矩陣，輸出時各方塊間以空行/空列分開：

```
> m , n = 3 , 2                > m , n = 2 , 3

43 23   18 78   17 47          46 96 56   81 21 61
93 63   28 68   57 67          56 96 76   91 41 11
                               96 46 86   31 91 11
42 52   35 55   56 66
52 22   55 75   16 46          12 22 82   17 37 77
                               32 52 22   87 57 27
91 81   24 24   90 50          12 42 42   27 67 97
11 41   94 24   10 50
```

提示：設定時矩陣資料使用四層迴圈，外兩層為方塊層，內兩層為方塊內迴圈，在第二層以亂數設定方塊要使用的個位數。

15. 參考羅馬數字[283]範例，撰寫程式輸入羅馬數字找出對應的阿拉伯數字。

```
> CMXXXIV
934

> CDVIII
408
```

提示：可定義以下羅馬字母字串與阿拉伯數字串列：

```
roman = "IVXLCDM"
nums = [ 1 , 5 , 10 , 50 , 100 , 500 , 1000 ]
```

使用 index[223] 可找到對應值的下標：

```
# 找 "X" 所對應的數字
n = nums[ roman.index("X") ]        # n 為 10

# 找 10 所對應的羅馬字母
r = roman[ nums.index(10) ]         # r 為 "X"
```

16. 參考羊與車子[287]範例，假設節目中共有 n 扇門，但僅有其中一扇門之後有車子。使用相同的猜獎規則，撰寫程式驗證當來賓改選門時，獲得車子的機率會從原來的 $\frac{1}{n}$ 增加到 $\frac{n-1}{n(n-2)}$。以下為程式執行的結果，每一列的輸出資料包含門的數量、程式模擬所得到車子的機率、理論值與原始未換門可得到車子的機率：

```
 3 : 0.668[0.667] up from 0.333
 4 : 0.377[0.375] up from 0.250
 5 : 0.258[0.267] up from 0.200
 6 : 0.211[0.208] up from 0.167
 7 : 0.172[0.171] up from 0.143
 8 : 0.149[0.146] up from 0.125
 9 : 0.117[0.127] up from 0.111
10 : 0.114[0.113] up from 0.100
```

17. 設定《詩經・邶風・擊鼓》篇的其中四句為字串如下：

```
poem = "死生契闊，與子成說。執子之手，與子偕老。"
```

撰寫程式，將標點去除，結合以上螺旋數字程式，印成以下圖案，請留意，螺旋詩由最左邊順時鐘螺旋向內：

提示：參考上題，重新設定螺旋起點位置，儲存遞增數字於 7×7 的二維串列，列印時，將儲存的數字減去一即為詩句字串的下標。

18. 設定《詩經・周南・桃夭》篇為字串串列如下：

```
poem = [ "桃之夭夭，灼灼其華。之子于歸，宜其室家。" ,
         "桃之夭夭，有蕡其實。之子于歸，宜其家室。" ,
         "桃之夭夭，其葉蓁蓁。之子于歸，宜其家人。" ]
```

撰寫程式，去除標點，輸出由右向左的三幅螺旋詩句圖案如下：

19. 參考彈珠臺機率模擬[289]版本二程式，修改程式，使得其可以一次性模擬彈珠臺由 2 層到 8 層等偶數層數的滾輪所有機率，以下為執行結果：

```
> 彈珠臺共有 2 層滾輪：
    A        B        C        D        E
  2/ 10    2/ 10    2/ 10    2/ 10    2/ 10

> 彈珠臺共有 4 層滾輪：
    A        B        C        D        E
  9/ 40    7/ 40    8/ 40    7/ 40    9/ 40

> 彈珠臺共有 6 層滾輪：
    A        B        C        D        E
 40/160   25/160   30/160   25/160   40/160

> 彈珠臺共有 8 層滾輪：
    A        B        C        D        E
175/640   90/640  110/640   90/640  175/640
```

提示：請用數學推導機率的分母與層數的關係，請留意：此為電腦程式模擬，每次運算結果不見得與理論值完全相同。

20. 以下的彈珠臺在第二層左右兩側位置有突出三角形，使得彈珠不會直接落入底層兩側位置，請驗證這樣設置的彈珠臺其底層字母位置的機率都是 $\frac{8}{40}$。

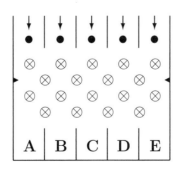

21. 驗證以下彈珠臺各位置的數學機率由左到右分別為：

$\frac{24}{160}$ 、 $\frac{25}{160}$ 、 $\frac{31}{160}$ 、 $\frac{31}{160}$ 、 $\frac{25}{160}$ 、 $\frac{24}{160}$

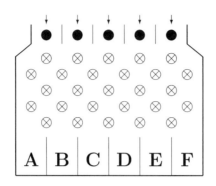

22. 某彈珠臺在檯面上增加了三個 ⌣ 平臺，彈珠若滾到平臺上會直接由隱藏在平臺下方的洞口離開臺面，不會繼續往下滾。撰寫程式驗證彈珠滾到 A 到 F 各個位置的機率分別為：$\frac{17}{160}$、$\frac{7}{160}$、$\frac{12}{160}$、$\frac{12}{160}$、$\frac{7}{160}$、$\frac{17}{160}$。

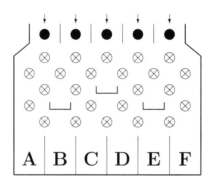

23. 有一新式彈珠臺上方有三個入口，在檯面上有五個 ⌣ 攔截平臺，彈珠若滾到平臺上會直接由隱藏在平臺下方的洞口掉離彈珠臺，不會繼續往下滾。檯面上有兩根斜桿直接引導彈珠到傾斜方向的滾輪，請撰寫程式驗證彈珠落入 a 到 e 各個攔截平臺的機率與滾到 A 到 F 各個位置的機率如下：

a	b	c	d	e
==	==	==	==	==
16	16	16	16	8
--	--	--	--	--
96	96	96	96	96

A	B	C	D	E	F
==	==	==	==	==	==
3	5	4	4	5	3
--	--	--	--	--	--
96	96	96	96	96	96

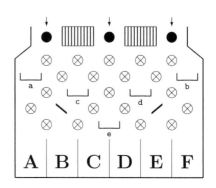

24. 設定《詩經‧國風‧周南‧關雎》篇其中一段為以下字串串列：

```
poem = [ "關關雎鳩，在河之洲。窈窕淑女，君子好逑。" ,
         "參差荇菜，左右流之。窈窕淑女，寤寐求之。" ,
         "求之不得，寤寐思服。悠哉悠哉，輾轉反側。" ]
```

撰寫程式，列印詩經成以下三個由右到左的菱形詩句，每個菱形各有四句，每句排列成一個小菱形。

```
      求              參              關
    不  之          荇  差          雎  關
  悠  得  寤      窈  菜  左      窈  鳩  在
悠  哉  思  寐  淑  窕  流  右  淑  窕  之  河
  哉  輾  服      女  寤  之      女  君  洲
    反  轉          求  寐          好  子
      側              之              逑
```

提示：可定義三維字串串列儲存輸出文字，同時需設定四個小菱形的起點位置。

25. 四個不同多面柱體骰子分別可顯示 1 到 3 點，1 到 4 點，1 到 5 點，與 1 到 6 點等不同點數，請撰寫程式模擬擲出這四個骰子，骰子點數呈現連續數字的機率為 $0.075(=\frac{27}{360})$。

26. 撰寫程式驗證擲出 n 個骰子後，$2 \leq n \leq 7$，僅有兩個骰子的點數是一樣的機率 $p(n)$ 為 $\frac{C_1^6 C_1^5 C_1^4 \cdots C_1^{8-n} C_2^n}{6^n}$，以下為理論值：

n	2	3	4	5	6	7
p(n)	$\frac{6}{36}$	$\frac{90}{216}$	$\frac{720}{1296}$	$\frac{3600}{7776}$	$\frac{10800}{46656}$	$\frac{15120}{279936}$

27. 以下每輛巴士點陣圖案為 6×10，定義此巴士的點陣串列數據，撰寫程式讀入整數 n，印出 n 輛巴士。

```
> 3

o o o o o o o o      o o o o o o o o      o o o o o o o o
o           o  o      o           o  o      o           o  o
o       o o o  o      o       o o o o      o       o o o  o
o             o      o             o      o             o
o o       o o  o      o o       o o  o      o o       o o  o
    o o     o o          o o     o o          o o     o o
```

28. 根據以下小綠人點陣圖案(14×10)自行設定點陣串列數值，然後以亂數控制
列印七個隨機朝左/朝右的小綠人，相鄰小綠人之間以兩個空格分開。

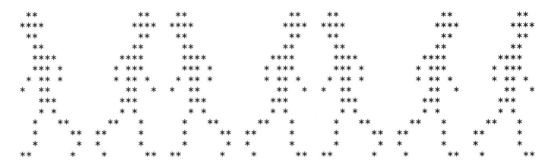

提示：程式中只要設定朝左的小綠人點陣串列數值即可，朝右的小綠人圖案
由程式處理，此外所有小綠人的方向在進入迴圈執行前就要先行決定。

29. 參考數字點陣圖[299]程式，將數字 1 修改為 5×3 的點陣圖，修改程式使得程
式仍可正常印出各個數字的點陣圖：

```
> 9876543210

9999 8888 7777 6666 5555 4  4 3333 2222  1    00
9  9 8  8    7 6    5    4  4    3    2 11  0  0
9999 8888    7 6666 5555 4444  333 2222  1  0  0
   9 8  8 7    6  6    5    4    3 2       1  0  0
9999 8888 7    6666 5555    4 3333 2222 111   00

> 32192118

3333 2222  1 9999 2222  1  1 8888
   3    2 11 9  9    2 11 11 8  8
 333 2222  1 9999 2222  1  1 8888
   3 2    1    9 2    1  1 8  8
3333 2222 111 9999 2222 111 111 8888
```

提示：將每個數字所需的點陣行數定義為串列，使得除了數字 1 為 3 行
外，其餘數字 4 行。

30. 參考數字點陣圖[299]程式，改寫程式輸出對稱且呈現傾斜的數字點陣圖。

```
> 76543

  7777 6666 5555 4  4 3333 4  4 5555 6666 7777
     7 6    5    4  4    3 4  4 5    6       7
   7  6666 5555 4444  333 4444 5555 6666    7
 7   6  6    5    4    3    4    5 6  7
7    6666 5555    4 3333    4 5555 6666 7
```

```
> 234890

   2222 3333 4  4 8888 9999  00  9999 8888 4  4 3333 2222
      2    3 4  8 8 9  9 0  0 9  9 8 8  4  4    3    2
   2222  333 4444 8888 9999 0  0 9999 8888 4444  333 2222
   2      3    4 8 8   9 0  0   9 8 8    4     3 2
   2222 3333    4 8888 9999  00  9999 8888    4 3333 2222
```

31. 參考數字點陣圖²⁹⁹程式，改寫程式使得輸出的數字點陣圖案呈現上下交換跳動。

```
> 432098

   4  4       2222       9999
   4  4          2       9  9
   4444       2222       9999
      4 3333 2      00      9 8888
      4    3 2222 0  0 9999 8  8
       333       0  0       8888
         3       0  0        8 8
       3333         00       8888
```

```
> 123456789

    11         3333       5555       7777       9999
   111            3          5          7       9  9
    11          333       5555          7       9999
    11  2222    3 4  4     5 6666 7   8888       9
   1111     2 3333 4  4 5555 6      7 8  8 9999
       2222       4444      6666       8888
       2             4       6  6       8  8
       2222          4       6666       8888
```

32. 參考上題，但數字可上下隨意跳動，並設定背景字元為橫線，輸出如下：

```
> 987237430256

----------------------------------3333--00----------------
9999------7777-2222----------4--4----3-0--0----------6666-
9--9-8888----7----2----------4--4--333-0--0----------6----
9999-8--8---7--2222------7777-4444----3-0--0-2222-----6666-
---9-8888--7---2----3333----7----4-3333--00-----2-5555-6--6-
9999-8--8--7---2222---3---7-----4----------2222-5----6666-
-----8888-----------333--7-----------------2----5555------
------------------------3--7----------------2222---5------
------------------3333-----------------------5555------
```

提示：可設定一串列儲存每個數字首列的縱向位置，同時也可由其算出輸出數字的縱向高度。

33. 參考羅馬數字[283]的排列規則，定義羅馬字母點陣資料，撰寫程式產生輸入數字的對應羅馬字母點陣圖：

> 763

```
DDDD  CCC  CCC  L      X   X III III III
D  D C  C  C C L       X X  I   I   I
D  D C     C   L        X   I   I   I
D  D C  C  C C L       X X  I   I   I
DDDD  CCC  CCC  LLLLL X   X III III III
```

> 986

```
 CCC  M   M L      X  X X  X X   X V   V III
C   C MM MM L       X X  X X  X X V   V I
C     M M M L        X    X    X   V V I
C   C M   M L       X X  X X  X X   V V  I
 CCC  M   M LLLLL X  X X  X X   X   V    III
```

請留意以上只有羅馬字母 I 的點陣圖為 5×3，其餘字母皆為 5×5。

34. 以下兩個二維串列儲存 26 個大寫字母與 10 個數字的 5×5 點陣數據：

```python
# 大寫英文字母點陣資料
alpha = [
    [4,10,17,31,17] , [30,17,30,17,30], [14,17,16,17,14], [30,17,17,17,30],
    [31,16,30,16,31], [31,16,30,16,16], [31,16,19,17,31], [17,17,31,17,17],
    [14,4,4,4,14],    [15,2,2,18,12],   [17,18,28,18,17], [16,16,16,16,31],
    [17,27,21,17,17], [17,25,21,19,17], [14,17,17,17,14], [30,17,30,16,16],
    [14,17,21,19,14], [30,17,30,18,17], [31,16,31,1,31],  [31,4,4,4,4],
    [17,17,17,17,14], [17,17,17,10,4],  [17,17,21,27,17], [17,10,4,10,17],
    [17,10,4,4,4],    [31,2,4,8,31] ]

# [0,9] 數字字母點陣資料
nums = [ [31,17,17,17,31], [4,4,4,4,4], [31,1,31,16,31], [31,1,31,1,31],
         [17,17,31,1,1], [31,16,31,1,31], [31,16,31,17,31], [31,2,4,8,8],
         [31,17,31,17,31], [31,17,31,1,31] ]
```

撰寫程式，讀入大寫字母與數字的句子後，印出對應的點矩陣圖案。若讀入的字元為空白字元，則輸出五個空格，輸出時字元的點陣圖之間以一個空格分開，以下為一些輸出範例：

> I LOVE MATH

```
III     L      000  V   V EEEEE    M   M   A   TTTTT H   H
 I      L     0   0 V   V E         MM MM  A A    T   H   H
 I      L     0   0 V   V EEEE     M M M  A   A   T   HHHHH
 I      L     0   0  V V  E        M   M AAAAA    T   H   H
III     LLLLL  000    V   EEEEE    M   M A   A    T   H   H
```

```
> JUPITER 3456

JJJJ U   U PPPP   III  TTTTT EEEEE RRRR         33333 4   4 55555 66666
  J  U   U P   P   I     T   E     R   R             3 4   4 5     6
  J  U   U PPPP    I     T   EEEE  RRRR          33333 44444 55555 66666
J J  U   U P       I     T   E     R   R             3     4     5 6   6
 JJ   UUU  P      III    T   EEEEE R   R         33333     4 55555 66666
```

提示：本題你可能需要計算兩個字元間的距離，此時可用 ord(x)[74] 函式，ord(x) 回傳字元 x 在萬國碼[74]的編碼位置，例如：ord("A") 回傳 65，ord("D") 回傳 68。ord("D")-ord("A") 就是 "D" 與 "A" 在萬國碼編碼位置的距離。此外在程式中需判斷 x 是否為數字字元或大寫英文字元，在條件式可檢查 "0" <= x <= "9" 或 "A" <= x <= "Z" 邏輯式子。

35. 使用「中大」雙重點陣圖[303]範例的「中」、「大」兩字的點陣串列資料，撰寫程式輸入放大倍數 n，印出長寬各放大 n 倍的「中大」點陣圖如下：

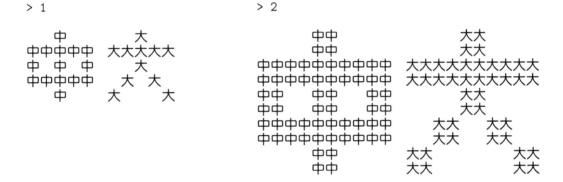

36. 修改「中大」雙重點陣圖的範例程式碼[305]，使得程式執行後產生「中」字有「大」，「大」字有「中」的雙重點陣圖案：

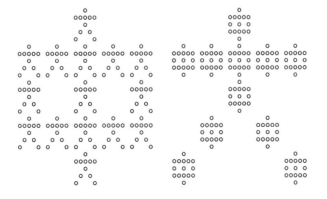

提示：只需簡單修改條件式即可。

37. 撰寫程式，產生以下「中大」雙層點陣圖，其中每個「大點」可以是「中」
或「大」的點陣圖案，由亂數決定。

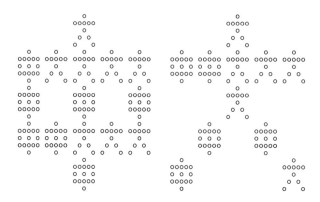

提示：在進入列印點陣迴圈前，需先設定一個三維串列用以儲存「中大」兩
個字每個「大點」所要用的中文字點陣對應下標，之後再修改迴圈內列印點
陣圖案的條件式即可。

38. 將元末明初詩人唐溫如《題龍陽縣青草湖》七言絕句存成以下字串：

```
poem = ( "西風吹老洞庭波，一夜湘君白髮多。"
         "醉後不知天在水，滿船清夢壓星河。" )
```

撰寫程式，以每行四到八字排列詩句，但列印時，隨意排列不同直排字數詩
句的次序，以下為某次執行的輸出結果：

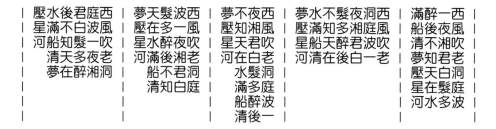

提示：可使用 random 套件的 shuffle[235] 函式打亂次序。

39. 設定《詩經·國風·秦風·蒹葭》篇為以下字串：

```
poem = ( "蒹葭蒼蒼，白露為霜。所謂伊人，在水一方。"
         "溯洄從之，道阻且長。溯游從之，宛在水中央。"
         "蒹葭萋萋，白露未晞。所謂伊人，在水之湄。"
         "溯洄從之，道阻且躋。溯游從之，宛在水中坻。"
         "蒹葭采采，白露未已。所謂伊人，在水之涘。"
         "溯洄從之，道阻且右。溯游從之，宛在水中沚。" )
```

撰寫程式，輸出以下 4×6 方塊型式的詩句排列：

```
從溯 采蒹   從溯 蔞蒹   從溯 蒼蒹
之洄 采葭   之洄 蔞葭   之洄 蒼葭

且道 未白   且道 未白   且道 為白
右阻 已露   躋阻 晞露   長阻 霜露

從溯 伊所   從溯 伊所   從溯 伊所
之游 人謂   之游 人謂   之游 人謂

水宛 之在   水宛 之在   水宛 一在
中在 溁水   中在 湄水   中在 方水
沚          坻          央
```

提示：用迴圈去除 poem 字串的標點符號成新字串，但在去除過程中一併設定兩個 4×6 的二維串列分別儲存每個方塊首字在新字串的下標位置與方塊字數(四字或五字)，最後以四層迴圈列印新字串。

40. 同上題 poem 字串，撰寫程式將詩句以每八句分段排列成以下型式：

```
|溯|溯|所|蒹|   |溯|溯|所|蒹|   |溯|溯|所|蒹|
|游|洄|謂|葭|   |游|洄|謂|葭|   |游|洄|謂|葭|
|從|從|伊|采|   |從|從|伊|蔞|   |從|從|伊|蒼|
|之|之|人|采|   |之|之|人|蔞|   |之|之|人|蒼|
| | | | |       | | | | |       | | | | |
|宛|道|在|白|   |宛|道|在|白|   |宛|道|在|白|
|在|阻|水|露|   |在|阻|水|露|   |在|阻|水|露|
|水|且|之|未|   |水|且|之|未|   |水|且|一|為|
|中|右|溁|已|   |中|躋|湄|晞|   |中|長|方|霜|
|沚| | | |       |坻| | | |       |央| | | |
```

索引：簡要 Python 指令

B1 if A else B2：倒裝條件式　151

False：假 ．．．．．．．．．．．．．． 147

None：空值 ．．．．．．．．．．．．．． 228

True：真 ．．．．．．．．．．．．．．．． 147

abs：求絕對值 ．．．．．．．．．．．． 22

append：加元素於串列末尾 ．．．． 212

bool：取布林值 ．．．．．．．．．．．． 149

break：提早跳出迴圈 ．．．．．．． 173

choice：隨機元素 ．．．．．．．．．．． 234

continue：提早進入下個迭代 ．174

copy：淺層複製串列 ．．．．．．．．． 217

deepcopy：深層複製串列 ．．．．．． 218

del：刪除串列元素 ．．．．．．．．．． 213

eval(input())：讀取多筆資料 ．21

float：轉型為浮點數 ．．．．．．．． 18

format：設定輸出格式成字串 ．．． 19

for：for 迴圈 ．．．．．．．．．．．．．． 58

id：取得變數儲存位址 ．．．．．．．． 214

if elif else：多重條件式 ．．． 152

if else：條件式 ．．．．．．．．．．． 151

if：簡單條件式 ．．．．．．．．．．．．． 150

import：取用套件 ．．．．．．．．．．． 233

index：取得元素在串列下標 ．．． 223

input：讀取資料成字串 ．．．．．．． 20

insert：插入元素到串列 ．．．．．． 213

int：轉型為整數 ．．．．．．．．．．．． 18

in：元素在串列內？．．．．．．．．． 222

join：接合字串串列為字串 ．．．． 226

len：字串長度 ．．．．．．．．．．．．．． 18

len：串列長度 ．．．．．．．．．．．．． 207

list(字串)：轉為字元串列 ．．．． 226

max：求串列最大值 ．．．．．．．．．． 231

max：求幾個數的最大值 ．．．．．． 22

min：求串列最小值 ．．．．．．．．．． 231

min：求幾個數的最小值 ．．．．．．． 22

not in：元素不在串列內？．．．． 222

not、and、or：邏輯運算子 ．．．． 148

pop：刪除串列某位置元素 ．．．．． 213

pop：移除末端串列元素 ．．．．．． 213

pow：指數運算 ．．．．．．．．．．．．． 22

print：列印資料 ．．．．．．．．．．．．． 19

randint：隨機整數 ．．．．．．．．．． 233

random：[0,1) 隨機浮點數 ．．． 233

randrange：隨機等差整數 ．．．．． 234

range：等差整數數列 ．．．．．．．．． 57

remove：刪除串列單一元素 ．．．． 214

replace：更改字串 ．．．．．．．．．． 227

round：求取浮點數的近似數 ．．．． 22

shuffle：打亂序列 ．．．．．．．．．． 235

sorted：串列排序成新串列 ．．．． 232

str：轉型為字串 ．．．．．．．．．．．．． 18

sum：求串列數字和 ．．．．．．．．．． 230

uniform：隨機浮點數 ．．．．．．．． 233

while：while 迴圈 ．．．．．．．．．． 172

國家圖書館出版品預行編目（CIP）資料

如何學寫程式. Python 篇：學會用「數學思維」寫程式 /
吳維漢著. -- 初版. -- 桃園市：中央大學出版中心；
臺北市：遠流， 2020.11
　　面；　公分
　　ISBN 978-986-5659-33-2（平裝）

1.Python（電腦程式語言）

312.32P97　　　　　　　　　　　　　109016972

如何學寫程式：Python 篇
—— 學會用「數學思維」寫程式

著者：吳維漢
執行編輯：王怡靜

出版單位：國立中央大學出版中心
　　　　　　桃園市中壢區中大路 300 號

　　　　　　遠流出版事業股份有限公司
　　　　　　台北市南昌路二段 81 號 6 樓

發行單位 / 展售處：遠流出版事業股份有限公司
地址：台北市南昌路二段 81 號 6 樓
電話：(02) 23926899　傳眞：(02) 23926658
劃撥帳號：0189456-1

著作權顧問：蕭雄淋律師
2020 年 11 月 初版一刷
售價：新台幣 550 元

ISBN 978-986-5659-33-2（平裝）
GPN 1010901726

YL*ib*.com 遠流博識網 http://www.ylib.com E-mail: ylib@ylib.com